操作系统

高级维护与应用开发教程

李贵林　吴上荣　主　编

王晓黎　许　威　范瑞琦　副主编

清华大学出版社

北京

内 容 简 介

本书以 FusionOS 为例，针对服务器操作系统管理员日常管理工作中遇到的高级系统管理任务提供全面详细的解决方案。

本书共 5 章：第 1 章介绍了 FusionOS 所独有的系统监控和性能调优工具，第 2 章介绍了 FusionOS 操作系统故障定位与修复，第 3 章介绍了 FusionOS 的安全加固工具，第 4 章介绍了从 CentOS 迁移到 FusionOS 的全面的操作系统迁移方案，第 5 章基于 FusionOS 进行应用开发指南。本书提供大量应用实例，每章附有习题。

本书可作为高等院校计算机、软件工程专业“操作系统”课程的教材，也可作为服务器系统管理员、开发人员、广大科技工作者和研究人员的参考用书。

图书在版编目（CIP）数据

操作系统高级维护与应用开发教程 / 李贵林，吴上荣主编. -- 北京 ：清华大学出版社，2025. 1.
（国家级实验教学示范中心联席会计算机学科组规划教材）. -- ISBN 978-7-302-67856-4

Ⅰ. TP316

中国国家版本馆 CIP 数据核字第 2024WQ6751 号

责任编辑：黄　芝　薛　阳
封面设计：刘　键
责任校对：申晓焕
责任印制：丛怀宇

出版发行：清华大学出版社
　　网　　址：https://www.tup.com.cn，https://www.wqxuetang.com
　　地　　址：北京清华大学学研大厦 A 座　　**邮　　编**：100084
　　社 总 机：010-83470000　　**邮　　购**：010-62786544
　　投稿与读者服务：010-62776969，c-service@tup.tsinghua.edu.cn
　　质量反馈：010-62772015，zhiliang@tup.tsinghua.edu.cn
印 装 者：北京瑞禾彩色印刷有限公司
经　　销：全国新华书店
开　　本：185mm×260mm　　**印　　张**：19.75　　**字　　数**：481 千字
版　　次：2025 年 1 月第 1 版　　**印　　次**：2025 年 1 月第1 次印刷
印　　数：1～1500
定　　价：59.80 元

产品编号：106059-01

本书编委会

主　编：李贵林　吴上荣

副主编：王晓黎　许　威　范瑞琦

编写组：李坤阳　王凌飞　姜振华

陈寿聪　陈亮亮　王立超

序

近年来，随着移动互联网、物联网等技术的迅猛发展，产生了海量的数据。为了实现对这些海量数据的管理，大数据、云计算等新技术得到了广泛运用。而这些技术的基础是大量的企业级服务器，以及对这些企业级服务器进行管理的服务器操作系统。为了充分发挥服务器的性能，要求系统管理员能够熟练地运用操作系统提供的各种工具完成包括系统性能调优、系统安全管理、系统迁移等操作系统的高级管理工作。另外，操作系统是计算机系统的核心软件，使用国产操作系统可以提高国家在信息安全领域的自主可控能力，减少潜在的安全风险。因此，我国当前正在大力发展国产操作系统，市场也急需能娴熟使用国产操作系统的高级系统管理人员。

FusionOS 作为一款面向运营商、金融、政企等行业设计的国产企业级服务器操作系统，提供高性能、可靠、易运维的业务体验，适用于数据库、大数据、云计算、Web 等场景。FusionOS 拥有繁荣的兼容性生态，同时，FusionOS 为企业用户提供完善的 CentOS 替换解决方案，助力用户安全完成业务迁移。本书详细介绍了 FusionOS 对于困扰系统管理员的系统监控、瓶颈定位、性能调优、安全管理、系统迁移和应用开发等问题的解决方案。

第一，操作系统的系统监控、瓶颈定位和性能调优一直是系统管理员面临的长期挑战。这些任务对于确保系统正常运行、提高效率至关重要。FusionOS 操作系统提供了独有的命令行增强、性能提优、日志增强、系统监控、网络监控、故障定位、故障修复等丰富的工具软件。这种全面的涵盖确保了系统管理员能够获得全景视图，不仅了解系统性能调优的方方面面，而且通过详细的操作步骤教会管理员在各种情境下应对问题的方法。

第二，安全管理方面。操作系统安全给系统维护带来了一系列挑战。本书第 3 章(FusionOS 安全加固)从用户口令、认证和授权、系统服务、文件权限、内核参数、日志审计等多个方面向读者介绍了 FusionOS 所提供的详细解决方案。

第三，系统迁移方面。目前国内许多服务器均采用 CentOS 作为操作系统，但是目前该系统已经停止更新，因此使用 CentOS 作为操作系统的服务器将面临性能、安全性等一系列问题。一个解决方案就是从 CentOS 迁移到 FusionOS。在本书的第 4 章(操作系统迁移方案指南)中从理论到方法和步骤对这个问题进行了详细回答。

第四，应用开发。作为完整生态的一部分，开发针对 FusionOS 的应用也是衡量一款操作系统是否为大众所接受的重要标志，因此有必要对应用开发进行介绍。本书的第 5 章(基于 FusionOS 进行应用开发指南)从开发环境准备、编译环境设置等方面进行介绍，同时配以开发实例。

综上所述，首先本书最大的特点是实用性强。书中针对系统管理员对操作系统维护中遇到的关于性能、运行状态监控、瓶颈定位、安全性等问题都有针对性地给出了解决方案。其次，本书理论联系实际，书中不仅介绍了理论知识，还提供了丰富的实际操作指南，每一节都包含具体的操作步骤、案例分析和习题，读者在理论学习的同时能够通过实践深化对知识的理解。

本书适用于那些对国产操作系统 FusionOS 有兴趣，希望深入学习其性能调优、安全加固、迁移方案和应用开发的读者。通过阅读本书，你将更好地掌握 FusionOS 的各项功能和优化方法。感谢你选择阅读本书，希望你能在这次学习中收获满满。祝学习愉快!

兴业银行原信息科技部总经理　傅晓阳

2024 年 10 月

前言

本书根据高校培养应用型人才的需要，以 FusionOS 为例，针对服务器操作系统管理员日常管理工作中遇到的高级系统管理任务提供全面详细的解决方案。在内容方面，本书注重从实际应用中选择系统管理员容易遇到的典型问题。本着循序渐进、理论联系实际的原则，本书内容以适量、实用为度，注重理论知识的运用，着重培养读者应用理论知识分析和解决服务器操作系统管理中遇到的实际问题的能力。本书力求叙述简练，操作步骤详尽，便于自学。对于问题的解决过程，做到步骤清晰，结果正确。本书是一本体系创新、深浅适度、重在应用且着重能力培养的应用型本科教材。

本书共 5 章：第 1 章介绍 FusionOS 所独有的系统监控和性能调优工具。其中，系统和网络监控包括 OS 健康检查工具、hungtask-monitor、监控告警、网络配置检查、IP 冲突检测、网络回环检测、端口扫描检测等工具和方法的介绍；性能提优包括代码段大页、tmpfs 大页、动态库拼接、软绑定、定时器中断聚合、CPU 隔离增强、命令行记录增强等工具和方法的介绍。第 2 章介绍 FusionOS 操作系统故障定位与修复。其中，故障定位包括内核黑匣子、内存分析工具、内存错误降级等内容的介绍；故障修复包括 watchdog 增强、CMCI 风暴抑制、内核热补丁等内容的介绍。第 3 章 FusionOS 安全加固，详细介绍了 FusionOS 的安全加固概述、加固指导和安全加固工具，为读者提供保障系统安全的实用方法。第 4 章操作系统迁移方案指南，提供了从 CentOS 迁移到 FusionOS 的全面的操作系统迁移方案指南，主要对迁移概述、迁移准备、迁移实施和验收上线等方面进行详细讲解。第 5 章基于 FusionOS 进行应用开发指南，包括开发环境准备、使用 GCC 编译、使用 make 编译、使用 JDK 编译等内容。

本书的完成是由三方面力量共同协作的成果，包括厦门大学、超聚变数字技术有限公司和兴业银行股份有限公司。在完成本书的过程中，要特别感谢所有为这个项目付出辛勤努力的人，他们是超聚变数字技术有限公司的徐元君、王贵山、林胜、张志强、郝峰、杨潇等；兴业银行股份有限公司的张天若、钱美旋、黄鸿敏、魏晓燕等；厦门大学的汤颀楠、黄鑫成等。他们在本书的撰写过程中对书中出现的操作步骤和代码进行了细致而严格的测试、对章节的安排及书中内容的理顺、整理书中的图表和交叉引用等细节方面做出了卓越的贡献。他们专业的知识和宝贵的建议对于本书的诞生和完善起到了关键作用。我们还要感谢那些提供了宝贵意见、审阅了稿件、提供了技术支持或以其他方式为本书的成功出版贡献了力量的人。没有他们的帮助和支持,本书将无法成功出版,衷心感谢他们的付出!

由于编者水平有限,书中不当之处在所难免,欢迎广大同行和读者批评指正。

欢迎读者登录本书网站下载相关资源,如 FusionOS 操作系统镜像、相关的源代码和PPT 等。另外,欢迎读者通过本书的微信公众号与我们进一步交流,共同进步。请扫描下方二维码获取网址与关注微信公众号。

编　者

2024 年 10 月

网址与公众号

目 录

第 1 章 FusionOS 系统监控与性能调优 …… 1
1.1 系统监控 …… 2
1.1.1 OS 健康检查工具 …… 2
1.1.2 hungtask-monitor …… 10
1.1.3 监控告警 …… 15
1.2 网络监控 …… 71
1.2.1 网络配置检查 …… 71
1.2.2 IP 冲突检测 …… 74
1.2.3 网络回环检测 …… 76
1.2.4 端口扫描检测 …… 77
1.3 性能提优 …… 80
1.3.1 代码段大页 …… 80
1.3.2 tmpfs 大页 …… 81
1.3.3 动态库拼接 …… 82
1.3.4 软绑定 …… 83
1.3.5 定时器中断聚合 …… 85
1.3.6 CPU 隔离增强 …… 86
1.3.7 风险命令防呆 …… 88
1.3.8 命令行记录增强 …… 89
小结 …… 90
习题 …… 91
第 2 章 FusionOS 故障定位与修复 …… 94
2.1 故障定位 …… 95
2.1.1 内核黑匣子 …… 95
2.1.2 内存分析工具 …… 96
2.1.3 内存错误降级 …… 114
2.2 故障修复 …… 115

2.2.1 watchdog 增强 …… 115
2.2.2 CMCI 风暴抑制 …… 118
2.2.3 内核热补丁 …… 120
2.3 日志增强 …… 140
2.3.1 日志管理 …… 140
2.3.2 OOM 日志增强 …… 148
2.3.3 复位日志增强 …… 151
小结 …… 153
习题 …… 153
第3章 FusionOS 安全加固 …… 155
3.1 操作系统加固概述 …… 156
3.1.1 加固方案 …… 156
3.1.2 加固影响 …… 156
3.2 加固指导 …… 157
3.2.1 账户口令 …… 157
3.2.2 授权认证 …… 162
3.2.3 系统服务 …… 164
3.2.4 文件权限 …… 170
3.2.5 内核参数 …… 180
3.2.6 SELinux 配置 …… 182
3.2.7 日志审计 …… 184
3.2.8 防 DoS 攻击 …… 186
3.2.9 安全启动 …… 187
3.2.10 初始化设置 …… 188
3.2.11 网络用户认证 …… 190
3.2.12 FusionOS 鉴权 ESN 信息获取 …… 229
3.3 安全加固工具 …… 233
3.3.1 加固操作 …… 233
3.3.2 加固生效 …… 235
小结 …… 235
习题 …… 235
第4章 操作系统迁移方案指南 …… 239
4.1 迁移概述 …… 240
4.1.1 迁移目标 …… 240
4.1.2 关键问题 …… 240
4.1.3 迁移流程 …… 242
4.1.4 迁移模式 …… 242
4.1.5 主要工作和角色分工 …… 244
4.1.6 Safe2FusionOS 迁移工具 …… 246
4.2 迁移准备 …… 246

4.2.1 成立项目组 …… 247
4.2.2 调研评估 …… 247
4.2.3 规划设计 …… 250
4.2.4 主要输出文档 …… 255
4.3 迁移实施 …… 256
4.3.1 适配验证 …… 256
4.3.2 迁移实施 …… 259
4.3.3 典型部署架构的实施案例 …… 261
4.3.4 主要输出文档 …… 264
4.4 验收上线 …… 264
4.4.1 验收上线流程 …… 264
4.4.2 主要输出文档 …… 265
小结 …… 265
习题 …… 266
第5章 基于FusionOS进行应用开发指南 …… 268
5.1 开发环境准备 …… 269
5.1.1 环境要求 …… 269
5.1.2 配置FusionOS yum源(软件源) …… 269
5.1.3 安装软件包 …… 271
5.1.4 使用IDE进行Java开发 …… 272
5.2 使用GCC编译 …… 274
5.2.1 GCC简介 …… 274
5.2.2 基本规则 …… 274
5.2.3 库 …… 277
5.2.4 示例 …… 279
5.3 使用make编译 …… 283
5.3.1 make简介 …… 283
5.3.2 基本规则 …… 283
5.3.3 Makefile …… 285
5.3.4 示例 …… 286
5.4 使用JDK编译 …… 287
5.4.1 JDK简介 …… 287
5.4.2 基本规则 …… 288
5.4.3 类库 …… 291
5.4.4 示例 …… 292
小结 …… 294
习题 …… 295
附录A 图索引 …… 297
附录B 表索引 …… 299

第1章

FusionOS系统监控与性能调优

CHAPTER 1

本章介绍FusionOS操作系统所提供的系统监控和性能调优两项高级功能。操作系统是一个非常复杂的软件系统,其运行过程中难免会出现这样或那样的问题,系统监控一节所介绍的特性可以随时监控系统是否处于健康状态。性能提优一节所介绍的特性可以帮助管理员提高服务器的运行效率。

1.1 系统监控

1.1.1 OS健康检查工具

1. 特性描述

1）背景

技术支持工程师和维护工程师使用OS健康检查工具，可以降低日常检查难度，保障产品的可维护性。

2）定义

FusionOS提供OS健康检查工具（osHealthCheck）来检查操作系统主要进程运行是否正常，数据及配置文件是否丢失等。

3）目的和受益

OS健康检查工具的目的和受益如表1-1所示。FusionOS 22.0.1版本及其后续版本支持该特性。

表1-1 OS健康检查工具的目的和受益

目的和受益	详细说明
降低管理维护成本和难度	技术支持工程师和维护工程师在日常检查维护时，可以使用该工具检查操作系统主要进程运行是否正常，数据及配置文件是否丢失等

2. 功能说明

OS健康检查工具提供的功能如表1-2所示。

表1-2 OS健康检查工具功能描述

功能	简要描述
检查业务节点的黑匣子功能是否开启	如果未正常运行，则提示异常；否则该项检查正常
检查cgroup服务是否正常	检查cgroup分区是否正常挂载
检查printk缓冲区重定向服务是否正常	检查printk缓冲区重定向功能开启后是否正常
检查系统服务是否配置超时	检查各service文件是否配置了超时功能

3. 获取与安装

OS健康检查工具在FusionOS版本ISO中提供安装。执行如下命令可安装OS健康检查工具。

```
yum install os-health-check
```

4. 配置使用

1）执行系统健康检查

（1）命令原型。

```
osHealthCheck -i <id>
osHealthCheck -s <id1,id2...
>
osHealthCheck -l
osHealthCheck -i <id> -p <dirname>
osHealthCheck -s <id1,di2...> -p <dirname>
osHealthCheck -i -d <days>
```

（2）参数说明。

执行系统健康检查命令 osHealthCheck 的参数说明如表 1-3 所示。

表 1-3　执行系统健康检查命令参数说明

参　数	说　明
-i	按照 id 进行检查，不同的 id 对应不同的检查项。id 为整型，且必须在规定范围[10001，10004，10005，10006]内(具体含义请参见检查项)
-s	执行[10001，10004，10005，10006]中一个或多个检查项，不同检查项之间用逗号隔开
-l	列出所有检查项
-p	将生成的结果文件存放到指定的目录中，该目录需要已经建立。该参数只能与-i 或-s 一起使用
-d <days>	该选项用于指定检查的天数。最大可指定 30 天，不指定时默认为 7 天

（3）注意事项。

① 在执行健康检查时会消耗 CPU 资源，为避免健康检查影响虚拟机业务，请将 osHealthCheck 限制在 cgroup 中运行以控制资源使用。如果 osHealthCheck 调用者已经限制在 cgroup 中，则 osHealthCheck 会继承调用者的 cgroup 执行环境。

② 根分区满的情况下会导致某些检查项异常，执行健康检查之前请确保根分区未满。

③ 如果执行某一检查项时因所需时间太长而导致超时，则可以自定义超时时间，配置路径为/etc/osHealthCheck. d/os. conf，如果未配置则默认为 60s。

④ 执行健康检查时需要 root 权限，root 用户具有系统最高权限，在使用 root 用户进行操作时，请严格按照操作指导进行操作，避免其他操作造成系统管理及安全风险。

（4）返回值说明。

命令执行的返回值如表 1-4 所示。

表 1-4　执行系统健康检查返回值说明

返　回　值	含　义	处 理 建 议
0	检查生成结果文件	查看 XML 结果文件
1	检查项异常	查看 XML 结果文件
2	参数传入错误或已有健康检查进程时退出	按照提示重新执行健康检查工具
3	/var/log 目录满，日志信息无法写入	请参考常见问题处理
4	创建目录失败	检查用户权限及其他可能原因

(5) 示例。

以 id 为 10001 的检查项为例,使用如下命令执行健康检查工具。

```
osHealthCheck -i 10001 -p /home
```

2) 查看健康检查报告

(1) 查看汇总报告。

① 执行健康检查工具后,进入如下目录(或-p 参数指定的目录,在业务节点上,该目录由业务端保证其存在)。

```
cd /var/log/osHealthCheck/
```

② 生成的 XML 文件用于维护、分析和数据备份。执行如下命令,根据 report.xml 文件的时间,判断该 XML 文件是否最新。

```
ll report.xml
```

如果该 XML 文件为最新,则查看该 XML 文件。报告文件中包含当前已检查的所有项目、检查成功项、检查失败项。XML 文件格式如下。

```
<?xml version = "1.0" encoding = "UTF - 8"?>
< Report >
  < TotalItems > 10001,10004 </TotalItems >
  < FailedItems > 10001 </FailedItems >
  < PassedItems > 10004 </PassedItems >
</Report >
```

③ 如果 report.xml 未生成,则参考常见问题处理。

说明

在通过 osHealthCheck -i 命令检查单个健康检查项时不会生成汇总报告,只会生成< id >_itemresult.xml 文件。

(2) 查看 XML 文件。

① 执行健康检查工具后,进入如下目录(或-p 参数指定的目录,在业务节点上,该目录由业务端保证其存在)。

```
/var/log/osHealthCheck/result
```

② 执行如下命令,根据生成< id >_itemresult.xml 文件的时间;判断该 XML 文件是否为最新。

```
ll 10001_itemresult.xml
```

③ 如果该 XML 文件为最新,则查看该 XML 文件;否则请参考常见问题处理。

(3) 查看日志文件。

执行健康检查工具后,可进入如下目录,查看对应的日志文件。如果对应的日志文件为空,则参考常见问题处理。

```
cd /var/log/osHealthCheck
```

其中，日志名为 osHealthCheck.log。

📖 **说明**

osHealthCheck.log 文件每天会进行分割，若该文件大于 2MB，则分割生成一个同名带数字后缀的文件。分割文件最多保留 20 份，若超过 20 份则会删除最早生成的分割文件。该日志文件不支持转储。

5. 检查项

下面介绍健康检查工具的 4 个检查项，并给出各检查项功能、现象描述、原因分析、定位思路以及处理步骤。

1) 10001 检查业务节点的黑匣子功能是否开启

(1) 检查项功能。

检查业务节点的黑匣子功能是否开启。

(2) 现象描述。

查看 XML 文件，出现如下所示异常信息。

```
<item>
<id>10001</id>
<name>Kbox function of the service node.</name>                          <
!-- 检查项 -->
<result>Abnormal</result>                                                <!-- 检查结果 -->
<output>The kbox function of the service node is disabled.</output><!-- 异常信息 -->
</item>
```

(3) 原因分析。

黑匣子服务没有开启。

(4) 定位思路。

故障定位思路如图 1-1 所示。

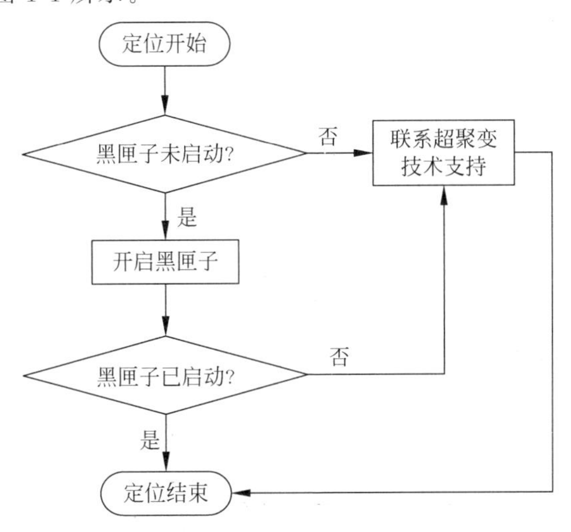

图 1-1 故障定位思路流程图

(5) 处理步骤。

步骤 1 使用 PuTTY 登录故障节点。

步骤 2 执行如下命令,检查黑匣子是否启动。

```
systemctl status kbox
```

查看状态是否为 running。

- 是,执行步骤 5。
- 否,执行步骤 3。

步骤 3 执行如下命令,启动 kbox。

```
systemctl start kbox
```

步骤 4 调用健康检查工具,对该检查项重新检查,并查看最新健康检查报告,查看检查结果"result"是否为"OK"。

- 是,处理完毕。
- 否,执行步骤 5。

步骤 5 联系超聚变技术支持处理。

2) 10004 检查 cgroup 服务是否正常

(1) 检查项功能。

检查 cgroup 服务是否正常。

(2) 现象描述。

查看 XML 文件,出现如下所示异常信息。

```
< item >
< id > 10004 </id >
< name > cgroup function of the service node. </name >
<
!-- 检查项 --> < result > Abnormal </result >
<!-- 检查结果 --> < output > The cgroup function of the service node is abnormal. </output >
                          <!-- 异常信息 -->
</item >
```

(3) 原因分析。

cgroup 分区没有全部挂载。

(4) 定位思路。

根据 mount 信息查看 cgroup 子系统挂载情况。

(5) 处理步骤。

步骤 1 使用 PuTTY 登录故障节点。

步骤 2 执行如下命令,检查 cgroup 分区(blkio,cpu,cpuacct,cpuset,devices,freezer,hugetlb,memory,net_cls,perf_event)是否全部挂载。

```
mount | grep cgroup
```

① cgroup 分区没有全部挂载，执行步骤 3。

例如，图 1-2 回显信息中缺少 blkio 分区，表示 blkio 分区没有挂载。

```
cgroup on /sys/fs/cgroup/perf_event type cgroup (rw,nosuid,nodev,noexec,relatime,perf_event)
cgroup on /sys/fs/cgroup/memory type cgroup (rw,nosuid,nodev,noexec,relatime,memory)
cgroup on /sys/fs/cgroup/cpuset type cgroup (rw,nosuid,nodev,noexec,relatime,cpuset)
cgroup on /sys/fs/cgroup/cpu,cpuacct type cgroup (rw,nosuid,nodev,noexec,relatime,cpuacct,cpu)
cgroup on /sys/fs/cgroup/devices type cgroup (rw,nosuid,nodev,noexec,relatime,devices)
cgroup on /sys/fs/cgroup/freezer type cgroup (rw,nosuid,nodev,noexec,relatime,freezer)
cgroup on /sys/fs/cgroup/hugetlb type cgroup (rw,nosuid,nodev,noexec,relatime,hugetlb)
cgroup on /sys/fs/cgroup/net_cls type cgroup (rw,nosuid,nodev,noexec,relatime,net_cls)
```

图 1-2　blkio 分区未挂载

② cgroup 分区全部挂载，执行步骤 5。

如图 1-3 所示回显信息表示分区全部挂载。

```
cgroup on /sys/fs/cgroup/perf_event type cgroup (rw,nosuid,nodev,noexec,relatime,perf_event)
cgroup on /sys/fs/cgroup/memory type cgroup (rw,nosuid,nodev,noexec,relatime,memory)
cgroup on /sys/fs/cgroup/cpuset type cgroup (rw,nosuid,nodev,noexec,relatime,cpuset)
cgroup on /sys/fs/cgroup/cpu,cpuacct type cgroup (rw,nosuid,nodev,noexec,relatime,cpuacct,cpu)
cgroup on /sys/fs/cgroup/devices type cgroup (rw,nosuid,nodev,noexec,relatime,devices)
cgroup on /sys/fs/cgroup/freezer type cgroup (rw,nosuid,nodev,noexec,relatime,freezer)
cgroup on /sys/fs/cgroup/blkio type cgroup (rw,nosuid,nodev,noexec,relatime,blkio)
cgroup on /sys/fs/cgroup/hugetlb type cgroup (rw,nosuid,nodev,noexec,relatime,hugetlb)
cgroup on /sys/fs/cgroup/net_cls type cgroup (rw,nosuid,nodev,noexec,relatime,net_cls)
```

图 1-3　分区全部挂载

步骤 3　执行如下命令，重新挂载 cgroup 子系统。如 blkio 分区没有挂载，则执行如下命令重新挂载。

```
mount -t cgroup -o blkio cgroup /sys/fs/cgroup/blkio
```

步骤 4　调用如下命令对该检查项重新检查。

```
osHealthCheck -i 10004
```

查看最新健康检查报告，查看检查结果“result”是否为“OK”。

- 是，处理完毕。
- 否，执行步骤 5。

步骤 5　联系超聚变技术支持处理。

3）10005 检查 printk 缓冲区重定向服务是否正常

（1）检查项功能。

检查 printk 缓冲区重定向服务配置后是否正常。

（2）现象描述。

查看 XML 文件，出现如下所示的异常信息。

```
<item>
<id>10005</id>
<name>Printk buffer redirect function of the service node.</name>
<result>Abnormal</result>
<output>The printk buffer redirect function enable, but not working.</output>
</item>
```

（3）原因分析。

重定向服务配置项已经配置，但是配置未生效或者配置不正确。

(4) 定位思路。

缓冲区重定向功能属于调测特性,依赖非遗失内存介质(系统 reboot 复位,内存不清零),如果当前系统中无这类介质,该功能不能使能,无须排查。该特性是非必需特性。

(5) 处理步骤。

针对已经使能的系统,排查步骤如下。

步骤 1 使用 PuTTY 登录故障节点。

步骤 2 执行如下命令,检查重定向服务是否启动。

```
systemctl status redirect
```

查看状态是否为 active。

- 是,执行步骤 5。
- 否,执行步骤 3。

步骤 3 执行如下命令,重启重定向功能。

```
systemctl restart redirect
```

步骤 4 调用健康检查工具,对该检查项重新检查,并查看最新健康检查报告,查看检查结果"result"是否为"OK"。

- 是,处理完毕。
- 否,执行步骤 5。

步骤 5 联系超聚变技术支持处理。

4) 10006 检查系统服务是否配置超时

(1) 检查项功能。

检查系统各 service 文件是否配置超时功能。

(2) 现象描述。

查看 XML 文件,出现如下异常信息。

```
<item>
<id>10006</id>
<name>Check timeout of services.</name>                    <
!-- 检查项 -->
<result>Abnormal</result>                                  <
!-- 检查结果 -->
<output>19 services are not configured timeout.</output>   <
!-- 异常信息 -->
</item>
```

(3) 原因分析。

① 相关 service 文件配置了 TimeoutSec=0。

② 相关 service 文件配置了 TimeoutStartSec=0。

③ 相关 service 文件配置了 TimeoutStopSec=0。

(4) 定位思路。

根据日志进行定位。

(5) 处理步骤。

步骤 1 使用 PuTTY 登录故障节点。

步骤 2 查看日志。

```
cat /var/log/osHealthCheck/osHealthCheck.log
```

在该目录的日志中,记录着没有配置超时的系统服务信息,如图 1-4 所示。

图 1-4 健康检测日志

步骤 3 查看对应 service 文件,获取必要文件的修改信息,分析修改原因和影响。

步骤 4 修改对应的 service 文件,配置超时功能,对该检查项重新检查,并查看最新健康检查报告,查看检查结果"result"是否为"OK"。

- 是,处理完毕。
- 否,执行步骤 5。

步骤 5 联系超聚变技术支持处理。

6. 常见问题处理

调用 OS 健康检查工具,可能会出现如下两个问题。

1) 没有正常生成 XML 文件

(1) 问题描述。

在如下目录下没有生成最新的 XML 文件或对应 id 的 XML 文件。

```
/var/log/osHealthCheck/result
```

(2) 原因分析。

① 参数格式错误或者参数范围不正确。

② 存放 XML 文件的目录没有剩余空间。

(3) 处理方法。

以下处理建议与上述可能原因顺序对应。

① 按照正确的参数格式、参数范围输入参数。

② 释放 XML 文件所在目录空间。

2) 日志文件内容为空

(1) 问题描述。

在如下目录下对应时间点的日志文件的内容为空。

```
/var/log/osHealthCheck
```

(2) 原因分析。

/var/log 目录没有剩余空间。

(3) 处理方法。

释放/var/log 目录空间。

1.1.2 hungtask-monitor

1. 特性描述

1) 背景

Linux 内核提供了 hung task 检测功能,用于检测并记录长时间处于 D 状态(TASK_UNINTERRUPTIBLE 状态)的进程信息,并提供开关在检测到 D 状态进程时,触发系统重启。该功能在一定程度上可以协助分析系统故障,同时也可以自动恢复系统。

但当前日志仅记录 D 状态进程的调用栈,有些场景下不足以定位系统故障问题,没有提供更细粒度的控制系统恢复能力。

2) 定义

FusionOS 提供 hungtask-monitor 特性。

(1) 通过对 hung task 检测功能进行增强,记录更完整的进程上下文相关信息,能够更利于系统故障的分析、定位。

(2) 通过更细粒度的进程配置能力,可以在某些进程在 D 状态时才触发系统恢复,确保系统更可靠地运行。

3) 目的和受益

hungtask-monitor 特性的目的和受益如表 1-5 所示,FusionOS 22.0.1 版本及其后续版本支持该特性。

表 1-5 hungtask-monitor 特性的目的和受益

目的和受益	详细说明
增强系统运行的可靠性	更细粒度的进程配置能力,可以在某些进程在 D 状态时才触发系统恢复,确保系统更可靠地运行
增强系统的可维护性	在 Linux 自带 hung task 状态检测机制之上,增加了对 mutex 和 semaphore 持有者的记录,能够更利于系统故障的分析、定位

2. 功能说明

在 Linux 自带 hung task 状态检测机制之上,增加了对 mutex 和 semaphore 持有者的记录,并支持特定进程的跟踪和自愈设置。

(1) 增加 cmdline 配置项 hungtask_debug,当设置 hungtask_debug=on 时,打印 D 状态进程等待的 mutex 锁或者 semaphore 持有者信息。

(2) 新增 hungtask-monitor 用于实现以下功能。

① 增加自愈进程列表。通过用户配置的方式指定进程列表,在该列表中的进程,若被 D 状态监测捕获,则可以通过复位系统的方式自愈。

② 增加监测进程列表。通过用户配置的方式指定进程列表,系统自愈时,输出该列表

中的进程栈信息。

③ 系统自愈时输出CPU调用栈。

④ 增加自愈开关，自愈时间阈值。通过用户配置的方式，打开自愈开关，在自愈进程列表中的进程D状态持续时间超过自愈时间阈值时，则可触发系统自愈。

3. 约束与限制

1）配置参数约束

（1）参数 hung_task_timeout_secs=0 会禁用D状态检测，可通过修改/proc/sys/kernel/hung_task_timeout_secs开启，大于0即为开启。hungtask-monitor的自愈功能是建立在开启D状态检测的基础上的。

（2）当设置 hungtask_debug=on 时，跟踪锁的持有者信息会带来内存的消耗，跟踪锁的信息占用内存为536×PID_MAX_LIMIT字节。锁持有者信息需要消耗较多内存，且在系统启动时分配，可能会出现分配失败情况。如果锁持有者信息内存分配失败，日志中会有如下信息。

```
hungtask: alloc for hungtask_lock failed.
```

（3）D状态进程检测，考虑到softlockup风险，限制检测D状态进程的时间为5s，当检测运行时间超过5s时，会直接退出检测，此时可能会导致检测不完整的问题。检测时间与当前系统中的D状态进程数、整个系统进程数相关，当检测超时退出时，日志中会有如下信息。

```
check_task_end: check too many tasks, go out.
```

（4）用户可配置的监控列表monitor_task_list和自愈列表recovery_task_list进程数之和上限为1024。

2）使用限制

（1）系统自愈是通过触发panic，无kbox或者kdump场景，即kbox或者kdump没有安装加载的场景，日志无法转储，会出现无法查看自愈信息打印日志的情况。

（2）hung task服务、配置及查询，需要root用户权限。root用户具有系统最高权限，在使用root用户进行操作时，请严格按照操作指导进行操作，避免其他操作造成系统管理及安全风险。

（3）打印锁/信号量信息，只支持mutex和semaphore类型，不支持其他类型。

4. 配置使用

1）打印mutex/semaphore持有者信息

为了增强可定位性，在信号量以及锁的操作中增加信息记录，针对每个task记录锁信息，包含争用锁信息和已获取的锁信息，最多记录32个已获取的锁信息。通过cmdline设置开关，默认关闭，即默认不记录。

（1）前置条件。

开启内核hung task检测特性。

(2) 约束限制。

当设置 hungtask_debug=on 时,跟踪锁的持有者信息会带来内存的消耗,跟踪锁的信息占用内存为 536×PID_MAX_LIMIT 字节。锁持有者信息需要消耗较多内存,且在系统启动时分配,可能会出现分配失败情况。如果锁持有者信息内存分配失败,日志中会有如下信息。

```
hungtask: alloc for hungtask_lock failed.
```

(3) 使用方法。

步骤 1 配置 cmdline 启动参数。修改 grub.cfg 文件中的 cmdline 命令,配置 hungtask_debug=on,重启系统生效。

说明

- 在 BIOS 场景下,grub.cfg 文件在/boot/grub2/grub.cfg。
- 在 EFI 场景下,grub.cfg 文件在/boot/efi/EFI/FusionOS/grub.cfg。

步骤 2 查看 D 状态进程死锁信息。在配置 hungtask_debug=on 的前提下,查看 D 状态进程等待的锁/信号量持有者信息,如图 1-5 所示。

```
[root@FusionOS ~]# dmesg
[236060.418873] INFO: task thread1:399274 blocked for more than 10 seconds.
[236060.419127]       Tainted: G           OE     4.19.90-2112.8.0.0131.u22.fos30.x86_64 #1
[236060.419367] "echo 0 > /proc/sys/kernel/hung_task_timeout_secs" disables this message.
[236060.419660] thread1         D    0 399274      2 0x80000080
[236060.419890] Call Trace:
[236060.420118]  ? __schedule+0x290/0x760
[236060.420345]  ? __switch_to_asm+0x35/0x70
[236060.420637]  schedule+0x29/0xc0
[236060.420862]  schedule_timeout+0x179/0x3a0
[236060.421088]  ? __next_timer_interrupt+0xc0/0xc0
[236060.421314]  ? __schedule+0x298/0x760
[236060.421603]  ? thread2+0x20/0x20 [dlock]
[236060.421829]  msleep+0x29/0x30
[236060.422053]  thread1+0x1b/0x2a [dlock]
[236060.422278]  ? kthread+0x113/0x130
[236060.422565]  ? kthread_create_worker_on_cpu+0x70/0x70
[236060.422789]  ? ret_from_fork+0x35/0x40
[236060.423027] thread2 fail to acquire the lock: dlock
[236060.423028] owned by task: thread1, pid: 399274, called by: thread1+0x11/0x2a [dlock]
[236060.423517] INFO: task thread2:399281 blocked for more than 10 seconds.
[236060.423732]       Tainted: G           OE     4.19.90-2112.8.0.0131.u22.fos30.x86_64 #1
[236060.423948] "echo 0 > /proc/sys/kernel/hung_task_timeout_secs" disables this message.
[236060.424169] thread2         D    0 399281      2 0x80000080
[236060.424490] Call Trace:
[236060.424714]  ? __schedule+0x290/0x760
[236060.424937]  ? __switch_to_asm+0x41/0x70
[236060.425160]  schedule+0x29/0xc0
[236060.425395]  schedule_preempt_disabled+0xa/0x10
[236060.425618]  __mutex_lock.isra.7+0x23a/0x490
[236060.425841]  ? __schedule+0x298/0x760
[236060.426064]  ? 0xffffffffc07ab000
[236060.426287]  ? mutex_lock+0x4d/0x70
[236060.426601]  ? _cond_resched+0x15/0x40
[236060.426824]  mutex_lock+0x4d/0x70
[236060.427046]  thread2+0x11/0x20 [dlock]
[236060.427267]  ? kthread+0x113/0x130
[236060.427539]  ? kthread_create_worker_on_cpu+0x70/0x70
[236060.427980]  ? ret_from_fork+0x35/0x40
```

图 1-5 D 状态进程等待的锁/信号量持有者信息

- thread2:D 状态进程。
- dlock:锁/信号量变量名。
- "owned by task:"后面的内容为锁持有者的信息,包括进程名、进程 ID 以及调用关系。

2) D 状态进程检测增强

当内核代码流程或者用户内核模块中存在死锁场景时,导致进程长期处于 D 状态,无法唤醒。通过内核 hung task 机制监测到 D 状态进程,并进行自愈。为了增强可定位性,当前系统上启动 hungtask-monitor 服务,产品配置好监测列表 monitor_tak_list、自愈列表 recovery_task_list、自愈开关 recovery_filter_enabled 和自愈时间阈值 recovery_timeout_minutes。监测列表中配置的是产品所需的进程,当在自愈列表中的进程被 D 状态监测捕获时,会通过触发 panic 进行系统自愈,输出监测进程列表中的进程(即产品所需的进程)的栈信息,CPU 调用栈信息。

(1) 前置条件。

① 开启内核 hung task 检测功能。

② 安装 hungtask-monitor 软件包。

执行如下命令安装。

```
rpm -i hungtask-monitor-*.rpm  #示例: hungtask-monitor-1.0-2.21.u1.fos22.aarch64.rpm
```

(2) 约束限制。

① 监测列表 monitor_task_list 和自愈列表 recovery_task_list,支持的添加最大长度为 64,指定进程名添加时,请去除绝对路径以及参数。

② 监测列表 monitor_task_list 和自愈列表 recovery_task_list,内核中进程名保存的最大长度为 16,指定进程名添加时,如果进程名长度大于 16,则不能保存成功并告警。

③ 监测列表 monitor_task_list 和自愈列表 recovery_task_list,进程名最长为 15 个字符,会出现进程名相同的情况,如果按进程名设置监测列表,则在自愈输出进程堆栈时会输出所有拥有该进程名的进程调用栈,按进程名设置自愈列表,在判断自愈条件时,会判断所有拥有该进程名的进程。

④ 自愈时间阈值 recovery_timeout_minutes,该时间不能小于 D 状态检测间隔,即 hung_task_timeout_secs / 60 的值,最大值为$(2^{64}-1)/60$。

(3) 使用方法。

步骤 1　查看 hungtask-monitor 运行状态。hungtask-monitor 服务启动,模块加载后创建监测列表/sys/kernel/debug/hungtask/monitor_task_list。

```
localhost # systemctl status hungtask-monitor
• hungtask-monitor.service Loaded: loaded (/usr/lib/systemd/system/hungtask-monitor.
service; enabled; vendor preset: disabled) Active: active (exited) since Wed 2022-02-23 18:
05:12 CST; 15h ago
Main PID: 659 (code=exited, status=0/SUCCESS)
Tasks: 0
Memory: 0B
CGroup: /system.slice/hungtask-monitor.service

Feb 23 18:05:12 FusionOS systemd[1]: Starting hungtask-monitor.service...
Feb 23 18:05:12 FusionOS systemd[1]: Started hungtask-monitor.service.
```

步骤 2　查看当前可用进程/sys/kernel/debug/hungtask/available_task_list。输出当前可用进程信息,包括 PID、进程名。

```
localhost # cat /sys/kernel/debug/hungtask/available_task_list
```

步骤3 配置监测列表 monitor_task_list，自愈列表 recovery_task_list，通过添加删除指定进程名或者 PID 实现自主监控和自愈。

以 monitor_task_list 为例。

添加指定进程名。

```
localhost:/sys/kernel/debug/hungtask # echo 'sched_work'> monitor_task_list
```

添加指定 PID。

```
localhost:/sys/kernel/debug/hungtask # echo 79 >> monitor_task_list
localhost:/sys/kernel/debug/hungtask # cat monitor_task_list
79[kworker/5:1] sched_work
```

删除指定 PID。

```
localhost:/sys/kernel/debug/hungtask # echo '!79'>> monitor_task_list
localhost:/sys/kernel/debug/hungtask # cat monitor_task_list
sched_work
```

删除指定进程名。

```
localhost:/sys/kernel/debug/hungtask # echo '!sched_work'>> monitor_task_list
```

删除所有配置。

```
localhost:/sys/kernel/debug/hungtask # echo > monitor_task_list
localhost:/sys/kernel/debug/hungtask # echo '!
'> monitor_task_list
```

说明

echo 命令的用法中，>表示覆盖，>>表示追加。

步骤4 开启自愈开关 recovery_filter_enabled。

```
echo 1 > /sys/kernel/debug/hungtask/recovery_filter_enabled
```

步骤5 配置自愈时间阈值。

```
echo 1 > /sys/kernel/debug/hungtask/recovery_timeout_minutes
```

步骤6 查看日志。

系统自愈恢复后，可通过日志查看自愈时的输出信息。可在 kbox 的捕获日志中查看输出信息。系统达到自愈条件时会输出如下信息。

```
Task thread1 sleep more than 15 minutes
```

thread1 即为自愈进程列表中的进程，15 为自愈时间阈值。

① 监测进程栈信息：关键字“dump monitor task”，示例如图 1-6 所示。

② CPU 调用栈信息：关键字“NMI backtrace for cpu 0”即为开始输出 CPU0 的调用

```
[  256.371180] dump monitor task, thread2
[  256.371447] thread2         D    0  1604      2 0x80000080
[  256.372003] Call Trace:
[  256.372217]  ? __schedule+0x290/0x760
[  256.372423]  ? __switch_to_asm+0x41/0x70
[  256.372856]  schedule+0x29/0xc0
[  256.373129]  schedule_preempt_disabled+0xa/0x10
[  256.373399]  __mutex_lock.isra.7+0x23a/0x490
[  256.373875]  ? __schedule+0x298/0x760
[  256.374105]  ? 0xffffffffc09db000
[  256.374325]  ? mutex_lock+0x4d/0x70
[  256.374553]  ? _cond_resched+0x15/0x40
[  256.374978]  mutex_lock+0x4d/0x70
[  256.375203]  thread2+0x11/0x20 [dlock]
[  256.375417]  ? kthread+0x113/0x130
[  256.375846]  ? kthread_create_worker_on_cpu+0x70/0x70
[  256.376060]  ? ret_from_fork+0x35/0x40
```

图 1-6　监测进程栈信息实例图

栈，示例如图 1-7 所示。

```
[  256.379941] Sending NMI from CPU 2 to CPUs 0-1,3:
[  256.380546] NMI backtrace for cpu 1
[  256.380546] CPU: 1 PID: 528 Comm: systemd-journal Kdump: loaded Tainted: G           OE     4.19.90-2112.8.0.0131.u22.fos30.x86_64 #1
[  256.380547] Hardware name: innotek GmbH VirtualBox/VirtualBox, BIOS VirtualBox 12/01/2006
[  256.380547] RIP: 0033:0x7fed18c778c0
[  256.380548] Code: 68 86 03 00 00 e9 80 c7 ff ff ff 25 3a ad 26 00 68 87 03 00 00 e9 70 c7 ff ff ff 25 32 ad 26 00 68 88 03 00 00 e9 60 c7
ff ff <ff> 25 2a ad 26 00 68 89 03 00 00 e9 50 c7 ff ff ff 25 22 ad 26 00
[  256.380548] RSP: 002b:00007ffcb0db7718 EFLAGS: 00010287
[  256.380548] RAX: 00000000f426dc0 RBX: 000000000000006d RCX: 00000000007ee000
[  256.380549] RDX: 00000000001b8b6c RSI: 00000000000000f0 RDI: 0000000000000001
[  256.380549] RBP: 0000000000000001 R08: 0000000000000065 R09: 00007ffcb0db7728
[  256.380549] R10: 0000000000000003 R11: 00007fed1906cdc0 R12: 00007ffcb0db7850
[  256.380549] R13: 00007ffcb0db7848 R14: 0000558bd034f360 R15: 000000000f8eb900
[  256.380550] FS:  00007fed17fc1940 GS:  0000000000000000
[  256.380507] NMI backtrace for cpu 0 skipped: idling at native_safe_halt+0xe/0x10
[  266.778138] Kernel panic - not syncing: hungtask_monitor, recovery to reboot.
[  266.778529] CPU: 2 PID: 34 Comm: khungtaskd Kdump: loaded Tainted: G           OE     4.19.90-2112.8.0.0131.u22.fos30.x86_64 #1
[  266.779184] Hardware name: innotek GmbH VirtualBox/VirtualBox, BIOS VirtualBox 12/01/2006
[  266.779495] Call Trace:
[  266.779806]  dump_stack+0x66/0x8b
[  266.780110]  panic+0xe4/0x2a2
[  266.780430]  check_task_end+0x28c/0x310 [hungtask_monitor]
[  266.780724]  watchdog+0x274/0x5a0
[  266.781010]  ? unregister_hungtask_control+0x30/0x30
[  266.781377]  kthread+0x113/0x130
[  266.781761]  ? kthread_create_worker_on_cpu+0x70/0x70
[  266.782168]  ret_from_fork+0x35/0x40
```

图 1-7　CPU 调用栈信息示意图

1.1.3　监控告警

1. 特性描述

1）背景

FusionOS 需提供系统级资源监控、自愈框架，并对接告警框架。支持关键资源监控，告警能力，支持关键进程自愈。增强 FusionOS 可靠性，增加 FusionOS 竞争力。

2）定义

监控框架负责监控操作系统运行过程中的异常，并将监控到的异常上报告警模块，并通过告警模块上报告警到产品的告警平台。

（1）FusionOS 22 针对操作系统中的关键资源，如关键进程、文件、磁盘分区、CPU、内存等 10 多项做了异常监控，此外还提供了用户自定义监控功能。通过该功能，可在系统关键资源出现异常时及时探知，配合告警上报的特性，让用户实时感知处理，进而提高了系统的可靠性。

（2）FusionOS 22 提供了统一告警框架，同时提供了告警接口库，允许第三方接入告警。支持抑制时间配置，支持事件开关，支持重启周期配置等。

3）目的和受益

监控告警特性的目的和受益如表 1-6 所示，该特性在 FusionOS 22.0.1 版本及其后续版本中得到支持。

表 1-6 监控告警特性的目的和受益

目的和受益	详细说明
提高系统的可靠性	监控操作系统运行过程中的异常，并将监控到的异常上报告警模块，并通过告警模块上报告警到产品的告警平台

2. 安装

执行以下命令安装 sysmonitor 包。

```
yum install sysmonitor
```

3. 配置使用监控

1）监控配置文件

（1）注意事项。

① 监控框架不支持并发执行。

② 各配置文件须合法配置，否则可能造成监控框架异常。

③ sysmonitor 服务操作和配置文件修改，日志查询均需要 root 权限。root 用户具有系统最高权限，在使用 root 用户进行操作时，请严格按照操作指导进行操作，避免其他操作造成系统管理及安全风险。

（2）配置总览。

监控框架有一个主配置文件(/etc/sysconfig/sysmonitor)，用于配置各监控项的监控周期、是否需要监控及异常时是否需要上报告警等。配置示例如下。

说明

配置项的=和"之间不能有空格。示例如下。

```
#关键进程监控开关
PROCESS_MONITOR="on"
#关键进程监控周期(秒)
PROCESS_MONITOR_PERIOD="3"
```

各配置项说明见表 1-7。

表 1-7 配置项说明

配 置 项	配置项说明	是否必配	默 认 值
PROCESS_MONITOR	设定是否开启关键进程监控，on 为开启，off 为关闭	否	开启
PROCESS_MONITOR_PERIOD	设定关键进程监控的周期，单位为秒	否	3s
PROCESS_RECALL_PERIOD	关键进程恢复失败后再次尝试拉起周期，单位为分，取值范围为 1～1440 的整数	否	1min

续表

配　置　项	配置项说明	是否必配	默　认　值
PROCESS_RESTART_TIMEOUT	关键进程服务异常恢复过程中超时时间，单位为秒，取值范围为 30～300 的整数。 说明： 例如，因 DNS 配置的 IP 不通等原因导致 rsyslog 进程恢复时间较长时，需调整该配置项的值	否	90s
PROCESS_ALARM	设定是否开启关键进程异常告警，on 为开启，off 为关闭	否	关闭
FILESYSTEM_MONITOR	设定是否开启 EXT3/EXT4 文件系统监控，on 为开启，off 为关闭	否	开启
FILESYSTEM_ALARM	设定是否开启 EXT3/EXT4 文件系统异常告警，on 为开启，off 为关闭	否	关闭
SIGNAL_MONITOR	设定是否开启信号监控，on 为开启，off 为关闭	否	开启
SIGNAL_ALARM	设定是否开启信号监控异常告警，on 为开启，off 为关闭	否	关闭
DISK_MONITOR	设定是否开启磁盘空间监控，on 为开启，off 为关闭	否	开启
DISK_ALARM	设定是否开启磁盘空间告警，on 为开启，off 为关闭	否	关闭
DISK_MONITOR_PERIOD	设定磁盘监控周期，单位为秒	否	60s
INODE_MONITOR	设定是否开启磁盘 inode 监控，on 为开启，off 为关闭	否	开启
INODE_ALARM	设定是否开启磁盘 inode 告警，on 为开启，off 为关闭	否	关闭
INODE_MONITOR_PERIOD	设定磁盘 inode 监控周期，单位为秒	否	60s
NETCARD_MONITOR	设定是否开启网卡监控，on 为开启，off 为关闭	否	开启
NETCARD_ALARM	设定是否开启网卡监控异常告警，on 为开启，off 为关闭	否	关闭
FILE_MONITOR	设定是否开启文件监控，on 为开启，off 为关闭	否	开启
FILE_ALARM	设定是否开启文件监控异常告警，on 为开启，off 为关闭	否	关闭
CPU_MONITOR	设定是否 CPU 监控，on 为开启，off 为关闭	否	开启
CPU_ALARM	设定是否 CPU 告警，on 为开启，off 为关闭	否	关闭
MEM_MONITOR	设定是否内存监控，on 为开启，off 为关闭	否	开启

续表

配　置　项	配置项说明	是否必配	默　认　值
MEM_ALARM	设定是否内存告警，on 为开启，off 为关闭	否	关闭
PSCNT_MONITOR	设定是否进程数监控，on 为开启，off 为关闭	否	开启
PSCNT_ALARM	设定是否进程数告警，on 为开启，off 为关闭	否	关闭
FDCNT_MONITOR	设定是否 fd 总数监控，on 为开启，off 为关闭	否	开启
FDCNT_ALARM	设定是否 fd 总数告警，on 为开启，off 为关闭	否	关闭
CUSTOM_DAEMON_MONITOR	用户自定义的 daemon 类型的监控项，on 为开启，off 为关闭	否	开启
CUSTOM_PERIODIC_MONITOR	用户自定义的 periodic 类型的监控项，on 为开启，off 为关闭	否	开启
IO_DELAY_MONITOR	本地磁盘 IO 延时监控开关，on 为开启，off 为关闭	否	关闭
IO_DELAY_ALARM	本地磁盘 IO 延时告警开关，on 为开启，off 为关闭	否	关闭
PROCESS_FD_NUM_MONITOR	设定是否开启单个进程句柄数监控，on 为开启，off 为关闭	否	开启
PROCESS_FD_NUM_ALARM	设定是否开启单个进程句柄数告警，on 为开启，off 为关闭	否	关闭
PROCESS_MONITOR_DELAY	sysmonitor 启动时，是否等待所有的监控项都正常，on 为开启，off 为关闭	否	开启
RESTART_ALARM_TIMES	sysalarm 异常，重新拉起 sysalarm 的次数。 • 如果在配置的范围内 sysalarm 还未被拉起，则不会再重拉。 • 拉起成功后如果 sysalarm 再出现异常，则重新计数。 • 日志只记录前 5 次，或 10 的倍数次	否	3 次 说明：拉起次数范围为 1～1000 次，默认为 3 次
RESTART_ALARM_PERIOD	sysalarm 异常，重新拉起 sysalarm 的周期	否	3s 说明：拉起周期范围为 1～60s，默认为 3s
NET_RATE_LIMIT_BURST	网卡监控路由信息输出抑制频率，即一秒内输出多少条日志	否	5 有效范围为 0～100，默认为 5
FD_MONITOR_LOG_PATH	文件句柄监控日志文件	否	默认配置的路径为/var/log/fd_monitor. log
ZOMBIE_MONITOR	僵尸进程监控开关，on 为开启，off 为关闭	否	关闭

续表

配　置　项	配置项说明	是否必配	默　认　值
ZOMBIE_ALARM	僵尸进程告警开关，on 为开启，off 为关闭	否	关闭
CHECK_THREAD_MONITOR	内部线程自愈开关，on 为开启，off 为关闭	否	开启，若不配置，默认值为开启
CHECK_THREAD_FAILURE_NUM	内部线程自愈的周期检查次数	否	默认值为 3，范围为 [2,10]

修改/etc/sysconfig/sysmonitor 配置文件后，需要重启 sysmonitor 服务生效。

```
systemctl start sysmonitor
```

配置文件中，如果某一项没有配置，默认为监控项开启，告警项关闭。

内部线程自愈开启后，当监控项子线程卡住，且超过配置的周期检查次数时，会重启 sysmonitor 服务，进行恢复，会重新加载配置，对于配置的关键进程监控和自定义监控，会重新拉起执行。如果对于用户使用有影响，可以选择关闭该功能。

(3) 命令参考。

监控框架以服务的形式提供，可以通过 systemctl start|stop|restart|reload sysmonitor 启动、关闭、重启、重载服务。

① 启动监控服务。

```
systemctl start sysmonitor
```

② 关闭监控服务。

```
systemctl stop sysmonitor
```

③ 重启监控服务。

```
systemctl restart sysmonitor
```

说明

修改/etc/sysconfig/sysmonitor 后，须重启服务修改后的配置才能生效。

④ 修改监控项的配置文件后，重载监控服务可使修改后的配置动态生效。

```
systemctl reload sysmonitor
```

2) 监控项

目前版本支持的监控项参见表 1-8。

表 1-8　监控项列表

监　控　项	是 否 可 配
EXT3/EXT4 文件系统故障	否
关键进程/模块异常	是
文件监控	是

续表

监　控　项	是 否 可 配
信号监控	是
磁盘分区监控	是
网卡状态监控	是
CPU 占用率监控	是
内存监控	是
进程数监控	是
系统句柄数监控	是
单个进程句柄数监控	是
磁盘 inode 监控	是
本地磁盘 IO 延时监控	是
自定义监控	是
僵尸进程监控	是

（1）EXT3/EXT4 文件系统监控。

① 简介。

当文件系统出现故障时会导致 IO 操作异常从而引发操作系统一系列问题。通过文件系统故障检测及时发现文件系统故障，并上报告警给产品，以便系统管理员或用户及时恢复故障。

② 配置文件说明。

无。

③ 异常日志。

- 对于有 errors=remount-ro 挂载选项的文件系统，如果监控到 EXT3/EXT4 文件系统故障，sysmonitor.log 中输出异常信息示例如下。

```
2019-07-30T02:29:06.887726-04:00|err|sysmonitor[4570]: fs_monitor_ext3_4: loop0
filesystem error. Remount filesystem read-only.
# 这条日志信息表示，sysmonitor 程序在监视 EXT3/EXT4 文件系统时发现 loop0 文件系统出现错
# 误，将其挂载为只读模式以解决问题。
```

- 其他异常场景下，如果监控到 EXT3/EXT4 文件系统故障，/var/log/sysmonitor.log 中输出异常信息示例如下。

```
2019-07-30T02:29:06.887726-04:00|err|sysmonitor[4570]: fs_monitor_ext3_4: loop0
filesystem error. flag is 1879113728
#这条日志信息表示，sysmonitor 程序在监控 EXT3/EXT4 文件系统时发现 loop0 文件系统出现错
#误，错误代码为 1879113728。
```

说明

可以通过 mount 命令查看挂载点是否有 errors=remount-ro 挂载选项。

④ 备注。

文件系统异常，对于非只读告警，sysmonitor 不会上报告警给 sysalarm，即只上报 read-only 告警。在系统启动时，新增上报文件系统恢复告警。

(2) 关键进程监控。

① 简介。

定期监控系统中的关键进程，当系统内关键进程异常退出时，自动尝试恢复关键进程。如果恢复失败并需要告警，可上报告警。系统管理员能及时感知进程异常退出事件，以及进程是否被恢复拉起。问题定位人员能从日志中定位进程异常退出的时间。

② 配置文件说明。

配置目录为/etc/sysmonitor/process，每个进程或模块一个配置文件。配置文件示例如下。

```
NAME = irqbalance
RECOVER_COMMAND = systemctl restart irqbalance
MONITOR_COMMAND = systemctl status irqbalance
STOP_COMMAND = systemctl stop irqbalance
```

各配置项说明见表 1-9。

表 1-9　配置项说明

配　置　项	配置项说明	是否必配	默　认　值
NAME	进程或模块名	是	无
RECOVER_COMMAND	恢复命令	否	无
MONITOR_COMMAND	监控命令 说明： 命令返回值为 0 视为进程正常，命令返回大于 0 视为进程异常	否	pgrep -f $(which xxx) 说明： "xxx"为 NAME 字段中配置的进程名
STOP_COMMAND	停止命令 说明： 建议添加 systemctl stop 命令或停止脚本，脚本中必须添加停止被监控进程的操作	否	无
USER	用户名 说明： 使用指定的用户执行，监控(检查)、恢复、停止命令或脚本	否	说明： 如果配置项为空，则默认使用 root
CHECK_AS_PARAM	参数传递开关 • 开关置为 on 时，在执行 RECOVER_COMMAND 命令时，会将 MONITOR_COMMAND 的返回值作为入参，传给 RECOVER_COMMAND 命令或脚本。 • 开关为 off 或其他时，功能关闭	否	无 说明： 如果配置项为空时，默认功能关闭
MONITOR_MODE	监控模式 • 配置为 parallel，并行监控。 • 配置为 serial，串行监控	否	serial • 如果配置项为空时，默认功能 serial 监控。 • 监控项模式为绝对匹配，不能包含引号

续表

配　置　项	配置项说明	是否必配	默　认　值
MONITOR_PERIOD	监控周期 • 并行监控监控周期。 • 监控模式配置为 serial，该配置项不生效	否	3 说明： 如果配置项为空时，默认为 3s
USE_CMD_ALARM	告警模式 • 配置为 on 或 ON，则使用告警命令上报告警。 • 配置为 on 或 ON 时，必须配置 ALARM_COMMAND、ALARM_RECOVE_COMMAND。 • 配置为 off 或不配置，均默认 sysalarm 上报告警	否	无 说明： 如果配置项为空时，默认 sysalarm 上报告警
ALARM_COMMAND	上报告警命令 • 该配置为上报告警命令	否	无
ALARM_RECOVER_COMMAND	恢复告警命令 • 该配置为恢复告警命令	否	无

说明

- 修改关键进程监控的配置文件后，须执行systemctl reload sysmonitor，新的配置在一个监控周期后生效。
- 恢复命令和监控命令不能阻塞，否则会造成关键进程监控线程异常。
- 当恢复命令执行超时 90s 时，会调用停止命令终止进程。
- 当恢复命令配置为空或不配置时，监控命令检测到关键进程异常后，不会尝试进行拉起。
- 当关键进程异常后，并且尝试拉起三次都不成功，最终会按照全局配置文件中配置的 PROCESS_RECALL_PERIOD 周期进行拉起。
- 若监控的进程不是 daemon 进程，则 MONITOR_COMMAND 必配。
- 若配置的关键服务在当前系统上不存在，则该监控不会生效，日志中会有相应提示；其他配置项若出现非致命错误，则使用默认配置，不报错。
- 配置文件的权限为 600，监控项建议为 systemd 中的 service 类型（如 MONITOR_COMMAND=systemctl status irqbalance），若监控的为进程，则确保 NAME 字段为绝对路径。
- sysmonitor 重启（restart）、重载（reload）、退出（stop）都不会影响所监控的进程或服务。
- 若 USE_CMD_ALARM 配置为 on，ALARM_COMMAND、ALARM_RECOVE_COMMAND 的配置由下游组件保障，ALARM_COMMAND、ALARM_RECOVE_COMMAND 为空或没配置，则不上报告警。
- 对于用户自行配置的命令，如监控命令、恢复命令、停止命令、上报告警命令、恢复告警命令等，命令的安全性由用户保证。
- 配置监控命令的长度不大于 200 个字符，大于 200 个字符时，添加进程监控将失败。

- 当恢复命令配置为 systemd 的重启服务命令时（如 RECOVER_COMMAND= systemctl restart irqbalance），须注意是否与开源 systemd 恢复服务的机制冲突，否则可能会影响关键进程异常后的行为模式。

③ 异常日志。

- 配置 RECOVER_COMMAND。

如果监控到进程或模块异常，/var/log/sysmonitor.log 中输出异常信息示例如下。

```
2019-07-30T02:53:24.697649-04:00|info|sysmonitor[4570]: irqbalance is abnormal, check cmd return 1, use "systemctl restart irqbalance" to recover
#这条日志信息表示,sysmonitor 程序监控到 irqbalance 进程异常,检查命令返回值为 1,建议使用
#"systemctl restart irqbalance" 命令进行恢复。
```

如果监控到进程或模块恢复正常，/var/log/sysmonitor.log 中输出日志示例如下。

```
2019-07-30T02:53:24.697649-04:00|info|sysmonitor[4570]: irqbalance is recovered
#这条日志信息表示,在 2019 年 7 月 30 日 2 点 53 分 24 秒,sysmonitor 进程 [4570] 检测到
#irqbalance 进程已经恢复。
```

如果执行监控命令并尝试恢复进程或模块三次后仍异常，sysmonitor 会上报告警，/var/log/sysmonitor.log 中输出异常信息示例如下。

```
2019-07-30T02:53:24.697649-04:00|info|sysmonitor[4570]: irqbalance is abnormal, check cmd return 1, use "systemctl restart irqbalance" to recover
 2019-07-30T02:53:24.697649-04:00|info|sysmonitor[4570]: irqbalance is abnormal, check cmd return 1, use "systemctl restart irqbalance" to recover
 2019-07-30T02:53:24.697649-04:00|info|sysmonitor[4570]: irqbalance is abnormal, check cmd return 1, use "systemctl restart irqbalance" to recover
 2019-07-30T02:53:24.697649-04:00|info|sysmonitor[4570]: irqbalance is abnormal, check cmd return 1
#这几条日志信息表示,sysmonitor 进程 [4570] 在 2019 年 7 月 30 日 2 点 53 分 24 秒检测到
#irqbalance 进程出现异常,检查命令返回值为 1,建议使用 "systemctl restart irqbalance" 命
#令来恢复。
```

- 不配置 RECOVER_COMMAND。

如果监控到进程或模块异常，/var/log/sysmonitor.log 中输出异常信息示例如下。

```
2019-07-30T02:53:24.697649-04:00|info|sysmonitor[4570]: irqbalance is abnormal, check cmd return 1, recover cmd is null, will not recover
#这条日志信息表示,sysmonitor 进程 [4570] 在 2019 年 7 月 30 日 2 点 53 分 24 秒检测到
#irqbalance 进程异常,但恢复命令为空,因此无法进行恢复。
```

如果监控到进程或模块恢复正常，/var/log/sysmonitor.log 中输出日志示例如下。

```
2019-07-30T02:53:24.697649-04:00|info|sysmonitor[4570]: irqbalance is recovered
#这条日志信息表示,sysmonitor 进程 [4570] 在 2019 年 7 月 30 日 2 点 53 分 24 秒检测到
#irqbalance 进程已成功恢复。
```

如果执行监控命令三次后仍是异常，sysmonitor 会上报告警，/var/log/sysmonitor.log 中输出异常信息示例如下。

```
2019-07-30T02:53:24.697649-04:00|info|sysmonitor[4570]: irqbalance is abnormal, check
cmd return 1, recover cmd is null, will not recover
 2019-07-30T02:53:24.697649-04:00|info|sysmonitor[4570]: irqbalance is abnormal, check
cmd return 1, recover cmd is null, will not recover
 2019-07-30T02:53:24.697649-04:00|info|sysmonitor[4570]: irqbalance is abnormal, check
cmd return 1, recover cmd is null, will not recover
 2019-07-30T02:53:24.697649-04:00|info|sysmonitor[4570]: irqbalance is abnormal, check
cmd return 1
#这几条日志信息表示,sysmonitor 进程 [4570] 在 2019 年 7 月 30 日 2 点 53 分 24 秒发现
#irqbalance 进程异常,检查命令返回 1,恢复命令为空,因此不会尝试恢复。
```

(3) 文件监控。

① 简介。

系统关键文件被意外删除后，会导致系统运行异常甚至崩溃。通过文件监控可以及时获知系统中关键文件被删除或者有恶意文件被添加，并且上报告警给产品，以便管理员和用户及时获知并处理故障。

② 配置文件说明。

配置文件为/etc/sysmonitor/file。每个监控配置项为一行，监控配置项包含两个内容：监控文件(目录)和监控事件。监控文件(目录)是绝对路径，监控文件(目录)和监控事件中间由一个或多个空格隔开。

配置文件支持在/etc/sysmonitor/file.d 目录下增加文件监控项配置，配置方法与/etc/sysmonitor/file 相同。

由于告警信息和日志长度限制，建议监控的文件或目录绝对路径长度小于或等于 223 个字符。如果配置的监控对象绝对路径长度超过 223 个字符，可能会有日志打印不完整的现象出现。

请用户自行确保监控文件路径正确，如果配置文件不存在或错误则无法监控到该文件。

由于系统路径长度限制，监控的文件或目录绝对路径长度必须小于 4096 个字符。

支持监控目录和常规文件，/proc 和/proc/*、/dev 和/dev/*、/sys 和/sys/*、管道文件、socket 文件等均不支持监控。

/var/log 和/var/log/* 均只支持删除事件。

当配置文件中存在多条相同路径的时候，以第一条合法配置为准，其他相同配置均不生效。在日志文件中可以查看到其他相同配置被忽略的提示。

不支持对软链接配置监控；当配置硬链接文件的删除事件时，须删除该文件和它的全部硬链接才会输出文件删除事件。

当文件添加监控成功及监控的事件发生时，监控日志输出的是配置文件中路径的绝对路径。

目前暂不支持目录递归监控，只能监控配置文件中的目录，子目录不会监控。

11~32	10	9	1~8

图 1-8 监控事件位图

监控文件(目录)采用了位图的方式配置要监控的事件，对文件或目录进行监控的事件位图如图 1-8 所示。

事件位图中每一位代表一个事件。第 n 位如果置 1，则表示监控第 n 位对应的事件；第 n 位如果置 0，则表示不监控第 n 位对应的事件。监控位图对应

的十六进制数，即是写到配置文件中的监控事件项。目前每一位对应的事件见表1-10。

表1-10 文件事件位图中的位与事件对应关系表

配 置 项	配置项说明	是否必配
1～8	保留	否
9	文件、目录添加事件	是
10	文件、目录删除事件	是
11～32	保留	否

说明

- 修改文件监控的配置文件后，须执行 systemctl reload sysmonitor，新的配置在最多60s后生效。
- 监控事件需要严格遵守上述规则，如果配置有误，则无法监控；如果配置项中监控事件为空，则默认只监控删除事件，即0x200。
- 文件或目录删除后，只有当所有打开该文件的进程都停止后才会上报删除事件。
- 监控的文件通过vi、sed等操作修改后会在监控日志中打印 File "XXX" may have been changed。
- 文件监控目前实现了对添加和删除事件的监控，即第9位和第10位有效，其他位为保留位，暂不生效。如果配置事件配置了1～8、11～32位为1，监控日志中会提示监控事件配置错误。

③ 示例。

配置对/home下子目录的增加和删除事件监控，低12位位图为001100000000，则可以配置如下。

```
/home    0x300
```

配置对/etc/ssh/sshd_config文件的删除事件监控，低12位位图为001000000000，则可以配置如下。

```
/etc/ssh/sshd_config  0x200
```

④ 异常日志。

如果监控文件有配置的事件发生，/var/log/sysmonitor.log中打印日志示例如下，comm和parent comm后分别表示触发该事件的进程名、进程PID、父进程名、父进程PID。

```
2019-07-30T02:55:29.448493-04:00|info|sysmonitor[4570]: 1 events queued  2019-07-30T02:55:29.449215-04:00|info|sysmonitor[4570]: 1th event handled  2019-07-30T02:55:29.449292-04:00|info|sysmonitor[4570]: Subfile "111" under "/home" was added, comm: touch[21415], parent comm: bash[18343]  2019-07-30T02:55:31.547629-04:00|info|sysmonitor[4570]: 1 events queued  2019-07-30T02:55:31.548695-04:00|info|sysmonitor[4570]: 1th event handled  2019-07-30T02:55:31.548779-04:00|info|sysmonitor[4570]: Subfile "111" under "/home" was deleted, comm: rm[21496], parent comm: bash[18343]
#这些日志记录了 sysmonitor 进程在 2019 年 7 月 30 日 2 点 55 分 29 秒监控到的事件，包括文件
#的添加和删除，以及触发这些事件的进程名、进程 PID、父进程名和父进程 PID。
```

（4）信号监控。

① 简介。

当进程被 SIGKILL 或 SIGTERM 信号异常终止时，通过记录信号发送的进程以及发送的信号以便于问题定位。

② 配置文件说明。

配置文件为/etc/sysmonitor/signal，示例如下。

```
SIGKILL = "on"
SIGTERM = "on"
```

各配置项说明见表 1-11。

表 1-11 信号监控配置项说明

配置项	配置项说明	是否必配	默认值
SIGKILL	SIGKILL 信号	否	on
SIGTERM	SIGTERM 信号	否	on
SIGHUP	SIGHUP 信号	否	off
SIGINT	SIGINT 信号	否	off
SIGQUIT	SIGQUIT 信号	否	off
SIGILL	SIGILL 信号	否	off
SIGTRAP	SIGTRAP 信号	否	off
SIGABRT	SIGABRT 信号	否	off
SIGBUS	SIGBUS 信号	否	off
SIGFPE	SIGFPE 信号	否	off
SIGUSR1	SIGUSR1 信号	否	off
SIGSEGV	SIGSEGV 信号	否	off
SIGUSR2	SIGUSR2 信号	否	off
SIGPIPE	SIGPIPE 信号	否	off
SIGALRM	SIGALRM 信号	否	off
SIGSTKFLT	SIGSTKFLT 信号	否	off
SIGCHLD	SIGCHLD 信号	否	off
SIGCONT	SIGCONT 信号	否	off
SIGSTOP	SIGSTOP 信号	否	off
SIGTSTP	SIGTSTP 信号	否	off
SIGTTIN	SIGTTIN 信号	否	off
SIGTTOU	SIGTTOU 信号	否	off
SIGURG	SIGURG 信号	否	off
SIGXCPU	SIGXCPU 信号	否	off
SIGXFSZ	SIGXFSZ 信号	否	off
SIGVTALRM	SIGVTALRM 信号	否	off
SIGPROF	SIGPROF 信号	否	off
SIGWINCH	SIGWINCH 信号	否	off
SIGIO	SIGIO 信号	否	off
SIGPWR	SIGPWR 信号	否	off
SIGSYS	SIGSYS 信号	否	off

须知

修改信号监控的配置文件后，须执行 systemctl reload sysmonitor 后生效。

③ 异常日志。

如果监控到配置的信号事件，则/var/log/sysmonitor.log 中打印信息示例如下，最后括号中表示信号发送者的父进程信息，支持最多打印4级父进程调用关系。

如打印示例所示，最后括号中的第一级“sshd[18247]”为“sshd[18342]”的父进程，第二级“sshd[11098]”为“sshd[18247]”的父进程，以此类推，最多打印4级。

```
2019-07-30T03:26:00.130250-04:00|info|sysmonitor[4570]: comm:bash exe:bash[18343]
(parent comm:sshd parent exe:sshd[18342]) send SIGKILL to comm:sleep exe:sleep[5220].(sshd
[18247]<-sshd[11098]<-systemd[1])
#这句日志记录了 sysmonitor 进程在 2019 年 7 月 30 日 3 点 26 分 0 秒监控到的一个事件，即进程
#sshd[18342](父进程为 sshd[18247]，祖父进程为 systemd[1])向进程 sleep[5220] 发送了 SIGKILL
#信号。其中，comm 表示进程名称，exe 表示进程的可执行文件名，parent exe 表示父进程的可执行
#文件名。
```

(5) 磁盘分区监控。

① 简介。

定期监控系统中挂载的磁盘分区空间，当磁盘分区使用率大于或等于用户设置的告警阈值时，上报磁盘空间告警。发生告警后，当磁盘分区使用率小于用户设置的告警恢复阈值时，上报磁盘空间恢复告警。

② 配置文件说明。

配置文件为/etc/sysmonitor/disk。配置文件示例如下。

```
DISK="/var/log" ALARM="90" RESUME="80"
DISK="/" ALARM="95" RESUME="85"
```

各配置项说明见表1-12。

表1-12　磁盘分区监控配置项说明

配　置　项	配置项说明	是否必配	默认值
DISK	磁盘挂载目录名 说明： 必须为磁盘挂载点或被挂载的磁盘分区。 最大长度为64B	是	无
ALARM	整数，磁盘空间告警阈值 说明：0～100的整数，不要有空格等其他额外字符	否	90
RESUME	整数，磁盘空间恢复阈值 说明：0～100的整数，不要有空格等其他额外字符	否	80

说明

- 修改磁盘空间监控的配置文件后，须执行 systemctl reload sysmonitor，新的配置在一个监控周期后生效。

- 重复配置的挂载目录，最后一个配置项生效。
- ALARM 值应该大于 RESUME 值。
- 只能针对挂载点或被挂载的磁盘分区做监控。
- 在 CPU 和 IO 高压场景下，df 执行命令超时，会导致磁盘利用率获取不到。
- 当多个挂载点对应同一个磁盘分区时，以挂载点为准来上报告警。

③ 异常日志。

如果监控到磁盘空间告警，则/var/log/sysmonitor.log 中打印信息示例如下。

```
2019-07-30T03:26:00.130250-04:00|info|sysmonitor[4570]: report disk alarm, /var/log
used:90% alarm:90%   2019-07-30T03:26:00.130250-04:00|info|sysmonitor[4570]: report
disk recovered, /var/log used:79% resume:80%
#这句日志记录了 sysmonitor 进程在 2019 年 7 月 30 日 3 点 26 分 0 秒监控到的磁盘空间告警情
#况,首先报告了 /var/log 目录的使用空间达到了 90%,触发了告警,然后在同一时间点,报告了
#/var/log 目录的使用空间降低到 79%,恢复到 80% 的预警线以下。
```

(6) 网卡状态监控。

① 简介。

系统运行过程中可能出现因人为原因或异常而导致网卡状态或 IP 发生改变，对网卡状态和 IP 变化进行监控，以便及时感知到异常并方便定位异常原因。

② 配置文件说明。

配置文件为/etc/sysmonitor/network，示例如下。

```
#dev event
eth1 UP
```

各配置项说明见表 1-13。

表 1-13 网卡状态监控配置项说明

配置项	配置项说明	是否必配	默 认 值
dev	网卡名	是	无
event	侦听事件，可取值为 UP、DOWN、NEWADDR、DELADDR。 • UP：网卡 UP。 • DOWN：网卡 DOWN。 • NEWADDR：增加 IP 地址。 • DELADDR：删除 IP 地址	否	若侦听事件为空则 UP、DOWN、NEWADDR、DELADDR 都监控

说明

- 修改网卡监控的配置文件后，执行 systemctl reload sysmonitor，新的配置生效。
- 不支持虚拟网卡 UP 和 DOWN 的状态监控。
- 请确保网卡监控的配置文件每行少于 4096 个字符，若超过 4096 个字符，则会在监控日志中打印配置错误的提示信息。
- 默认监控所有网卡的所有事件信息，即不配置任何网卡，默认监控所有网卡的 UP/DOWN、NEWADDR/DELADDR 事件。
- 如果配置网卡，不配置事件，则默认监控该网卡的所有事件。

- 增加路由信息记录，默认一秒五条，可通过/etc/sysconfig/sysmonitor 中的 NET_RATE_LIMIT_BURST 配置选项配置一秒打印路由信息数量。

③ 异常日志。

如果监控到配置的网卡事件，/var/log/sysmonitor.log 中打印信息示例如下。

```
2019-07-30T03:26:00.130250-04:00|info|sysmonitor[4570]: eth1: device is up, comm: ip
[11875], parent comm: bash[7118]
2019-07-30T03:26:00.130250-04:00|info|sysmonitor[4570]: eth1: ip[192.168.1.111]
prefixlen[16] is added, comm: ip[11893], parent comm: bash[7118]
#记录了 sysmonitor 进程在 2019 年 7 月 30 日 3 点 26 分 0 秒监控到 eth1 网卡设备上线，其 IP 地
#址为 192.168.1.111，前缀长度为 16 个字符。
```

如果监控到路由事件，则/var/log/sysmonitor.log 中打印信息实例如下。

```
2019-07-30T03:25:33.318422-04:00|info|sysmonitor[4570]: Fib6 insert fe80::/64, comm: ip
[11875], parent comm: bash[7118]
2019-07-30T03:25:33.318422-04:00|info|sysmonitor[4570]: Fib6 insert fe80::5254:0:119:
2c7b/128, comm: kworker/2:5[3565], parent comm: kthreadd[2]   2019-07-30T03:25:33.318422-04:
00|info|sysmonitor[4570]: Fib4 insert table=255 192.168.1.111/32, comm: ip[11893], parent
comm: bash[7118]   2019-07-30T03:25:33.318499-04:00|info|sysmonitor[4570]: Fib4 insert
table=254 192.168.0.0/16, comm: ip[11893], parent comm: bash[7118]   2019-07-30T03:25:
33.318578-04:00|info|sysmonitor[4570]: Fib4 insert table=255 192.168.0.0/32, comm: ip
[11893], parent comm: bash[7118]   2019-07-30T03:25:33.318655-04:00|info|sysmonitor
[4570]: Fib4 insert table=255 192.168.255.255/32, comm: ip[11893], parent comm: bash[7118]
#记录了 sysmonitor 进程在 2019 年 7 月 30 日 3 点 25 分 33 秒监控到 Fib6 和 Fib4 插入了一些路
#由表项，其中包括 fe80::/64、fe80::5254:0:119:2c7b/128、192.168.1.111/32、192.168.0.0/16、
#192.168.0.0/32 和 192.168.255.255/32，这些操作由 ip 进程和 kworker 进程执行，其父母进程为
#bash 进程和 kthreadd 进程。
```

（7）CPU 监控。

① 简介。

监控系统 CPU 占用情况，当 CPU 使用率超出或低于阈值时，记录日志或上报告警。

② 配置文件说明。

配置文件为/etc/sysmonitor/cpu。CPU 监控配置项的说明如表 1-14 所示，配置文件示例如下。

```
# 告警产生百分比上限
ALARM="90"

# 告警恢复百分比下限
RESUME="80"

# 监控周期(秒)
MONITOR_PERIOD="60"

# 统计周期(秒)
STAT_PERIOD="300"
```

表 1-14　CPU 监控配置项说明

配　置　项	配置项说明	是 否 必 配	默　认　值
ALARM	大于 0,CPU 占用率告警阈值	否	90
RESUME	大于或等于 0,CPU 占用率恢复阈值	否	80
MONITOR_PERIOD	监控周期(秒),取值大于 0	否	60
STAT_PERIOD	统计周期(秒),取值大于 0	否	300

说明

- 修改 CPU 监控的配置文件后,须执行 systemctl reload sysmonitor,新的配置在一个监控周期后生效。
- ALARM 值应该大于 RESUME 值。

③ 异常日志。

如果监控到 CPU 告警,则/var/log/sysmonitor. log 中打印信息示例如下。

```
2019 - 07 - 30T03:25:33.318655 - 04:00|info|sysmonitor[4570]: CPU usage alarm:  91.3 %
2019 - 07 - 30T03:25:33.318655 - 04:00|info|sysmonitor[4570]: CPU usage resume:  70.1 %
#记录了 sysmonitor 进程在 2019 年 7 月 30 日 3 点 25 分 33 秒监控到 CPU 使用率告警,达到了
#91.3 %,然后 CPU 使用率恢复到 70.1 %。
```

(8) 内存监控。

① 简介。

监控系统内存占用情况,当内存使用率超出或低于阈值时,记录日志或上报告警。

② 配置文件说明。

配置文件为/etc/sysmonitor/memory。内存监控配置项的说明如表 1-15 所示,配置文件示例如下。

```
# 告警产生百分比上限
ALARM = "90"

# 告警恢复百分比下限
RESUME = "80"

# 监控周期(秒)
PERIOD = "60"
```

表 1-15　内存监控配置项说明

配　置　项	配置项说明	是 否 必 配	默　认　值
ALARM	大于 0,内存占用率告警阈值	否	90
RESUME	大于或等于 0,内存占用率恢复阈值	否	80
PERIOD	监控周期(秒),取值大于 0	否	60

修改内存监控的配置文件后,须执行 systemctl reload sysmonitor,新的配置在一个监控周期后生效。ALARM 值应该大于 RESUME 值。取三个监控周期的内存占用的平均值,来作为是否上报发生告警或者恢复告警的依据。

③ 异常日志。

如果监控到内存告警,则 sysmonitor 获取/proc/meminfo 信息,打印到/var/log/

sysmonitor.log 中。信息示例如下。

```
2019-07-30T03:25:33.318655-04:00|info|sysmonitor[4570]: memory usage alarm: 90.3%
2019-07-30T03:25:33.318655-04:00|info|sysmonitor[4570]: ---------------- show /
proc/meminfo: ----------------  2019-07-30T03:25:33.318655-04:00|info|sysmonitor
[4570]: MemTotal:        3497020 kB  2019-07-30T03:25:33.318655-04:00|info|sysmonitor
[4570]: MemFree:          123996 kB  2019-07-30T03:25:33.318655-04:00|info|sysmonitor
[4570]: MemAvailable:     237712 kB  2019-07-30T03:25:33.318655-04:00|info|sysmonitor
[4570]: Buffers:
……
2019-07-30T03:25:33.318655-04:00|info|sysmonitor[4570]: HugePages_Rsvd:        0
2019-07-30T03:25:33.318655-04:00|info|sysmonitor[4570]: HugePages_Surp:        0
2019-07-30T03:25:33.318655-04:00|info|sysmonitor[4570]: Hugepagesize:       2048 kB
2019-07-30T03:25:33.318655-04:00|info|sysmonitor[4570]: Hugetlb:               0 kB
2019-07-30T03:25:33.318655-04:00|info|sysmonitor[4570]: ---------------- show_
memory_info end. ----------------
```

sysmonitor 有如下打印信息时，表示 sysmonitor 会调用“echo m > /proc/sysrq-trigger”命令导出内存分配的信息(可以在/var/log/message 中进行查看)。

```
2019-07-30T03:25:33.318655-04:00|info|sysmonitor[4570]: sysrq show memory info in
message.
```

告警恢复时，打印信息如下。

```
2019-07-30T03:25:33.318655-04:00|info|sysmonitor[4570]: memory usage resume:  4.6%
```

(9) 进程数/线程数监控。

① 简介。

监控系统进程数目和线程数目，当进程总数或线程总数超出或低于阈值时，记录日志或上报告警。

② 配置文件说明。

配置文件为/etc/sysmonitor/pscnt。进程/线程数监控配置项说明如表 1-16 所示，配置文件示例如下。

```
# 进程(包括线程)数告警产生上限
ALARM="1600"

# 进程(包括线程)数告警恢复下限
RESUME="1500"

# 监控周期(秒)
PERIOD="60"

# 进程数使用率告警阈值
ALARM_RATIO="90"

# 进程数使用率恢复阈值
RESUME_RATIO="80"
```

```
# print top process info with largest num of threads when threads alarm
# (range: 0 - 1024, default: 10, monitor for thread off:0)
SHOW_TOP_PROC_NUM = "10"
```

表 1-16 进程/线程数监控配置项说明

配 置 项	配置项说明	是否必配	默认值
ALARM	大于 0 的整数,进程总数告警阈值	否	1600
RESUME	大于或等于 0 的整数,进程总数恢复阈值	否	1500
PERIOD	监控周期(秒),取值大于 0	否	60
ALARM_RATIO	大于 0 且小于或等于 100 的值,可以为小数。进程使用率告警阈值	否	90
RESUME_RATIO	大于或等于 0 且小于 100 的值,可以为小数。进程使用率恢复阈值,必须比告警阈值小	否	80
SHOW_TOP_PROC_NUM	使用线程数量最多 TOP 的进程信息	否	10

说明

- 修改进程数监控的配置文件后,须执行 systemctl reload sysmonitor,新的配置在一个监控周期后生效。
- ALARM 值应该大于 RESUME 值。
- 进程数告警产生阈值取 ALARM 值与/proc/sys/kernel/pid_max 的 ALARM_RATIO 中的最大值,告警恢复阈值取 RESUME 值与/proc/sys/kernel/pid_max 的 RESUME_RATIO 中的最大值。
  线程数告警产生阈值取 ALARM 值与/proc/sys/kernel/threads-max 的 ALARM_RATIO 中的最大值,告警恢复阈值取 RESUME 值与/proc/sys/kernel/threads-max 的 RESUME_RATIO 中的最大值。
- SHOW_TOP_PROC_NUM 的取值范围为 0～1024,为 0 时,表示不启用线程监控;当设置值较大时,如 1024,在环境产生线程告警,且告警阈值较高时,会有性能影响,建议设置为默认值 10 及更小值,若影响较大,建议设置为 0,不启用线程监控。
- 线程监控启动,由/etc/sysconfig/sysmonitor 中 PSCNT_MONITOR 项和/etc/sysmonitor/pscnt 中 SHOW_TOP_PROC_NUM 项设置。
- PSCNT_MONITOR 为 on,且 SHOW_TOP_PROC_NUM 设置为合法值时,为启动。
  PSCNT_MONITOR 为 on,SHOW_TOP_PROC_NUM 为 0 时,为关闭。
  PSCNT_MONITOR 为 off 时,为关闭。
- 线程告警开关,由/etc/sysconfig/sysmonitor 中 PSCNT_ALARM 项设置,on 为启用,off 为关闭。
- 进程数量告警时,增加打印系统句柄使用信息和内存信息(/proc/meminfo)。
  线程数量告警时,会记录线程总数信息、TOP 数进程信息、当前环境进程数量信息、系统句柄数信息、内存信息(/proc/meminfo)。
- 监控告警监控周期到达前,系统出现资源不足,如线程数超过系统最大线程数时,监控告警本身将会由于资源受限无法正常运行,进而无法进行告警。

③ 异常日志。

如果监控到进程数告警，则/var/log/sysmonitor.log 中打印信息示例如下。

```
2020-05-11T10:42:37.047666+08:00|info|sysmonitor[1755356]: ---------------- process
count alarm start: ----------------    2020-05-11T10:42:37.047970+08:00|info|
sysmonitor[1755356]: process count alarm: 1657  2020-05-11T10:42:37.048037+08:00|info|
sysmonitor[1755356]: process count alarm, show sys fd count: 2592  2020-05-11T10:42:37.
048097+08:00|info|sysmonitor[1755356]: process count alarm, show mem info  2020-05-
11T10:42:37.048174+08:00|info|sysmonitor[1755356]: ---------------- show /proc/
meminfo: ----------------  2020-05-11T10:42:37.048236+08:00|info|sysmonitor
[1755356]: MemTotal:
3496388 kB  2020-05-11T10:42:37.048290+08:00|info|sysmonitor[1755356]: MemFree:
2738100 kB  2020-05-11T10:42:37.048342+08:00|info|sysmonitor[1755356]: MemAvailable:
2901888 kB  2020-05-11T10:42:37.048393+08:00|info|sysmonitor[1755356]: Buffers:
165064 kB  2020-05-11T10:42:37.048456+08:00|info|sysmonitor[1755356]: Cached:
282360 kB  2020-05-11T10:42:37.048511+08:00|info|sysmonitor[1755356]: SwapCached:
4492 kB  2020-05-11T10:42:37.048568+08:00|info|sysmonitor[1755356]: Active:
428536 kB  2020-05-11T10:42:37.048633+08:00|info|sysmonitor[1755356]: Inactive:
88264 kB  2020-05-11T10:42:37.048743+08:00|info|sysmonitor[1755356]: Active(anon):
177784 kB  2020-05-11T10:42:37.048834+08:00|info|sysmonitor[1755356]: Inactive(anon):
61336 kB  2020-05-11T10:42:37.048903+08:00|info|sysmonitor[1755356]: Active(file):
250752 kB  2020-05-11T10:42:37.048960+08:00|info|sysmonitor[1755356]: Inactive(file):
26928 kB  2020-05-11T10:42:37.049032+08:00|info|sysmonitor[1755356]: Unevictable:
0 kB  2020-05-11T10:42:37.049090+08:00|info|sysmonitor[1755356]: Mlocked:
0 kB  2020-05-11T10:42:37.049155+08:00|info|sysmonitor[1755356]: SwapTotal:
6410236 kB  2020-05-11T10:42:37.049222+08:00|info|sysmonitor[1755356]: SwapFree:
6366972 kB  2020-05-11T10:42:37.049275+08:00|info|sysmonitor[1755356]: Dirty:
32 kB  2020-05-11T10:42:37.049333+08:00|info|sysmonitor[1755356]: Writeback:
0 kB
2020-05-11T10:42:37.049389+08:00|info|sysmonitor[1755356]: AnonPages:
65548 kB  2020-05-11T10:42:37.049444+08:00|info|sysmonitor[1755356]: Mapped:
42880 kB  2020-05-11T10:42:37.049497+08:00|info|sysmonitor[1755356]: Shmem:
169744 kB  2020-05-11T10:42:37.049549+08:00|info|sysmonitor[1755356]: Slab:
159928 kB  2020-05-11T10:42:37.049606+08:00|info|sysmonitor[1755356]: SReclaimable:
27328 kB  2020-05-11T10:42:37.049660+08:00|info|sysmonitor[1755356]: SUnreclaim:
132600 kB  2020-05-11T10:42:37.049713+08:00|info|sysmonitor[1755356]: KernelStack:
6196 kB  2020-05-11T10:42:37.049766+08:00|info|sysmonitor[1755356]: PageTables:
9108 kB  2020-05-11T10:42:37.049817+08:00|info|sysmonitor[1755356]: NFS_Unstable:
0 kB  2020-05-11T10:42:37.049873+08:00|info|sysmonitor[1755356]: Bounce:
  0 kB  2020-05-11T10:42:37.049927+08:00|info|sysmonitor[1755356]: WritebackTmp:
0 kB  2020-05-11T10:42:37.049981+08:00|info|sysmonitor[1755356]: CommitLimit:
8158428 kB  2020-05-11T10:42:37.050034+08:00|info|sysmonitor[1755356]: Committed_AS:
945484 kB  2020-05-11T10:42:37.050085+08:00|info|sysmonitor[1755356]: VmallocTotal:
135288324032 kB  2020-05-11T10:42:37.050149+08:00|info|sysmonitor[1755356]:
VmallocUsed:
0 kB  2020-05-11T10:42:37.050201+08:00|info|sysmonitor[1755356]: VmallocChunk:
0 kB  2020-05-11T10:42:37.050255+08:00|info|sysmonitor[1755356]: Percpu:
1200 kB  2020-05-11T10:42:37.050311+08:00|info|sysmonitor[1755356]: HardwareCorrupted:
0 kB  2020-05-11T10:42:37.050364+08:00|info|sysmonitor[1755356]: AnonHugePages:
10240 kB  2020-05-11T10:42:37.050424+08:00|info|sysmonitor[1755356]: ShmemHugePages:
0 kB  2020-05-11T10:42:37.050480+08:00|info|sysmonitor[1755356]: ShmemPmdMapped:
0 kB  2020-05-11T10:42:37.050738+08:00|info|sysmonitor[1755356]: CmaTotal:
65536 kB  2020-05-11T10:42:37.050804+08:00|info|sysmonitor[1755356]: CmaFree:
```

```
64988 kB  2020-05-11T10:42:37.050860+08:00|info|sysmonitor[1755356]: HugePages_Total:
0  2020-05-11T10:42:37.050925+08:00|info|sysmonitor[1755356]: HugePages_Free:
0  2020-05-11T10:42:37.050981+08:00|info|sysmonitor[1755356]: HugePages_Rsvd:
0  2020-05-11T10:42:37.051032+08:00|info|sysmonitor[1755356]: HugePages_Surp:
0  2020-05-11T10:42:37.051083+08:00|info|sysmonitor[1755356]: Hugepagesize:
2048 kB  2020-05-11T10:42:37.051136+08:00|info|sysmonitor[1755356]: Hugetlb:
0 kB  2020-05-11T10:42:37.051194+08:00|info|sysmonitor[1755356]: ----------------
show_memory_info end. ----------------  2020-05-11T10:42:37.051247+08:00|info|
sysmonitor[1755356]: ---------------- process count alarm end. ----------------
```

如果监控到进程数恢复告警，则/var/log/sysmonitor.log中打印信息示例如下。

```
2020-05-11T10:43:19.160439+08:00|info|sysmonitor[1755356]: process count resume: 1200
```

如果监控到线程数告警，则/var/log/sysmonitor.log中打印信息示例如下。

```
2020-05-11T10:44:28.062584+08:00|info|sysmonitor[1756900]: ---------------- threads
count alarm start: ----------------  2020-05-11T10:44:28.063439+08:00|info|
sysmonitor[1756900]: threads count alarm: 273  2020-05-11T10:44:28.066628+08:00|info|
sysmonitor[1756900]: open threads most 10 processes is:[top1:pid=1756900,openthreadsnum=
13,cmd=/usr/bin/sysmonitor --daemon ]  2020-05-11T10:44:28.066819+08:00|info|
sysmonitor[1756900]: open threads most 10 processes is:[top2:pid=3130,openthreadsnum=8,
cmd=/usr/lib/polkit-1/polkitd --no-debug ]  2020-05-11T10:44:28.066878+08:00|info
|sysmonitor[1756900]: open threads most 10 processes is:[top3:pid=1793,openthreadsnum=6,
cmd=/usr/sbin/gssproxy -D ]  2020-05-11T10:44:28.066928+08:00|info|sysmonitor
[1756900]: open threads most 10 processes is:[top4:pid=40736,openthreadsnum=4,cmd=/usr/
bin/sysalarm ]  2020-05-11T10:44:28.066980+08:00|info|sysmonitor[1756900]: open
threads most 10 processes is:[top5:pid=1413,openthreadsnum=3,cmd=/usr/sbin/rsyslogd -n
-i/var/run/rsyslogd.pid ]  2020-05-11T10:44:28.067028+08:00|info|sysmonitor
[1756900]: open threads most 10 processes is:[top6:pid=2717,openthreadsnum=3,cmd=/usr/
sbin/NetworkManager --no-daemon ]  2020-05-11T10:44:28.067094+08:00|info|sysmonitor
[1756900]: open threads most 10 processes is:[top7:pid=1374,openthreadsnum=2,cmd=/usr/
lib/systemd/systemd-timesyncd ]  2020-05-11T10:44:28.067141+08:00|info|sysmonitor
[1756900]: open threads most 10 processes is:[top8:pid=1382,openthreadsnum=2,cmd=/sbin/
auditd ]  2020-05-11T10:44:28.067191+08:00|info|sysmonitor[1756900]: open threads most
10 processes is:[top9:pid=1403,openthreadsnum=2,cmd=/usr/bin/dbus-daemon --system --
address=systemd: --nofork --nopidfile --systemd-activation --syslog-only ]  2020-
05-11T10:44:28.067240+08:00|info|sysmonitor[1756900]: open threads most 10 processes is:
[top10:pid=1404,openthreadsnum=2,cmd=/usr/bin/python3 /usr/sbin/firewalld --nofork -
-nopid ]  2020-05-11T10:44:28.067293+08:00|info|sysmonitor[1756900]: threads count
alarm, show process count 237  2020-05-11T10:44:28.067350+08:00|info|sysmonitor
[1756900]: threads count alarm, show sys fd count: 2080  2020-05-11T10:44:28.067402+08:
00|info|sysmonitor[1756900]: threads count alarm, show mem info  2020-05-11T10:44:28.
067450+08:00|info|sysmonitor[1756900]: ---------------- show /proc/meminfo: --------
--------  2020-05-11T10:44:28.067498+08:00|info|sysmonitor[1756900]: MemTotal:
3496388 kB  2020-05-11T10:44:28.067596+08:00|info|sysmonitor[1756900]: MemFree:
2752496 kB  2020-05-11T10:44:28.067649+08:00|info|sysmonitor[1756900]: MemAvailable:
2916192 kB  2020-05-11T10:44:28.067705+08:00|info|sysmonitor[1756900]: Buffers:
165116 kB  2020-05-11T10:44:28.067760+08:00|info|sysmonitor[1756900]: Cached:
287836 kB  2020-05-11T10:44:28.067815+08:00|info|sysmonitor[1756900]: SwapCached:
4492 kB  2020-05-11T10:44:28.067866+08:00|info|sysmonitor[1756900]: Active:
418436 kB  2020-05-11T10:44:28.067912+08:00|info|sysmonitor[1756900]: Inactive:
93516 kB  2020-05-11T10:44:28.067970+08:00|info|sysmonitor[1756900]: Active(anon):
```

```
167604 kB  2020-05-11T10:44:28.068019+08:00|info|sysmonitor[1756900]: Inactive(anon):
66616 kB  2020-05-11T10:44:28.068075+08:00|info|sysmonitor[1756900]: Active(file):
250832 kB  2020-05-11T10:44:28.068129+08:00|info|sysmonitor[1756900]: Inactive(file):
26900 kB  2020-05-11T10:44:28.068180+08:00|info|sysmonitor[1756900]: Unevictable:
0 kB  2020-05-11T10:44:28.068240+08:00|info|sysmonitor[1756900]: Mlocked:
0 kB  2020-05-11T10:44:28.068287+08:00|info|sysmonitor[1756900]: SwapTotal:
6410236 kB  2020-05-11T10:44:28.068337+08:00|info|sysmonitor[1756900]: SwapFree:
6367228 kB  2020-05-11T10:44:28.068388+08:00|info|sysmonitor[1756900]: Dirty:
0 kB  2020-05-11T10:44:28.068461+08:00|info|sysmonitor[1756900]: Writeback:
0 kB  2020-05-11T10:44:28.068517+08:00|info|sysmonitor[1756900]: AnonPages:
55044 kB  2020-05-11T10:44:28.068571+08:00|info|sysmonitor[1756900]: Mapped:
42504 kB  2020-05-11T10:44:28.068625+08:00|info|sysmonitor[1756900]: Shmem:
175220 kB  2020-05-11T10:44:28.068737+08:00|info|sysmonitor[1756900]: Slab:
157540 kB  2020-05-11T10:44:28.068808+08:00|info|sysmonitor[1756900]: SReclaimable:
27036 kB  2020-05-11T10:44:28.068885+08:00|info|sysmonitor[1756900]: SUnreclaim:
130504 kB  2020-05-11T10:44:28.068938+08:00|info|sysmonitor[1756900]: KernelStack:
4416 kB  2020-05-11T10:44:28.068987+08:00|info|sysmonitor[1756900]: PageTables:
5660 kB  2020-05-11T10:44:28.069034+08:00|info|sysmonitor[1756900]: NFS_Unstable:
0 kB  2020-05-11T10:44:28.069089+08:00|info|sysmonitor[1756900]: Bounce:
0 kB  2020-05-11T10:44:28.069139+08:00|info|sysmonitor[1756900]: WritebackTmp:
0 kB  2020-05-11T10:44:28.069195+08:00|info|sysmonitor[1756900]: CommitLimit:
8158428 kB  2020-05-11T10:44:28.069252+08:00|info|sysmonitor[1756900]: Committed_AS:
707716 kB  2020-05-11T10:44:28.069311+08:00|info|sysmonitor[1756900]: VmallocTotal:
135288324032 kB  2020-05-11T10:44:28.069367+08:00|info|sysmonitor[1756900]:
VmallocUsed:
0 kB  2020-05-11T10:44:28.069422+08:00|info|sysmonitor[1756900]: VmallocChunk:
0 kB  2020-05-11T10:44:28.069486+08:00|info|sysmonitor[1756900]: Percpu:
1200 kB  2020-05-11T10:44:28.069539+08:00|info|sysmonitor[1756900]: HardwareCorrupted:
0 kB
2020-05-11T10:44:28.069589+08:00|info|sysmonitor[1756900]: AnonHugePages:
10240 kB  2020-05-11T10:44:28.069651+08:00|info|sysmonitor[1756900]: ShmemHugePages:
0 kB  2020-05-11T10:44:28.069715+08:00|info|sysmonitor[1756900]: ShmemPmdMapped:
0 kB  2020-05-11T10:44:28.069765+08:00|info|sysmonitor[1756900]: CmaTotal:
65536 kB  2020-05-11T10:44:28.069813+08:00|info|sysmonitor[1756900]: CmaFree:
64988 kB  2020-05-11T10:44:28.069861+08:00|info|sysmonitor[1756900]: HugePages_Total:
0  2020-05-11T10:44:28.069918+08:00|info|sysmonitor[1756900]: HugePages_Free:
0  2020-05-11T10:44:28.069972+08:00|info|sysmonitor[1756900]: HugePages_Rsvd:
0  2020-05-11T10:44:28.070027+08:00|info|sysmonitor[1756900]: HugePages_Surp:
0  2020-05-11T10:44:28.070080+08:00|info|sysmonitor[1756900]: Hugepagesize:
2048 kB  2020-05-11T10:44:28.070136+08:00|info|sysmonitor[1756900]: Hugetlb:
0 kB  2020-05-11T10:44:28.070197+08:00|info|sysmonitor[1756900]: ---------------
show_memory_info end. ---------------  2020-05-11T10:44:28.070248+08:00|info|
sysmonitor[1756900]: --------------- threads count alarm end. ---------------
```

如果监控到线程数恢复告警，则/var/log/sysmonitor.log 中打印信息示例如下。

```
2020-05-11T10:43:19.161218+08:00|info|sysmonitor[1756900]: threads count resume: 1200
```

（10）系统句柄总数监控。

① 简介。

监控系统文件句柄(fd)数目，当系统文件句柄总数超出或低于阈值时，记录日志并上报告警或恢复告警，同时记录当前系统句柄峰值到 sysmonitor.log 中。

- 当前系统文件句柄总数超过阈值后，上报告警，并在监控日志中打印当前系统所有句柄数。
- 当前系统文件句柄总数低于恢复告警阈值后，恢复告警，并打印当前系统所有句柄数。

② 配置文件说明。

配置文件为/etc/sysmonitor/sys_fd_conf。系统句柄总数监控配置项说明如表1-17所示，配置文件示例如下。

```
# 系统 fd 总数百分比上限
SYS_FD_ALARM = "80"

# 系统 fd 总数百分比下限
SYS_FD_RESUME = "70"

# 监控周期(100～86 400 秒)
SYS_FD_PERIOD = "600"
```

表 1-17 系统句柄总数监控配置项说明

配置项	配置项说明	是否必配	默认值
SYS_FD_ALARM	大于0且小于100的整数，fd总数与系统最大fd数百分比的告警阈值	否	80%
SYS_FD_RESUME	大于0且小于100的整数，fd总数与系统最大fd数百分比的恢复阈值	否	70%
SYS_FD_PERIOD	监控周期(秒)，取值为100～86 400的整数	否	600

说明

- 修改fd总数监控的配置文件后，须执行systemctl reload sysmonitor，新的配置在一个监控周期后生效。
- SYS_FD_ALARM值应该大于SYS_FD_RESUME值，当配置非法时，会使用默认值，并打印日志。
- 系统复位开关：系统启动参数files_panic_enable为1(默认值为0，关闭状态)时，系统句柄数耗尽会复位系统。可通过在启动参数中配置files_panic_enable=1打开。

③ 异常日志。

如果监控到fd总数告警，则在监控日志中打印告警。/var/log/sysmonitor.log中打印信息示例如下。

```
2019-07-30T03:25:33.318655-04:00|info|sysmonitor[4570]: sys fd count alarm: 259296
```

系统句柄使用告警时，会打印前三个使用句柄数最多的进程。

```
2019-07-30T03:41:53.961425-04:00|info|sysmonitor[4570]: open fd most three processes is:
[top1:pid=23266,openfdnum=50000,cmd=/home/openfile_arm] 2019-07-30T03:41:53.961644
-04:00|info|sysmonitor[4570]: open fd most three processes is:[top2:pid=23267,openfdnum=
50000,cmd=/home/openfile_arm] 2019-07-30T03:41:53.961749-04:00|info|sysmonitor
[4570]: open fd most three processes is:[top3:pid=23268,openfdnum=30144,cmd=/home/
openfile_arm]
```

(11) 单个进程句柄数监控。

① 简介。

监控系统单个进程句柄数目,当单个进程句柄总数超出阈值时,记录日志或上报事件,并且记录峰值到单独的文件。

② 配置文件说明。

配置文件为/etc/sysmonitor/process_fd_conf。单个进程句柄数监控配置项说明如表 1-18 所示,配置文件示例如下。

```
#单个进程句柄告警阈值,单位为 %
PR_FD_ALARM = "80"
```

表 1-18 单个进程句柄数监控配置项说明

配置项	配置项说明	是否必配	默认值
PR_FD_ALARM	大于 0 且小于 100 的整数,单个进程句柄数与系统单个进程最大句柄数百分比的事件上报阈值	否	80%

说明

- 修改单个进程句柄监控的配置文件后,须执行 systemctl reload sysmonitor。
- 单个进程监控到的进程名,最多显示 16 字节。

③ 异常日志。

如果监控到单个进程句柄事件发生,则会在监控日志中记录。/var/log/sysmonitor.log 中打印信息示例如下。

```
2019-07-30T03:41:53.961749-04:00|info|sysmonitor[4570]: pid [28738] cmd [a.out]  fd
more than [717]
```

单个进程句柄数告警时,会同步写信息到/var/log/fd_monitor.log 中,该日志的路径可通过/etc/sysconfig/sysmonitor 中的 FD_MONITOR_LOG_PATH 字段设置。日志格式如下。

```
##################fd info######################
TIME                 PID        CMD                  FD
2020-02-24 01:59:47  28919      generate_fd          52
2020-02-24 02:00:01  29067      generate_fd_1        52
2020-02-24 02:00:03  29101      generate_fd_2        52
```

(12) 磁盘 inode 监控。

① 简介。

定期监控系统中挂载的磁盘分区的 inode,当磁盘分区的 inode 使用率大于或等于用户设置的告警阈值时,上报磁盘 inode 告警。发生告警后,当磁盘分区 inode 使用率小于用户设置的告警恢复阈值时,上报磁盘 inode 恢复告警。

② 配置文件说明。

配置文件为/etc/sysmonitor/inode。配置文件示例如下。

```
DISK = "/var/log" ALARM = "90" RESUME = "80"
DISK = "/" ALARM = "95" RESUME = "85"
```

各配置项说明见表1-19。

表1-19 磁盘inode监控配置项说明

配 置 项	配置项说明	是否必配	默认值
DISK	磁盘挂载目录名 说明： 必须为磁盘挂载点或被挂载的磁盘分区。 最大长度为64B	是	无
ALARM	整数，磁盘inode告警阈值 说明： 0～100的整数，不要有空格等其他额外字符	否	90
RESUME	整数，磁盘inode恢复阈值 说明： 0～100的整数，不要有空格等其他额外字符	否	80

说明

- 修改磁盘inode监控的配置文件后，须执行systemctl reload sysmonitor，新的配置在一个监控周期后生效。
- 重复配置的挂载目录，最后一个配置项生效。
- ALARM值应该大于RESUME值。
- 只能针对挂载点或被挂载的磁盘分区做监控。
- 在CPU和IO高压场景下，df执行命令超时，会导致磁盘inode利用率获取不到。
- 当多个挂载点对应同一个磁盘分区时，以挂载点为准来上报告警。

③ 异常日志。

如果监控到磁盘inode告警，则/var/log/sysmonitor.log中打印信息示例如下。

```
2019-07-30T03:41:53.961749-04:00|info|sysmonitor[4570]: report disk inode alarm, /var/
log used:90% alarm:90%    2019-07-30T03:41:53.961749-04:00|info|sysmonitor[4570]:
report disk inode recovered, /var/log used:79% resume:80%
#记录了 sysmonitor 进程在 2019 年 7 月 30 日 3 点 41 分 53 秒监控到磁盘 inode 使用率告警,
#/var/log 目录的 inode 使用率达到了 90%,然后恢复到 79%,并继续监控至 80%。
```

(13) 本地磁盘IO延时监控。

① 简介。

每5秒读取一次本地磁盘IO延时数据，每5分钟对在该5分钟内60组数据进行统计，如果有多于30次(一半)的数据大于配置的最大IO延时数据，则上报该磁盘的IO延时过大告警。

② 配置文件说明。

配置文件为/etc/sysmonitor/iodelay。配置文件示例如下。

```
DELAY_VALUE="100"
```

各配置项说明见表1-20。

表 1-20　本地磁盘 IO 延时监控配置项说明

配　置　项	配置项说明	是否必配	默认值
DELAY_VALUE	磁盘 IO 延时的最大值 说明： 默认为 100ms，配置的值默认单位是毫秒。 0～999 999 999 的整数，当配置的值超出该范围时，将被截断，只保留前 9 位。 所有磁盘都以该值为最大值	是	100

说明

- 修改本地磁盘 IO 延时监控的配置文件后，须执行 systemctl reload sysmonitor，新的配置在一个监控周期后生效。
- 默认告警为最近 60 次延时平均大小有 30 次大于设置的阈值，恢复告警为最近 60 次延时平均大小有 30 次小于或等于设置的阈值。
- 一次延时是指 1s 内磁盘处理每个读写操作的平均时间，单位为毫秒，不包括这些操作的排队时间，计算结果向下取整。

③ 异常日志。

如果监控到本地磁盘 IO 延时过大告警，则/var/log/sysmonitor.log 中打印信息示例如下。

```
2019-07-30T03:41:53.228514-04:00|info|sysmonitor[4570]: local disk: sda IO delay is too large, I/O delay threshold is 70.   2019-07-30T03:41:53.229000-04:00|info|sysmonitor[4570]: disk is sda, io delay data: 71 72 75 57 50 82 76 75 62 79 60 74 79 73 67 65 64 77 76 55 69 76 74 70 60 78 64 71 84 73 82 75 74 65 61 78 65 63 69 61 68 74 69 74 61 68 70 60 73 77 88 78 73 69 69 78 70 76 72 79
```

如果监控到本地磁盘 IO 延时告警恢复，则/var/log/sysmonitor.log 中打印信息示例如下。

```
2019-07-30T03:46:53.961749-04:00|info|sysmonitor[4570]: local disk: sda IO delay is normal. I/O delay threshold is 70.   2019-07-30T03:46:53.229000-04:00|info|sysmonitor[4570]: disk is sda, io delay data: 3 18 8 12 16 17 4 14 12 2 11 15 15 3 8 20 11 16 17 20 1 8 16 4 5 7 16 5 5 10 3 18 9 10 15 4 17 18 4 14 16 19 11 14 16 8 4 5 6 20 4 17 17 2 16 7 14 6 7 12
```

(14) 僵尸进程监控。

① 简介。

当监控系统僵尸进程数量大于告警阈值时，上报告警。当系统僵尸进程数小于恢复阈值时，告警恢复。

② 配置文件说明。

配置文件为/etc/sysmonitor/zombie。配置文件示例如下。

```
# 告警阈值
ALARM="500"

# 恢复阈值
RESUME="400"
```

```
# 检测周期
PERIOD = "600"
```

各配置项说明见表1-21。

表1-21 僵尸进程监控配置项说明

配 置 项	配置项说明	是否必配	默 认 值
ALARM	大于0,僵尸进程个数告警阈值	否	500
RESUME	大于或等于0,僵尸进程个数恢复阈值	否	400
PERIOD	监控周期(秒),取值大于0	否	60

说明

- 修改zombie监控的配置文件后,须执行systemctl reload sysmonitor,新的配置在一个监控周期后生效。
- ALARM值应该大于RESUME值。

③ 异常日志。

如果监控到僵尸进程个数告警,则/var/log/sysmonitor.log中打印信息示例如下。

```
2019-07-30T03:25:33.318655-04:00|info|sysmonitor[4570]: zombie process count alarm: 600
  2019-07-30T03:25:33.318655-04:00|info|sysmonitor[4570]: zombie process count resume: 100
```

(15) 统计IO使用率。

① 简介。

为了提高设备IO利用率高这类问题的可定位/定界性,新增定时收集iotop信息的功能。FusionOS版本中集成了开源IO信息统计工具——iotop,并新增了iomonitor_daemon为sysmonitor周期监控配置项,该进程利用iotop工具,sysmonitor每隔30分钟执行收集一次IO信息,采集前三个占用率超过50%的进程信息以及当前磁盘未完成的读写操作数量(inflight)信息,写入sysmonitor日志中。该功能属于sysmonitor(系统监控)的一部分功能,上述工具需要root权限才可以执行。root用户具有系统最高权限,在使用root用户进行操作时,请严格按照操作指导进行操作,避免其他操作造成系统管理及安全风险。

② 配置文件说明。

配置文件为/etc/sysmonitor.d/io_monitor。配置文件示例如下。

```
MONITOR_SWITCH = "on"
TYPE = "periodic"
EXECSTART = "/usr/sbin/iomonitor_daemon"
PERIOD = "1800"
```

各配置项说明见表1-22。

表1-22 统计IO使用率配置项说明

配 置 项	配置项说明	是否必配	默 认 值
MONITOR_SWITCH	监控开关,取值为on/off	否	on
TYPE	自定义监控项的类型,不建议修改	是	periodic

续表

配　置　项	配置项说明	是否必配	默　认　值
EXECSTART	执行监控命令，不建议修改	是	/usr/sbin/iomonitor_daemon
PERIOD	监控周期(秒)，取值为大于 0 的整数	是	1800

③ 约束限制。

- 采集数据依赖 iotop 工具，采集精度受限于 iotop 工具。
- 采集后台进程由 sysmonitor 拉起和监控，sysmonitor 服务出现异常时，IO 信息采集可能失败。
- 采集信息通过 rsyslog 转储到 sysmonitor 日志中，如果 rsyslog 服务出现异常，日志不能正常转储。
- 在 IO 压力长时间冲高到 100%情况下，采集的 IO 信息由于不能下盘，可能丢失。
- 文件系统或者日志盘故障时，IO 采集信息可能失败。
- 当配置文件损坏、丢失或者 MONITOR_SWITCH 配置项未配置时，sysmonitor 不会执行 IO 信息采集。

④ 异常日志。

```
[LOC 2021 - 03 - 16:15:41:49]sysmonitor[924]: 15:41:49 Total DISK READ :        11.86 K/s |
Total DISK WRITE :      317.77 M/s
[LOC 2021 - 03 - 16:15:41:49]sysmonitor[924]: 15:41:49 Actual DISK READ:        11.86 K/s |
Actual DISK WRITE:      335.43 M/s
[LOC 2021 - 03 - 16:15:41:49]sysmonitor[924]:      TIME     TID   PRIO   USER     DISK READ
DISK WRITE  SWAPIN      IO     COMMAND  [LOC 2021 - 03 - 16:15:41:49]sysmonitor[924]: 15:41:
49 2933052 be/4 root         11.86 K/s     0.00 B/s   0.00 % 95.30 % [kworker/u8:0 + flush -
253:0]
[LOC 2021 - 03 - 16:15:41:49]sysmonitor[924]: dm - 0 inflight info:        1        19
[LOC 2021 - 03 - 16:15:41:49]sysmonitor[924]: dm - 1 inflight info:        1         0
[LOC 2021 - 03 - 16:15:41:49]sysmonitor[924]: sda inflight info:        0         0  [LOC 2021
- 03 - 16:15:41:49]sysmonitor[924]: 15:41:49 3088699 be/4 root        0.00 B/s   317.77 M/s
  0.00 % 87.75 % dd if = /dev/zero of = /home/test - io bs = 1M count = 2048
[LOC 2021 - 03 - 16:15:41:49]sysmonitor[924]: dm - 0 inflight info:        0        18
[LOC 2021 - 03 - 16:15:41:49]sysmonitor[924]: dm - 1 inflight info:        1         0
[LOC 2021 - 03 - 16:15:41:49]sysmonitor[924]: sda inflight info:        0         0  [LOC 2021
- 03 - 16:15:41:49]sysmonitor[924]: 15:41:49 3104933 be/4 root       0.00 B/s   0.00 B/s
0.00 % 52.92 % [kjournald]
[LOC 2021 - 03 - 16:15:41:49]sysmonitor[924]: dm - 0 inflight info:        0        18
[LOC 2021 - 03 - 16:15:41:49]sysmonitor[924]: dm - 1 inflight info:        1         0
[LOC 2021 - 03 - 16:15:41:49]sysmonitor[924]: sda inflight info:        0         0
#这段日志记录了 sysmonitor 进程在 2021 年 3 月 16 日 15 点 41 分 41 秒时对磁盘 IO 性能的监控
#信息。关键信息如下。
#总磁盘读取速度为 11.86 KB/s,总磁盘写入速度为 317.77 MB/s。
#实际磁盘读取速度为 11.86 KB/s,实际磁盘写入速度为 335.43 MB/s。
#列出了各个进程的磁盘读写情况,如进程 2933052(根用户)的磁盘读取速度为 11.86 KB/s,磁盘写
#入速度为 0.00 B/s。
#列出了各个磁盘设备的 inflight 信息,表示待处理的磁盘 IO 请求数量。
```

说明

- 采集时间间隔默认是 30 分钟，由于采集进程是用户态普通进程，并且采集时也要耗

费一定的时间，采集信息的时间间隔可能有一定的误差，不会完全等于30分钟。

- 采集信息只能反映采集时间点的IO状态信息，不能代表整个时间段的IO压力。

(16) 自定义监控。

① 简介。

用户可以自定义监控项，监控框架读取配置文件内容，解析配置文件各监控属性，在监控框架里调用用户要执行的监控动作。监控模块仅提供监控框架，不感知用户要监控的内容以及如何监控，不负责告警上报。

② 配置文件说明。

配置目录为/etc/sysmonitor.d/，每个进程或模块一个配置文件。

配置文件示例如下。

```
MONITOR_SWITCH = "on"
TYPE = "daemon"
EXECSTART = "/etc/sysmonitor.d/uvpmonitor/unetwork_alarm.py"
ENVIROMENTFILE = "/etc/sysmonitor.d/uvpEnvironmentFiles/unetwork - alarm.conf"
MONITOR_SWITCH = "on"
TYPE = "periodic"
EXECSTART = "/usr/bin/python /etc/sysmonitor.d/uvpmonitor/ipmi_monitor.py"
PERIOD = "30"
```

各配置项说明见表1-23。

表1-23 自定义监控配置项说明

配置项	配置项说明	是否必配	默认值
MONITOR_SWITCH	监控开关	否	off
TYPE	自定义监控项的类型 值配置范围如下。 daemon：后台运行。 periodic：周期运行	是	无
EXECSTART	执行监控命令	是	无
ENVIROMENTFILE	环境变量存放文件	否	无
PERIOD	若type为periodic类型，此为必配项，为自定义监控的周期，取值为大于0的整数	periodic类型为必配项	无

说明

- 配置文件名称、环境变量文件名称，加上绝对路径总长度不能超过127个字符。环境变量文件必须为绝对路径，实际路径，不可以是软连接路径。
- EXECSTART项的命令总长度不能超过159个字符，关键字段配置不能有空格。
- 周期性监控的执行命令不能超时，否则对自定义监控框架会产生影响。
- 目前支持配置的环境变量最多为256个。
- daemon类型的自定义监控每间隔10s会统一查询是否有reload命令下发，或者是否有daemon进程异常退出；如果有reload命令下发，需要等待10s后才会重新加载新的配置，如果有daemon进程异常退出，需要等待10s后才会重新拉起。
- 关键字ENVIROMENTFILE对应的文件中的内容发生变化，如新增环境变量，或环境变量的值发生改变，需要重启 sysmonitor 服务，新的环境变量才能生效。
- /etc/sysmonitor.d/目录下的配置文件权限建议为 600，EXECSTART 项中若只配置了执行文件，则执行文件的权限建议为 550。
- 对于用户自行配置的命令，命令的安全性由用户保证。配置命令时需要注意如下限制：配置执行命令时必须使用绝对路径，并且有可执行权限；执行命令是脚本文件时，第一行必须是脚本解析器，如"#! /bin/bash"。
- daemon 进程异常退出后，sysmonitor 会重新加载该 daemon 进程的配置文件。

③ 异常日志。

如果 daemon 类型监控项异常退出，/var/log/sysmonitor.log 中会有如下记录。

```
2019-07-30T03:41:53.961749-04:00|info|sysmonitor[4570]: custom daemon monitor: child
process[11609] name unetwork_alarm exit code[127], [1] times.
```

3）监控日志

(1) 简介。

在默认情况下，为防止 sysmonitor.log 文件过大，日志特性提供了切分转储日志的机制。日志将被转储到磁盘目录下，这样就能够保存一定量的日志。

(2) 配置文件说明。

配置文件为/etc/rsyslog.d/sysmonitor.conf，配置文件示例如下。

```
$template sysmonitorformat,"%TIMESTAMP:::date-rfc3339%|%syslogseverity-text%|%
msg%\n"
$outchannel sysmonitor, /var/log/sysmonitor.log, 2097152, /usr/libexec/sysmonitor/
sysmonitor_log_dump.sh
if ($programname == 'sysmonitor' and $syslogseverity <= 6) then {
:omfile:$sysmonitor;sysmonitorformat
stop
}
if ($programname == 'sysmonitor' and $syslogseverity > 6) then {
/dev/null
stop
}
```

须知

/usr/libexec/sysmonitor/sysmonitor_log_dump.sh 中会调用 logrotate /usr/libexec/sysmonitor/sysmonitor-logrotate 分割日志文件，若修改日志文件转储大小，请确保/etc/rsyslog.d/sysmonitor.conf 中的转储阈值比/usr/libexec/sysmonitor/sysmonitor-logrotate 中的 size 配置值大。

4. 配置使用告警

1）告警配置文件

告警框架有一个主配置文件(/etc/sysconfig/sysalarm)，用于配置告警抑制时间、事件告警开关和 sysmonitor 重拉周期及次数。配置示例如下。

📖说明

配置项的=和"之间不能有空格。

```
# 告警抑制时间(分)
DEPRESSION_TIME = "15"

# 重启 sysmonitor 周期(秒)
RESTART_PERIOD = "15"

# 重新拉起 sysmonitor 的次数
RESTART_TIMES = "20"

# 事件类型告警重发开关
SAVE_EVENT_ALARM = "off"
```

各配置项说明见表 1-24。

表 1-24 警告配置文件配置项说明

配 置 项	配置项说明	是否必配	默认值
DEPRESSION_TIME	设定告警抑制时间，相同告警时间间隔在告警抑制时间内会被抑制，否则不抑制	否	15
RESTART_PERIOD	sysmonitor 异常时，重新拉起 sysmonitor 的周期	否	15s
RESTART_TIMES	sysmonitor 异常时，重新拉起 sysmonitor 的次数	否	20
SAVE_EVENT_ALARM	配置事件类型的告警是否支持告警重发。没有配置此项或此项内容没有配置为"on"或"ON"时，不支持事件重发，否则支持	否	关闭

须知

修改/etc/sysconfig/sysalarm 配置文件后，需要重启 sysalarm 服务生效。

2）上报告警

（1）简介。

alarm 模块用来提供函数接口用于上报告警到 sysalarm，除了支持 sysmonitor 服务通过调用该模块上报告警到 sysalarm 外，其他用户也可以将自定义的告警信息上报到 sysalarm，被上报的告警信息最后统一由注册告警模块接收并处理。现支持 C 和 Shell 接口上报告警。告警模块对于上报的重复的告警具有抑制功能，具体抑制时间用户可以配置。告警模块会保存已经上报告警的最新状态（恢复或产生告警），如果 sysalarm 发生重启，这些告警信息可以恢复。

（2）告警消息的组成。

上报告警的消息组成详见表 1-25。

表 1-25 告警信息

告 警 项	数 据 类 型	描 述
usAlarmId	unsigned short	告警 ID，某一类故障一个 ID
ucAlarmLevel	unsigned char	告警级别，表示：①紧急；②重要；③次要；④提示；⑤不确定

续表

告　警　项	数 据 类 型	描　　述
ucAlarmType	unsigned char	告警类别，表示：⓪告警恢复；①告警产生；②事件发生；③更新
pucParas	unsigned char *	告警描述信息
pucExParas	unsigned char *	告警拓展描述信息

① C 语言接口定义。

```
int os_alarm(unsigned short usAlarmId, unsigned char ucAlarmLevel, unsigned char ucAlarmType,
unsigned char * pucParas, unsigned char * pucExParas);
```

参数详细说明：

- usAlarmId：告警 ID，取值范围为[1001，2000]。
- ucAlarmLevel：告警级别，用数字 1～5 表示，意义如下。

1：Critical（紧急）。

2：Major（重要）。

3：Minor（次要）。

4：Warning（提示）。

5：Indeterminate（不确定）。

- ucAlarmType：告警类型，以数字 0～3 表示，意义如下。

0：告警恢复。

1：告警产生。

2：事件。

3：更新。

- pucParas：描述信息，字符串，最大长度为 255。
- pucExParas：拓展信息，字符串，最大长度为 255。

代码示例如下。

```
#include <stdio.h>
int main()
{
    unsigned short alarmid = 1100;                          //告警 ID
    unsigned char alarmlevel = 3;                           //告警级别
    unsigned char alarmtype = 1;                            //告警类型
    unsigned char msg[] = "I am message";
//描述信息
    unsigned char exmsg[] = "I am ext message";             //拓展信息

    os_alarm(alarmid, alarmlevel, alarmtype, msg, exmsg);
    return 0;
}
```

② Shell 接口定义。

```
sendalarm [-i alarmid] [-t alarmtype] [-l alarmlevel] [-m msg1] [-e msg2]
```

参数详细说明：

- -i alarmid：alarmid 为告警 ID，取值范围为[1001，2000]。
- -t alarmtype：alarmtype 为告警类型，只能填 normal、abnormal、event 或 update。
- -l alarmlevel：alarmlevel 为告警级别，可填 1～5。
- -m msg1：msg1 为描述信息，可填任意字符串，最大长度为 255。
- -e msg2：msg2 为拓展信息，可填任意字符串，最大长度为 255。

代码示例如下。

```
sendalarm -i 1100 -t abnormal -l 3 -m "I am message" -e "I am ext message"
```

sendalarm

直接输入 sendalarm 命令，可查询其使用方法。

```
usage:   sendalarm [-i id] [-t type] [-l level] [-m message] [-e extend message]
          -i   alarm id
          -t   alarm type, could be: normal, abnormal, event, update
          -l   alarm level, could be 1(critial),2(major),3(minor),4(warning) or 5(indeterminate)
          -m   alarm message
          -e   alarm extend message
```

（3）注意事项。

① 告警 ID 取值范围有限制，为[1001，2000]。若超出此范围的告警 ID，则被认为是没有注册的非法告警，不进行告警上报处理。

② 上报接口在 libalarm.so 动态库中实现，请确保系统中存在并能找到上述动态库。

③ 接口的生效依赖告警转发守护进程 sysalarm，使用时确保 sysalarm 进程已启动。

④ 要使用 alarm 模块中的 C 语言接口，系统里必须包含 libalarm.so 文件。使用 Shell 接口，必须包含 sendalarm 文件。

⑤ C 语言接口使用不支持多线程执行。

（4）告警抑制。

sysalarm 对接收到的相同的告警信息，在设定的时间内具有抑制功能。抑制时间在 /etc/sysconfig/sysalarm 文件中进行配置，如下。

```
#告警抑制时间(范围:0～30,单位:分钟,默认:15)
DEPRESSION_TIME="15"
```

在告警抑制的时间内出现相同的告警时，会被 sysalarm 抑制，告警不会再次上报。不同产品的告警抑制时间有不同的默认配置，以配置文件为准。例如，通用的告警抑制时间的默认值为 15（分钟），当用户配置的时间超出范围，或者输入非法时，系统中默认按照 15 来处理；若关键字 DEPRESSION_TIME="XX"配置错误，或者配置文件为空，系统按照 0 来处理。如果不需要抑制功能，抑制时间可以配置成 0。

① 非事件类型告警主要通过三个告警信息来判断：告警 ID，告警类型，告警扩展信息。

② 事件类型告警主要通过三个告警信息来判断：告警 ID，告警类型，告警信息。

（5）告警保存。

sysalarm 对于接收到的告警信息，能动态实时更新保存到内存文件中。同样的 ID 和告警关键信息只保存最后收到的一条告警的状态。最多保存的数量为 10 000 条。

sysalarm 服务重启后,能读取告警信息文件中保存的告警信息,恢复之前的告警状态。系统重启后,文件不存在则无须恢复。

提供 Shell 命令,可以用于查看告警内存文件中的告警信息。命令为:transalarm。执行命令后,会生成一个可读的告警文件 trans-alarm,存放在/var/log 目录下。

须知

事件类型的告警,需要修改/etc/sysconfig/sysalarm 配置文件,配置 SAVE_EVENT_ALARM="on",需要重启 sysalarm 后才能支持告警保存和恢复。

(6) 告警删除。

sysalarm 支持告警删除,在某些场景下,告警对象已经不存在,需要删除保存在内存文件中的告警信息。用户可以调用删除接口,传入告警 ID 以及时间,来删除对应的告警信息。sysalarm 提供告警删除的 C 接口和 Shell 接口。接口定义如下。

```
/*
 * Function       : os_alarm_del
 * Description    : 外部接口用于删除告警记录, 从当前时间算起,n 分钟前的告警全部删除,n 为
                    AlarmTime, 单位为 min,如果 n 为 0,则将此 ID 的告警全部删除
 * Input          : AlarmId, AlarmTime
 * Output         : 无
 * Return         : 0:成功 -1:失败
 */
int os_alarm_del(unsigned short usAlarmId, int AlarmTime);


/*
 *   Description   : 外部接口用于删除告警记录, 当前支持匹配告警 ID,告警扩展信息,以及告警时间
 *                   (从当前时间算起,n 分钟前的告警全部删除,n 为 AlarmTime, 单位为 min,如
                     果 n 为 0,则将此 ID 的告警全部删除)
 *   Input         : struct del_alarm_info_extend * del_info
 *   Output        : 无
 *   Return        : 0:成功 -1:失败
 */
int os_alarm_del_extend(const struct del_alarm_info_extend * del_info);
```

说明

os_alarm_del_extend 使用的输入参数说明如下。

```
#define MAX_PARAS_LEN 256

struct del_alarm_info_extend {
unsigned short usAlarmId;
unsigned char ucAlarmLevel;
unsigned char ucAlarmType;
struct timeval stAlarmTime; /* alarm time info in alarm record */
unsigned char pucParas[MAX_PARAS_LEN];
unsigned char pucExParas[MAX_PARAS_LEN];
int AlarmTime;
};
```

```
delalarm
usage: delalarm [ - i id] [ - t time] [ - e extmsg]
        - i   alarm id
        - t   alarm time
              eg. delalarm - i 1003 - t 4
              it means alarm with alarm id 1003 generated before 4 mins will be all deleted
        - e   alarm extended information
              eg. delalarm - i 1224 - e vm - 11
              it means alarm with alarm id 1224 and extdesc vm - 11 will be all deleted
```

① 删除接口在 libalarm. so 动态库中实现，请确保系统中存在并能找到上述动态库。

② 接口的生效依赖告警转发守护进程 sysalarm，使用时确保 sysalarm 进程已启动。

③ 要使用 alarm 模块中的 C 语言接口，系统里必须包含 libalarm. so 文件。使用 Shell 接口，必须包含 delalarm 文件。

④ C 语言接口使用不支持多线程执行。

⑤ -i 为必选参数，-t、-e 为可选参数。

(7) 告警注册接收步骤。

步骤 1 安装支持监控告警特性的操作系统。

步骤 2 检查系统中是否有 libalarm. so 文件，如果没有需要先下载安装 libalarm 包。

步骤 3 检查 sysalarm 服务是否正常运行，若未运行，调用命令 systemctl restart sysalarm 拉起 sysalarm 服务。

步骤 4 调用接口函数(os_alarm 或 sendalarm)上报告警。

3) 注册接收告警

(1) 简介。

告警模块提供模块间的告警转发服务，为接收者提供告警回调函数的注册接口，用于传递告警信息到产品平台。当有告警信息上报后，告警模块回调注册函数接收告警信息并传递该信息到用户自定义的函数里进行处理。

告警注册接口依赖 sysalarm 服务，可以通过以下命令去启动、关闭、重启 sysalarm 服务。

```
systemctl start|stop|restart sysalarm
```

(2) 重拉功能。

sysmonitor 如果被异常终止，sysalarm 能够重新拉起 sysmonitor。配置文件/etc/sysconfig/sysalarm 中，可配置 sysalarm 重拉 sysmonitor 的时间间隔 RESTART_PERIOD 和重拉总次数 RESTART_TIMES，每两次重新拉起的时间间隔会随着重拉次数的增加而延长。

```
# restart sysmonitor period (range: 15 - 1000, unit: sec, default: 15)
RESTART_PERIOD = "15"
# restart sysmonitor times (range: 3 - 1000, unit: times, default: 20)
RESTART_TIMES = "20"
```

(3) 告警消息的组成。

告警消息的组成详见表 1-26。

表 1-26　告警消息的组成

告警项	数据类型	描述
usAlarmId	unsigned short	告警 ID,某一类故障一个 ID
ucAlarmLevel	unsigned char	告警级别,表示紧急、重要、次要、提示、不确定
ucAlarmType	unsigned char	告警类别,表示告警恢复、告警产生或事件发生
AlarmTime	struct timeval	接收告警时间
pucParas	unsigned char *	告警描述信息
pucExParas	unsigned char *	告警拓展描述信息

(4) 注册告警 C 语言接口。

注册告警 C 语言接口定义:

```
typedef int ( * alarm_callback_func)(void * palarm);
typedef int ( * alarm_report_func)(unsigned short, unsigned char, unsigned char, unsigned char
 * );
struct alarm_hook_struct
{
    alarm_report_func pfunc_alarmreport;
};
struct alarm_hook
{
alarm_callback_func pfunc_alarmcallbk;
};
int OS_alarm_Register(struct alarm_hook * alarm);
void OS_alarm_UnRegister(void);
unsigned short OS_alarm_getid(const void * palarm);
unsigned char OS_alarm_gettype(const void * palarm);
unsigned char OS_alarm_getlevel(const void * palarm);
long long OS_alarm_gettime(const void * palarm);
char * OS_alarm_getdesc(const void * palarm);
char * OS_alarm_getexdesc(const void * palarm);
```

须知

C 语言注册接口在 libregalarm. so 动态库中实现,libregalarm. so 依赖 libsecurec. so,请确保系统中存在并能找到上述动态库。

接口的生效依赖告警转发守护进程 sysalarm,使用时请确保 sysalarm 进程已启动。

使用进程退出后或者不想接收告警时,请调用 OS_alarm_UnRegister 接口注销。

重复多次调用 OS_alarm_Register 接口注册,均会注册成功,但只有最后一次注册函数会接收到告警消息。

C 语言接口使用不支持多线程执行。

(5) 告警注册接收步骤。

方法一:

步骤 1　安装支持监控告警特性的操作系统。

步骤 2　调用 OS_alarm_Register 接口注册回调函数。

步骤 3　当系统有告警上报时,会调用注册回调函数 alarm_callback_func。

步骤 4　进程退出或者不需要接收告警时,调用 OS_alarm_UnRegister 注销告警。

方法二：

步骤 1 安装支持监控告警特性的操作系统。

步骤 2 调用 osalarmreg 接口注册回调函数。

步骤 3 当系统有告警上报时，会调用注册的回调函数 callfunc。

步骤 4 进程退出或者不需要接收告警时，调用 osalarmunreg 注销告警注册。

须知

Python 语言注册接口在 regalarm. py 模块中实现，请确保系统中存在并能找到该 Python 模块。

接口的生效依赖告警转发守护进程 sysalarm，使用时请确保 sysalarm 进程已启动。

使用进程退出后或者不想接收告警时，请调用 osalarmunreg 接口注销。

重复多次调用 osalarmreg 接口注册，均会注册成功，但只有最后一次注册函数会接收到告警消息。

（6）注册告警 Python 接口。

注册告警 Python 接口定义：

- osalarmreg(callfunc)
- osalarmunreg()
- getid(palarm)
- getlevel(palarm)
- gettype(palarm)
- gettime(palarm)
- getdesc(palarm)
- getexdesc(palarm)

（7）示例代码。

以上有两套注册接口，两套目前都支持，第一套注册接口参考用例如下。

```
#include <stdio.h>
#include <stdlib.h>
#include <sys/time.h>
#include "alarm/register.h"
int callback(void * palarm)
{
    int AlarmId, AlarmLevel, AlarmType;
    long long AlarmTime;
    char * pucParas;
    char * pucExParas;
    FILE * fp;
    fp = fopen("/var/log/demo.log",
 "a");

    AlarmId = OS_alarm_getid(palarm);                 //获取告警 ID
    AlarmLevel = OS_alarm_getlevel(palarm);           //获取告警级别
    AlarmType = OS_alarm_gettype(palarm);             //获取告警类型
    AlarmTime = OS_alarm_gettime(palarm);             //获取告警时间
```

```
    pucParas = OS_alarm_getdesc(palarm);              //获取告警信息描述
    pucExParas = OS_alarm_getexdesc(palarm);          //获取拓展信息描述

    printf
("[alarmid: %d] [alarmlevel: %d] [alarmtype: %d] [alarmtime: %lld ms] [msg: %s] [exmsg: %s]
\n", AlarmId, AlarmLevel, AlarmType, AlarmTime, pucParas, pucExParas);

    return 0;
}

int main()
{
    struct alarm_hook hooker;
    hooker.pfunc_alarmcallbk = callback;
    OS_alarm_Register(&hooker);

    sleep(600);
    OS_alarm_UnRegister();
    return 0;
}
//编译命令如下
gcc register.c -I/usr/include -L/usr/lib64 -lregalarm -o register
```

第二套注册接口,参考用例如下。

```
#include "alarm/register.h"
//告警回调函数实现
int callback(unsigned short usAlarmId, unsigned char ucAlarmType,
        unsigned char ucParasLen, unsigned char * pucParas){
    printf("alarmId: %d alarmType: %d parasLen: %d paras: %s\n",

        usAlarmId, ucAlarmType, ucParasLen, pucParas);
}
int main(int argc, char * argv[]){
    struct alarm_hook_struct hooker;
    hooker.pfunc_alarmreport = callback;
    //注册告警接口
    OS_HookRegister
(&hooker);

    sleep(100);
    //注销告警接口
    OS_UnHookRegister();
}
//编译命令如下
gcc register.c -I/usr/include -L/usr/lib64 -lregalarm -o register
```

说明

推荐使用第一套接口。

(8) 接口使用参考。

表 1-27～表 1-46 给出了告警相关的所有函数的使用方法。

表 1-27 alarm_callback_func

名　　称	说　　明
接口定义	typedef int (* alarm_callback_func)(void * palarm);
接口描述	告警注册回调函数格式
参数	无须关注参数 palarm 的具体结构,告警信息被封装在该结构中
返回值	暂未使用
注意事项	直接传参数 palarm 到其他接口,即可获取详细告警信息

表 1-28 OS_alarm_Register

名　　称	说　　明
接口定义	int OS_alarm_Register(struct alarm_hook * alarm);
接口描述	告警注册接口
参数	struct alarm_hook
正常输出	0:成功
异常输出	-1:失败

注意事项	告警接口注册,通过注册回调函数接收 alarm 上报的告警。在系统中 hook 只允许注册一次。
	对应的结构体:
	struct alarm_hook{
	alarm_callback_func pfunc_alarmcallbk;
	};

表 1-29 OS_alarm_UnRegister

名　　称	说　　明
接口定义	void OS_alarm_UnRegister(void);
接口描述	告警注销接口
参数	无
输出	无
注意事项	进程退出注意注销回调

表 1-30 alarm_report_func

名　　称	说　　明
接口名称	typedef int (* alarm_report_func)(unsigned short, unsigned char, unsigned char, unsigned char *)
接口描述	告警注册回调函数格式
参数	参见“告警消息组成”
返回值	暂未使用
注意事项	ucParasLen 最大值为 255

表 1-31 OS_HookRegister

名　　称	说　　明
接口名称	OS_HookRegister
接口描述	告警注册接口
参数	alarm_hook_struct

续表

名　称	说　明
返回值	0：成功；-1：失败
注意事项	进程退出注意注销回调

表 1-32　OS_UnHookRegister

名　称	说　明
接口名称	OS_UnHookRegister
接口描述	告警注销接口
参数	无
返回值	无
注意事项	进程退出注意注销回调

表 1-33　OS_alarm_getid

名　称	说　明
接口定义	unsigned short OS_alarm_getid(const void * palarm)；
接口描述	获取告警 ID 接口
参数	const void * palarm
正常输出	非 0：告警 ID
异常输出	0：获取不到告警 ID 信息
注意事项	直接传入 palarm 参数，无须关注 palarm 的具体内容

表 1-34　OS_alarm_gettype

名　称	说　明
接口定义	unsigned short OS_alarm_gettype(const void * palarm)；
接口描述	获取告警类型接口
参数	const void * palarm
输出	告警类型。0：告警恢复；1：告警产生；2：事件发生
注意事项	直接传入 palarm 参数，无须关注 palarm 的具体内容

表 1-35　OS_alarm_getlevel

名　称	说　明
接口定义	unsigned short OS_alarm_getlevel(const void * palarm)；
接口描述	获取告警级别接口
参数	const void * palarm
正常输出	告警级别。1：紧急；2：重要；3：次要；4：提示；5：不确定
异常输出	0：获取不到告警级别
注意事项	直接传入 palarm 参数，无须关注 palarm 的具体内容

表 1-36　OS_alarm_gettime

名　称	说　明
接口定义	long long OS_alarm_gettime(const void * palarm)；
接口描述	获取告警时间接口
参数	const void * palarm
正常输出	long long 类型的正整数，表示 UTC 时间，单位为毫秒(ms)

续表

名　　称	说　　明
异常输出	0：时间存在异常
注意事项	直接传入 palarm 参数，无须关注 palarm 的具体内容

表 1-37　OS_alarm_getdesc

名　　称	说　　明
接口定义	char * OS_alarm_getdesc(const void * palarm)；
接口描述	获取描述信息接口
参数	const void * palarm
正常输出	字符串，最长为 255 个字符
异常输出	NULL
注意事项	直接传入 palarm 参数，无须关注 palarm 的具体内容

表 1-38　OS_alarm_getexdesc

名　　称	说　　明
接口定义	char * OS_alarm_getexdesc(const void * palarm)；
接口描述	获取拓展描述信息接口
参数	const void * palarm
输出	字符串，最长为 255 个字符，可以为 NULL
注意事项	直接传入 palarm 参数，无须关注 palarm 的具体内容

表 1-39　osalarmreg

名　　称	说　　明
接口定义	osalarmreg(callfunc)
接口描述	告警注册接口
参数	callfunc[IN]：回调函数的函数名
正常输出	0：成功
异常输出	−1：失败
注意事项	告警接口注册，通过注册回调函数接收 alarm 上报的告警，在一个系统中只允许注册一次。 告警回调函数的原型为 callfunc(palarm) 其中 palarm 为告警信息 class，保存对应的告警信息。可使用 getid、gettype、getlevel、gettime、getdesc、getexdesc 接口获取告警详情信息

表 1-40　osalarmunreg

名　　称	说　　明
接口定义	osalarmunreg()
接口描述	告警注销接口
参数	无
输出	无
注意事项	进程退出注意注销回调

表 1-41　getid

名　　称	说　　明
接口定义	getid(palarm);
接口描述	获取告警 ID 接口
参数	palarm：告警回调接口传入的告警信息 class
正常输出	非 0：告警 ID
异常输出	0：获取不到告警 ID 信息
注意事项	直接传入 palarm 参数，无须关注 palarm 的具体内容

表 1-42　gettype

名　　称	说　　明
接口定义	gettype(palarm);
接口描述	获取告警类型接口
参数	palarm：告警回调接口传入的告警信息 class
输出	int 型，告警类型。0：告警恢复；1：告警产生；2：事件发生
注意事项	直接传入 palarm 参数，无须关注 palarm 的具体内容

表 1-43　getlevel

名　　称	说　　明
接口定义	getlevel(palarm);
接口描述	获取告警级别接口
参数	palarm：告警回调接口传入的告警信息 class
正常输出	int 型，告警级别。1：紧急；2：重要；3：次要；4：提示；5：不确定
异常输出	0：获取不到告警级别
注意事项	直接传入 palarm 参数，无须关注 palarm 的具体内容

表 1-44　gettime

名　　称	说　　明
接口定义	gettime(palarm);
接口描述	获取告警时间接口
参数	palarm：告警回调接口传入的告警信息 class
正常输出	long 类型的整数，表示 UTC 时间，单位为毫秒(ms)
异常输出	0：时间存在异常
注意事项	直接传入 palarm 参数，无须关注 palarm 的具体内容

表 1-45　getdesc

名　　称	说　　明
接口定义	getdesc(palarm);
接口描述	获取描述信息接口
参数	palarm：告警回调接口传入的告警信息 class
正常输出	字符串，最长为 255 个字符
异常输出	none
注意事项	直接传入 palarm 参数，无须关注 palarm 的具体内容

表 1-46　getexdesc

名　称	说　明
接口定义	getexdesc(palarm);
接口描述	获取拓展描述信息接口
参数	palarm：告警回调接口传入的告警信息 class
输出	字符串，最长为 255 个字符，可为 none
注意事项	直接传入 palarm 参数，无须关注 palarm 的具体内容

(9) 示例。

```
import time
import regalarm

def mycallback(palarm):
    f = file('
/var/log/pydemo.log',
'a')
    alarm_info = '[id: %d] [level: %d] [type: %d] [time: %ld] [desc: %s] [exdesc: %s]\n'\
    % (regalarm.getid(
palarm)
,regalarm.getlevel(
palarm)
,regalarm.gettype(
palarm)
,\
    regalarm.gettime(
palarm)
,regalarm.getdesc(
palarm)
,regalarm.getexdesc(
palarm)
)

    f.write(alarm_info)
    f.close()
    return 0

def main():
    ret = regalarm.osalarmreg(mycallback)
    if ret != 0:
        print "reg error"
    else:
        print "reg success"

    time.sleep(600)
    regalarm.osalarmunreg()

if __name__ == '__main__':
    main()
```

运行命令如下。

```
python register.py
```

4）重发告警

（1）简介。

告警模块提供告警重发接口，调用该接口，告警服务会重新上报内部缓存的告警状态。调用停止重发告警接口，告警模块会停止发送告警。

告警注册接口依赖 sysalarm 服务，可以通过以下命令去启动、关闭、重启 sysalarm 服务。

```
systemctl start|stop|restart sysalarm
```

（2）重发告警 C 语言接口。

① 重发告警 C 语言接口定义。

```
/*****************************************************************

Function : OS_alarm_resubmit

Description : 触发告警信息重新上报 该接口为阻塞模式,当告警全部上报完成,才返回,当调用者进程出现异常终止或退出,会停止告警重新上报

Input : flag [IN]:告警上报类型标记

0 全部告警重新上报

1 产生告警重新上报

2 恢复告警重新上报

Output : 无

Return : 0:成功 -1:失败 1:resubmit 正在执行 2:停止 resubmit 命令下发

*****************************************************************/

int OS_alarm_resubmit(int flag);
```

② 重发告警 Shell 接口定义。

```
resubmitalarm

usage: resubmitalarm [-f flag]

-f flag

0: all of alarm

1: generated alarm

2: resumed alarm
```

③ 重发告警 Python 接口定义。

```
- osalarmresubmit(flag)
```

(3) 停止重发告警接口。

① 停止重发告警C语言接口定义。

```
/*****************************************************************************

Function :     OS_alarm_resubmit_stop

Description : 触发告警信息重新上报

Input : 无

Output : 无

Return : 0:成功 -1:失败

*****************************************************************************/

int OS_alarm_resubmit_stop();
```

② 停止重发告警 Shell 接口定义。

```
stopresubmit
```

③ 停止重发告警 Python 接口定义。

```
- osstopresubmit()
```

(4) 注意事项。

① C语言注册接口在 libregalarm.so 动态库中实现,libregalarm.so 依赖 libsecurec.so,请确保系统中存在并能找到上述动态库。

② 接口的生效依赖告警转发守护进程 sysalarm,使用时请确保 sysalarm 进程已启动。

③ 重复多次调用 OS_alarm_resubmit 接口,如果前一次重发没有结束,再次调用重发接口会返回失败。调用重发接口的进程如果发生异常,进程退出,重发告警也会结束。

④ 使用 Shell 接口需要 resubmitalarm、stopresubmit 文件,存放在/usr/bin 中。

⑤ Python 接口在 regalarm.py 模块中实现,请确保系统中存在并能找到该 Python 模块。

⑥ C语言接口使用不支持多线程执行。

5) 处理告警

(1) 磁盘分区异常告警。

① 描述。

当磁盘空间利用率超出告警阈值时,系统产生告警。当磁盘空间利用率降低到恢复阈值以下时,系统产生恢复告警。

② 属性。

磁盘分区异常告警的详细说明如表 1-47 所示。

表 1-47　磁盘分区异常告警属性

告 警 名 称	磁盘分区异常告警
告警 ID	1003
告警级别	2(重要)
告警类别	告警产生：1；告警恢复：0
告警时间	接收到告警的时间(UTC 时间,单位为 ms)
告警描述信息	磁盘空间告警：disk partition=%s　disk usage=%d 磁盘空间恢复：disk partition=%s　disk usage=%d 说明： %s 为磁盘分区挂载目录,如/var/log 等。 %d 为磁盘当前空间占用率
告警拓展信息	发生异常的磁盘分区目录,如 var/log

③ 系统影响。

- 如果是根分区满可能导致系统运行异常。
- 如果是日志分区满导致日志丢失、日志转储失败等。

④ 可能原因。

- 磁盘空间利用率过高。

⑤ 处理建议。

如果是恢复告警可不处理。如果是产生告警,那么建议按需删除对应磁盘分区下的部分文件以释放空间。

(2) ext3/ext4 文件系统故障告警。

① 描述。

ext3/ext4 文件系统 IO 处理异常时,系统产生此告警。

② 属性。

ext3/ext4 文件系统故障告警的详细说明如表 1-48 所示。

表 1-48　ext3/ext4 文件系统故障告警属性

告 警 名 称	ext3/ext4 文件系统异常告警
告警 ID	1004
告警级别	2(重要)
告警类别	告警产生：1
告警时间	接收到告警的时间(UTC 时间,单位为 ms)
告警描述信息	文件系统只读：dev filesystem error. Remount filesystem readonly 说明： dev 为磁盘分区,如 sda1 等
告警拓展信息	发生异常的磁盘分区名称,如 sda1

③ 系统影响。

- 根分区只读会导致该服务器上大部分服务进程异常,虚拟机出现严重故障。
- 日志分区会被错误日志填满,日志无法及时转储,部分日志可能丢失。
- /var/log 分区只读会导致日志写入、日志转储等相关操作失败。

④ 可能原因。

- 服务器异常掉电。
- 服务器磁盘硬件损坏。
- 服务器 RAID 卡硬件损坏。
- 磁盘驱动版本与硬件不匹配。
- 若为非本地存储，主机与存储之间连接断开。
- 磁盘数据损坏。

⑤ 处理建议。

步骤 1 检查上报告警后主机是否重启过。

- 是，若能正常进入系统，请手动清除告警；否则请执行步骤 5。
- 否，请执行步骤 2。

步骤 2 查看上报的告警信息。

- 若为“xxx filesystem error. Remount filesystem read-only”，请执行步骤 3。
- 若为“xxx filesystem error”，请执行步骤 5。

步骤 3 运行以下命令，查看只读的磁盘分区中是否有告警信息中的磁盘分区。

```
cat /proc/mounts |grep "ro,"
```

查看命令是否有输出结果。

命令回显如下所示(第一列为磁盘分区)。

```
tmpfs /sys/fs/cgroup tmpfs ro,nosuid,nodev,noexec,mode = 755 0 0
/dev/sda1 /boot ext3 ro,relatime,errors = continue,user_xattr,acl,barrier = 1,data = ordered 0 0
```

- 是(若告警信息中也有/dev/sda1)，请执行步骤 4。
- 否，请手动清除告警。

步骤 4 查看只读的磁盘分区(如步骤 3 中的/dev/sda1)是否为用户手动挂载的只读。

- 是，请手动清除告警。
- 否，请执行步骤 6。

步骤 5 联系服务器硬件厂商，检查磁盘或 RIAD 卡是否损坏。

说明

如果服务器磁盘或者 RIAD 卡损坏，请考虑迁移磁盘数据至其他服务器。

- 是，请更换硬件，重启单板。
- 否，请执行步骤 6。

步骤 6 请联系技术支持处理。

(3) 关键进程异常告警。

① 描述。

当监控的进程或服务状态异常或者异常恢复时，系统产生此告警。

② 属性。

关键进程异常告警的详细说明如表 1-49 所示。

表 1-49　关键进程异常告警属性

告 警 名 称	关键进程异常告警
告警 ID	1005
告警级别	2(重要)
告警类别	告警产生：1；告警恢复：0
告警时间	接收到告警的时间(UTC 时间，单位为 ms)
告警描述信息	告警产生：%s is abnormal 告警恢复：%s is recovered 说明： %s 为监控的进程名，如 sshd 等
告警拓展信息	发生异常的进程名称，如 sshd 等

③ 系统影响。

- 可能导致系统异常。
- 可能导致业务功能异常。

④ 可能原因。

- 进程异常终止。
- 服务异常。

⑤ 处理建议。

步骤 1　根据告警信息获取告警的类别，如果是告警恢复可不处理。

步骤 2　若告警类别是异常产生，获取异常的进程或服务。

步骤 3　根据/etc/sysmonitor/process/下相关配置文件配置的 RECOVER_COMMAND，尝试恢复异常的进程或服务。

步骤 4　根据/etc/sysmonitor/process/下相关配置文件配置的 MONITOR_COMMAND，查看进程或服务是否恢复正常

- 是，执行完毕。
- 否，执行步骤 5。

步骤 5　请联系技术支持处理。

(4) 文件异常告警。

① 描述。

当指定的文件被删除，或者增加/删除子文件或子目录时，系统产生此告警。

② 属性。

文件异常告警的详细说明如表 1-50 所示。

表 1-50　文件异常告警属性

告 警 名 称	文件异常告警
告警 ID	1006
告警级别	5(不确定)
告警类别	事件发生：2
告警时间	接收到告警的时间(UTC 时间，单位为 ms)

续表

告 警 名 称	文件异常告警
告警描述信息	目录下增加子文件：Subfile %s under %dir was added 目录下删除子文件：Subfile %s under %dir was deleted 目录下增加子目录：Subdir %s under %dir was added 目录下删除子目录：Subdir %s under %dir was deleted 文件被删除：File %s was deleted 说明： %s 为增加或删除的文件、目录名，%dir 表示被监控的目录
告警拓展信息	添加或删除的文件或文件夹

③ 系统影响。

- 文件大量增加会导致系统分区占用率增加，也可能说明是某些业务异常。
- 关键文件被删除会影响业务甚至系统运行。

④ 可能原因。

- 人为操作。
- 程序操作。

⑤ 处理建议。

步骤 1 查看详细文件监控告警信息，根据发生事件和对应文件来判断是否影响系统运行。

- 否，执行完毕。
- 是，执行步骤 2。

步骤 2 请联系技术支持处理。

(5) 网卡状态异常告警。

① 描述。

当指定网卡发生 up、down 或者新增删除 IP 地址时，系统产生此告警。

② 属性。

网卡状态异常告警的详细说明如表 1-51 所示。

表 1-51 网卡状态异常告警属性

告 警 名 称	网卡状态异常告警
告警 ID	1007
告警级别	5(不确定)
告警类别	事件发生：2
告警时间度	接收到告警的时间(UTC 时间，单位为 ms)
告警描述信息	netcard：device is up/down netcard：ip[xxx. xxx. xxx. xxx] is added/deleted 说明： netcard 为网卡名，如 eth1 等；xxx. xxx. xxx. xxx 为点分形式的 IP 地址
告警拓展信息	对应的网卡名

③ 系统影响。

网络可能发生异常。

④ 可能原因。

人为或程序操作。

⑤ 处理建议。

步骤 1 通过 PuTTY 登录主机，观察配置网卡是否在 ifconfig 命令输出的列表中。

- 是，执行完毕。
- 否，执行步骤 2。

步骤 2 使用 ifconfig 命令手动恢复对应网卡。

```
# ifconfig eth0 up
```

(6) 信号异常告警。

① 描述。

当给进程发指定信号时，系统产生此告警。

② 属性。

信号异常告警的详细说明如表 1-52 所示。

表 1-52 信号异常告警属性

告警名称	信号异常告警
告警 ID	1008
告警级别	5(不确定)
告警类别	事件发生：2
告警时间	接收到告警的时间(UTC 时间，单位为 ms)
告警描述信息	process1[pid1] send signal to process2[pid2] 说明： process1 为发信号的进程，pid1 为发信号进程的进程号，signal 为发送的信号(如 SIGKILL)，process2 为收信号的进程，pid2 为收信号的进程号
告警拓展信息	发送信号的进程/模块名称及进程号

③ 系统影响。

业务进程可能被异常终止。

④ 可能原因。

- 人为操作原因被 kill。
- 进程异常。
- 系统异常。

⑤ 处理建议。

步骤 1 通过 PuTTY 登录主机，通过查看 sysmonitor. log 日志，查询发送信号的进程判断进程被 kill 是否正常。

- 是，执行完毕。
- 否，执行步骤 2。

步骤 2 请联系技术支持处理。

(7) CPU 异常告警。

① 描述。

当 CPU 占用率过高时，系统产生此告警。

② 属性。

CPU 异常告警的详细信息如表 1-53 所示。

表 1-53 CPU 异常告警属性

告 警 名 称	CPU 异常告警
告警 ID	1001
告警级别	2(重要)
告警类别	告警产生：1；告警恢复：0
告警时间度	接收到告警的时间(UTC 时间，单位为 ms)
告警描述信息	告警描述信息：CPU usage alarm：4.1f% 告警恢复信息：CPU usage resume：4.1f% 说明： 4.1f%为告警时的 CPU 占用率
告警拓展信息	暂无

③ 系统影响。

CPU 使用率过高，业务进程可能调度不到。

④ 可能原因。

- 系统负载过大。
- 系统异常。

⑤ 处理建议。

步骤 1 通过 PuTTY 登录主机，通过 top 命令查看 CPU 占用情况是否正常。

- 是，执行完毕。
- 否，执行步骤 2。

步骤 2 请联系技术支持处理。

(8) 内存异常告警。

① 描述。

当内存占用率过高时，系统产生此告警。

② 属性。

内存异常告警的详细信息如表 1-54 所示。

表 1-54 内存异常告警属性

告 警 名 称	内存异常告警
告警 ID	1002
告警级别	2(重要)
告警类别	告警产生：1；告警恢复：0
告警时间	接收到告警的时间(UTC 时间，单位为 ms)
告警描述信息	告警描述信息：memory usage alarm：4.1f% 告警恢复信息：memory usage resume：4.1f% 说明： 4.1f%为告警时的内存占用率
告警拓展信息	暂无

③ 系统影响。

内存占用率过高，业务进程可能运行异常。

④ 可能原因。

- 系统负载过大。
- 系统异常。

⑤ 处理建议。

步骤 1　通过 PuTTY 登录主机，通过 free 命令查看内存占用情况是否正常。

- 是，执行完毕。
- 否，执行步骤 2。

步骤 2　请联系技术支持处理。

(9) 进程数/线程数异常告警。

① 描述。

当系统进程数量或线程数量过高时，系统产生此告警。

② 属性。

进程数/线程数异常告警的详细信息如表 1-55 和表 1-56 所示。

表 1-55　进程数异常告警属性

告 警 名 称	进程数异常告警
告警 ID	1009
告警级别	3(次要)
告警类别	告警产生：1；告警恢复：0
告警时间	接收到告警的时间(UTC 时间，单位为 ms)
告警描述信息	告警描述信息：process count alarm：%ld 告警恢复信息：process count resume：%ld 说明： %ld 为告警时系统的进程数
告警拓展信息	暂无

表 1-56　线程数异常告警属性

告 警 名 称	线程数异常告警
告警 ID	1025
告警级别	3(次要)
告警类别	告警产生：1；告警恢复：0
告警时间	接收到告警的时间(UTC 时间，单位为 ms)
告警描述信息	告警描述信息：threads count alarm：%ld 告警恢复信息：threads count resume：%ld 说明： %ld 为告警时系统的线程数
告警拓展信息	暂无

③ 系统影响。

进程数/线程数过高，系统可能无法创建新的进程/线程。

④ 可能原因。

系统异常。

⑤ 处理建议。

步骤 1 通过 PuTTY 登录主机,通过 ps 命令查看进程情况是否正常。

- 是,执行完毕。
- 否,执行步骤 2。

步骤 2 请联系技术支持处理。

(10) 系统句柄总数异常告警。

① 描述。

当系统句柄数量过高时,系统产生此告警。

② 属性。

系统句柄总数异常告警的详细信息如表 1-57 所示。

表 1-57 系统句柄总数异常告警属性

告警名称	系统句柄总数异常告警
告警 ID	1010
告警级别	3(次要)
告警类别	告警产生:1;告警恢复:0
告警时间	接收到告警的时间(UTC 时间,单位为 ms)
告警描述信息	告警描述信息:fd count alarm:%lu 告警恢复信息:fd count resume:%lu 说明: %lu 为告警时系统句柄总数
告警拓展信息	暂无

③ 系统影响。

文件句柄数量过高,系统可能无法打开新的文件或者套接字。

④ 可能原因。

系统异常。

⑤ 处理建议。

步骤 1 通过 PuTTY 登录主机,通过 lsof 命令查看系统 fd 占用情况是否正常。

- 是,执行完毕。
- 否,执行步骤 2。

步骤 2 请联系技术支持处理。

(11) 单个进程句柄数告警。

① 描述。

当系统单个进程句柄数量过高时,系统产生此告警。

② 属性。

单个进程句柄数告警的详细信息如表 1-58 所示。

表 1-58 单个进程句柄数告警属性

告警名称	单个进程句柄数告警
告警 ID	1014
告警级别	5(不确定)

续表

告 警 名 称	单个进程句柄数告警
告警类别	事件发生：2
告警时间	接收到告警的时间(UTC 时间，单位为 ms)
告警描述信息	cmdline [%s] pid %d, fd number %u, more than %u 说明： 第一个变量为命令执行路径及参数，第二个变量为 pid，第三个变量为当前进程的句柄数，第四个变量为事件发生的阈值
告警拓展信息	暂无

③ 系统影响。

单个进程文件句柄数量过高，该进程可能无法打开新的文件或者套接字。

④ 可能原因。

- 系统异常。
- 句柄泄露。

⑤ 处理建议。

步骤 1　通过 PuTTY 登录主机，通过 lsof 命令查看告警信息中的进程句柄占用情况是否正常。

- 是，执行完毕。
- 否，执行步骤 2。

步骤 2　请联系技术支持处理。

(12) 磁盘 inode 异常告警。

① 描述。

当磁盘 inode 利用率超出告警阈值时，系统产生告警。当磁盘 inode 利用率降低到恢复阈值以下时，系统产生恢复告警。

② 属性。

磁盘 inode 异常告警的详细信息如表 1-59 所示。

表 1-59　磁盘 inode 异常告警属性

告 警 名 称	磁盘 inode 异常告警
告警 ID	1011
告警级别	2(重要)
告警类别	告警产生：1；告警恢复：0
告警时间	接收到告警的时间(UTC 时间，单位为 ms)
告警描述信息	inode 告警产生：disk partition=%s　inode usage=%d inode 告警恢复：disk partition=%s　inode usage=%d 说明： %s 为磁盘分区挂载目录，如/var/log 等。 %d 为磁盘当前 inode 使用率
告警拓展信息	发生异常的磁盘分区目录，如 var/log

③ 系统影响。

- 如果是根分区满可能导致系统运行异常。

- 如果是其他分区满会导致无法创建文件等。

④ 可能原因。

磁盘 inode 利用率过高。

⑤ 处理建议。

如果是恢复告警可不处理。如果是产生告警,那么建议按需删除对应磁盘分区下的部分文件以释放 inode。

(13) 存储磁盘 IO 时延过大告警。

① 描述。

每 5 秒读取一次本地磁盘的 IO 时延并保存,每 5 分钟读取这 5 分钟内计算的 IO 时延平均值,如果该平均值有超过一半(30 次以上)大于用户配置的 IO 时延阈值,则系统产生告警。当有一半及以上小于或等于阈值时,系统产生恢复告警。

② 属性。

存储磁盘 IO 时延过大告警的详细信息如表 1-60 所示。

表 1-60 存储磁盘 IO 时延过大告警属性

告警名称	存储磁盘 IO 时延过大告警
告警 ID	1012
告警级别	2(重要)
告警类别	告警产生:1;告警恢复:0
告警时间	接收到告警的时间(UTC 时间,单位为 ms)
告警描述信息	磁盘%sIO 时延过大 磁盘%sIO 时延正常 说明: %s:磁盘 ID,如 sda 等
告警拓展信息	故障的磁盘 ID,如 sdb

③ 系统影响。

- 导致处理磁盘 IO 读写占用的 CPU 利用率过高。
- CPU 处理业务速度较慢。

④ 可能原因。

- 硬件原因导致磁盘 IO 读写响应过慢。
- 没有组 RAID 导致性能问题,或者 RAID 卡驱动等有问题。

⑤ 处理建议。

步骤 1 使用如下命令,检查是否支持 smart。

```
smartctl
```

- 如果命令回显输出 SMART support is: Enabled,表示支持 smart。执行步骤 2。
- 如果命令回显输出 Device does not support SMART,表示不支持 smart。

不支持 smart 的情况,一般是因为配置的 RAID 卡不支持,此时需要使用对应 RAID 卡厂商的检查工具。

步骤 2　使用 smart 工具自检，确认是否为硬件问题。

- 先查看基本的 smart 信息。
- 再查看硬盘 GLIST 列表。
- 触发 smart 自检。
- 如果检查通过，则可认为磁盘暂时无严重问题；如果再出现多次慢盘场景则建议更换硬盘或联系硬盘厂家。

步骤 3　请联系技术支持处理。

(14) IP 冲突告警。

① 描述。

每 5 分钟，IP 冲突检测进程会检测一次系统中的 up 且 running 状态网卡的 IP 地址，当发现 IP 地址冲突时，上报告警。

② 属性。

IP 冲突告警的详细信息如表 1-61 所示。

表 1-61　IP 冲突告警属性

告警名称	IP 冲突告警
告警 ID	1013
告警级别	4(警告)
告警类别	告警产生：1；告警恢复：0
告警时间	接收到告警的时间(UTC 时间，单位为 ms)
告警描述信息	告警产生：name：%s ip：%s 告警恢复：name：%s ip：%s 说明： 第一个%s 为网口名，如 eth0；第二个%s 为 IP 地址，如 192.168.1.1
告警拓展信息	冲突的网口名，如 eth0

③ 系统影响。

- IPv4 或 IPv6 地址冲突。
- 网络通信异常。

④ 可能原因。

IP 地址配置错误。

⑤ 处理建议。

步骤 1　通过 PuTTY 登录主机，根据告警信息中的网口名和 IP 地址，使用以下命令检测 IPv4 地址。

```
ip_conflict_check.sh -i <ethx> -d x.x.x.x
```

- 如果命令返回值为 2 且回显输出 Target link-layer address：xx:xx:xx:xx:xx:xx，则说明 IP 地址冲突，根据回显的 MAC 地址排查与其冲突的网口。
- 如果命令返回值为 0，则说明冲突已恢复，等待 5 分钟后告警恢复。
- 其他返回值为参数错误或其他异常，执行步骤 3。

步骤 2　通过 PuTTY 登录主机，根据告警信息中的网口名和 IP 地址，使用以下命令检测 IPv6 地址。

```
ipv6_conflict_check.sh -i <ethx> -d xx:xx:xx:xx:xx:xx
```

- 如果命令返回值为 2 且回显输出 Target link-layer address：xx:xx:xx:xx:xx:xx，则说明 IP 地址冲突，根据回显的 MAC 地址排查与其冲突的网口。
- 如果命令返回值为 0，则说明冲突已恢复，等待 5 分钟后告警恢复。
- 其他返回值为参数错误或其他异常，执行步骤 3。

步骤 3 请联系技术支持处理。

(15) 僵尸进程告警。

① 描述。

按 10 分钟周期检测系统僵尸进程数，当系统僵尸进程数量大于或等于告警阈值时，系统产生此告警。当系统僵尸进程数小于恢复阈值时，告警恢复。

② 属性。

僵尸进程告警的详细信息如表 1-62 所示。

表 1-62 僵尸进程告警属性

告警名称	僵尸进程告警
告警 ID	1016
告警级别	3(次要)
告警类别	告警产生：1；告警恢复：0
告警时间	接收到告警的时间(UTC 时间，单位为 ms)
告警描述信息	告警产生信息：zombie process count alarm：%llu (alarm：%lu，resume：%lu) 告警恢复信息：zombie process count resume：%llu (alarm：%lu，resume：%lu) 说明： %llu：告警时系统的僵尸进程总数。 alarm：%lu 表示告警阈值，值为 500。 resume：%lu 表示恢复阈值，值为 400
告警拓展信息	"zombie process count"：系统僵尸进程数

③ 系统影响。

僵尸进程数过高，导致系统可能服务异常。

④ 可能原因。

系统异常。

⑤ 处理建议。

如果是恢复告警可以不用处理，如果是产生告警可以按照如下方法进行处理。

步骤 1 通过 PuTTY 登录主机，查看/var/log/sysmonitor.log 日志。

步骤 2 执行命令查询步骤 1 中僵尸父进程 pid 为 1009 的僵尸进程个数。

步骤 3 查询僵尸父进程 pid 是否为 1。

步骤 4 执行命令收集信息。

步骤 5 重启主机。

步骤 6 如果仍不能解决问题，请联系技术支持处理。

(16) 告警日志。

① 简介。

在默认情况下，为防止 sysalarm.log 文件过大，日志特性提供分割转储日志的机制。日志将被转储到磁盘目录下，这样就能够保存一定量的日志。

② 配置文件说明。

配置文件为/etc/rsyslog.d/sysalarm.conf，配置文件示例如下。

```
$FileCreateMode 0600
$outchannel sysalarm, /var/log/sysalarm.log, 2097152, /usr/libexec/sysalarm/sysalarm_log_
dump.sh
if ($programname == 'sysalarm' and $syslogseverity <= 6) then {
:omfile:$sysalarm
stop
}
if ($programname == 'sysalarm' and $syslogseverity > 6) then {
/dev/null
stop
}
```

须知

/usr/libexec/sysalarm/sysalarm_log_dump.sh 中会调用 logrotate /usr/libexec/sysalarm/sysalarm-logrotate 分割日志文件，若修改日志文件转储大小，请确保/etc/rsyslog.d/sysalarm.conf 中的转储阈值比/usr/libexec/sysalarm/sysalarm-logrotate 中的 size 配置值大。

1.2　网络监控

1.2.1　网络配置检查

1. 特性描述

1) 背景

在实际运维场景下，管理员经常需要进行网络相关的操作，例如：

- 网络配置相对于默认配置的修改情况。
- 检测主机的连通性和路由信息等。
- 查询网络日志。

2) 定义

网络配置检查特性，即使用 netcheck 命令检查网络配置变化，也可以检测 IP 地址或查询网络日志。

3) 目的和受益

网络配置检查特性的目的和受益如表 1-63 所示，FusionOS 22.0.1 版本及其后续版本支持该特性。

表 1-63 网络配置检查特性的目的和受益

目的和受益	详细说明
提供网络配置修改检查	检测网络配置相对于默认配置的变化情况
提供主机连通性等检查	检测主机的连通性、路由信息等
提供网络日志查询	查询不同级别的网络日志

2. 约束与限制

（1）仅限单主机使用，不支持跨主机。

（2）使用需要 root 权限，root 用户具有系统最高权限。在使用 root 用户进行操作时，请严格按照操作指导进行操作，避免其他操作造成系统管理及安全风险。

3. 安装

执行如下命令，安装 RPM 包。

```
yum install - y netcheck
```

说明

netcheck 包含在 ISO 镜像中，默认不安装，须手动安装。

4. 配置使用

（1）服务启动和停止。

```
/etc/init.d/netcheck [start, stop]
```

说明

netcheck 工作时包含 Client 和 Server 两个进程，工作前须启动服务，工作完务必停止服务，以免影响正常业务。

示例如图 1-9 所示。

```
[root@lfbn-idf1-1-1425-228 ~]# /etc/init.d/netcheck start
Starting netcheck (via systemctl):  [  OK  ]
```

图 1-9 Netcheck 启动示例图

（2）检查网络配置变化。

```
netcheck info [yyyy - mm - dd]
```

说明

- 显示结果包含当前网络配置和默认配置的变化。
- 默认配置文件位置：/etc/netcheck/sysctlDefault。

示例如图 1-10 所示。

（3）查询网络日志。

```
netcheck [error, info, warning] [yyyy - mm - dd]
```

```
[root@lfbn-idf1-1-1425-228 ~]# netcheck info 2022-02-07
   1. [2022-02-07 19:55:53]
    Chain INPUT (policy ACCEPT 0 packets, 0 bytes)
     pkts bytes target     prot opt in     out     source               destination
        2    80 DROP       all  --  *      *       0.0.0.0/0            0.0.0.0/0            ctstate INVALID
   2. [2022-02-07 19:55:53] qdisc fq_codel 0: dev ens3 root refcnt 2 limit 10240p flows 1024 quantum 1514 target 5.0ms interval 100.0ms memory_limit 32Mb ecn
   3. [2022-02-07 19:55:53] qdisc fq_codel 0: dev virbr0-nic root refcnt 2 limit 10240p flows 1024 quantum 1514 target 5.0ms interval 100.0ms memory_limit 32Mb ecn
   4. [2022-02-07 19:55:53] sysctl has changed,current sysctl:net.core.bpf_jit_enable = 1
   5. [2022-02-07 19:55:53] sysctl has changed,current sysctl:net.core.default_qdisc = fq_codel
   6. [2022-02-07 19:55:53] sysctl has changed,current sysctl:net.core.optmem_max = 81920
   7. [2022-02-07 19:55:53] sysctl has changed,current sysctl:net.core.warnings = 0
   8. [2022-02-07 19:55:53] sysctl has changed,current sysctl:net.ipv4.conf.all.forwarding = 1
   9. [2022-02-07 19:55:53] sysctl has changed,current sysctl:net.ipv4.conf.default.forwarding = 1
  10. [2022-02-07 19:55:53] sysctl has changed,current sysctl:net.ipv4.conf.default.promote_secondaries = 0
  11. [2022-02-07 19:55:53] sysctl has changed,current sysctl:net.ipv4.conf.ens3.forwarding = 1
  12. [2022-02-07 19:55:53] sysctl has changed,current sysctl:net.ipv4.conf.ens3.promote_secondaries = 0
  13. [2022-02-07 19:55:53] sysctl has changed,current sysctl:net.ipv4.conf.lo.forwarding = 1
  14. [2022-02-07 19:55:53] sysctl has changed,current sysctl:net.ipv4.conf.virbr0.forwarding = 1
```

图 1-10　检查网络配置变化示例图

说明

- 日志级别分为 error、info 和 warning，只能选其中之一。
- 日期格式如上，表示特定某一天的日志。

示例如图 1-11 所示。

```
[root@lfbn-idf1-1-1425-228 ~]# netcheck error 2022-02-08
   1. [2022-02-08 00:00:00] The virbr0-nic interface status is down.
   1. [2022-02-08 11:28:12] The virbr0-nic interface status is down.
```

图 1-11　查询网络日志示意图

（4）检测 IP 地址。

```
netcheck detect < ip address >
```

说明

IP 地址支持 IPv4，格式参照：X. X. X. X。

示例如图 1-12 所示。

```
[root@lfbn-idf1-1-1425-228 ~]# netcheck detect 90.90.112.22
  1.Destination[90.90.112.0]     Mask[255.255.252.0]     Gateway[0.0.0.0]     Iface[ens3]
  2.missing destination 90.90.112.22 arp
  3.Chain INPUT (policy ACCEPT 0 packets, 0 bytes)
    pkts bytes target     prot opt in     out     source               destination
       2    80 DROP       all  --  *      *       0.0.0.0/0            0.0.0.0/0            ctstate INVALID
  4.to 90.90.112.22 request timed out
```

图 1-12　检查 IP 地址示意图

（5）查看帮助。

```
netcheck [ - h, help]
```

说明

后跟参数-h 或 help。

示例如图 1-13 所示。

```
[root@lfbn-idf1-1-1425-228 ~]# netcheck -h
Usage:
  detect X.X.X.X          Dispaly the result of checking the destination address
  error    [yyyy-mm-dd]   Display network check error result currently [specified date]
  info     [yyyy-mm-dd]   Display network check info result currently [specified date]
  warning  [yyyy-mm-dd]   Display network check warning result currently [specified date]
  help                    Display netcheck usage
```

图 1-13　查看帮助示意图

1.2.2 IP冲突检测

1. 特性描述

1）背景

在以下场景下需要进行IP冲突检测。

（1）用户新配IP地址或者网卡up的时候进行IP冲突检测，如果有冲突，在日志中打印冲突信息。

（2）循环进行IP冲突检测，打印日志。

2）定义

FusionOS提供IP冲突检测特性，用于检测本地及网络中是否存在IP冲突情况。

3）目的和受益

IP冲突检测特性的目的和受益如表1-64所示，FusionOS 22.0.1版本及其后续版本支持该特性。

表1-64 IP冲突检测特性的目的和受益

目的和受益	详细说明
降低维护管理成本	定时检查IP冲突情况，有利于及时发现IP冲突情况

2. 约束与限制

（1）IP冲突检测支持IPv4和IPv6。

（2）定时检测配置限制。

① 时间间隔范围为[1,30]分钟，不配时默认为5分钟。

② 目标网口最多10个，不配时默认为检查全部网口。

（3）定时检测只针对up且running状态的网口。

（4）IP冲突出现的概率低，因此不需要这个告警具有实时性；由于可能存在控制器有大量IP的场景，所以将检测均匀分布，因此两次检测间隔的时长只能保证至少是周期值，不能保证精确时间。

（5）冲突检测是循环执行，没有恢复会重复上报告警。

（6）根据上述描述，告警数据库记录的时间并非最早发现故障的时间，不能以该时间作为定位依据。

（7）不支持以下场景：网络中存在ARP或ICMPv6报文拦截机制。

3. 安装

安装ip-conflict-check包。

```
yum install ip-conflict-check
```

4. 配置使用

1）应用流程

（1）系统启动后自动开启IP冲突检测功能。

新配IP地址或者网卡up时检测到IP冲突的日志打印信息示例。以路径/var/log/messages为例：

```
Dec 7 05:02:35 localhost ip_conflict_check[1089]: the node info is:
 event_type:0x14
 ifindex :0x2
 ip_addr :192.168.10.122
 link_state:131080
 dev_name :eth0
 Dec 8 10:04:02 localhost Warning: [108508.524495] ip 192.168.10.122 on eth0 is duplicate.
```

（2）对于循环检测功能，若需要修改相应配置，方法如下。

操作需要root权限，root用户具有系统最高权限，在使用root用户进行操作时，请严格按照操作指导进行操作，避免其他操作造成系统管理及安全风险。

① 修改配置文件/etc/ip_conflict_check/ipcc_initiative.conf，以如下配置文件进行举例。详细的配置项说明请参见配置文件说明。

```
# The period of ip conflict check. Range:[1, 30](minute). Default value is 5

IP_CONFLICT_CHECK_PERIOD = 10

# The network interface needed to check (such as: eth0,eth0:10)
# The number of setted interfaces must not be bigger than 10
# Each name must be separated by ',
', no other characters. for example:( = eth1,eth2,eth3)
# The default is to check all valid interfaces
# Only the UP and RUNNING interfaces are valid

IP_CONFLICT_CHECK_INTERFACE = eth1,eth2,eth3
```

② 执行如下命令，重启服务运行命令。

```
systemctl restart ipcc
```

查看配置是否生效。

在日志中搜索ip-config-check，查看到如下初始化信息，说明配置成功。

```
[ip-conflick-check] config value: period [10]
[ip-conflick-check] config value: interface[0] (eth1)
[ip-conflick-check] config value: interface[1] (eth2)
[ip-conflick-check] config value: interface[2] (eth3)
```

2）配置文件说明

配置文件：/etc/ip_conflict_check/ipcc_initiative.conf。

配置项说明如表1-65所示。

表 1-65 配置项说明

配置项	名称	说明
IP_CONFLICT_CHECK_PERIOD	循环周期配置项	• 不配时默认为5分钟。 • 取值范围为[1,30]分钟。 配置3分钟示例：IP_CONFLICT_CHECK_PERIOD=3
IP_CONFLICT_CHECK_INTERFACE	检测对象配置项	• 不配时默认为检测所有网口。 • 最多可配置10个网口(包括VLAN口)，每个口之间必须用“,”号分隔。 配置三个检测口示例：IP_CONFLICT_CHECK_INTERFACE=eth2,eth3:100,eth3

1.2.3 网络回环检测

1. 特性描述

1）背景

针对网络环境环路导致广播风暴排查困难的问题，开发了网络回环检测功能。

2）定义

FusionOS 提供网络回环检测特性，用于检测某个网口的链路是否存在环路，可用于检测网络中是否存在广播风暴。

3）目的和受益

网络回环检测特性的目的和受益如表 1-66 所示，FusionOS 22.0.1 版本及其后续版本支持该特性。

表 1-66 网络回环检测特性的目的和受益

目的和受益	详细说明
降低维护管理成本	降低网络回环情况检查难度，快速定位回环端口

2. 约束与限制

(1) 传入参数必须包含 IP 地址和网口名称。

(2) IP 地址必须是配置在网口上的 IPv4 地址。

(3) 配置使用需要 root 权限。

3. 安装

执行如下命令，安装网络回环检测 rpm 包。

```
yum install linkloopdetect
```

4. 配置使用

执行如下命令进行网络回环检测。

```
looptest <IPv4 address> <interface>
```

返回值如下。

0：表示正常。

1：表示参数输入错误。

2：表示检测到环路。

5. 示例

以下操作需要 root 权限，root 用户具有系统最高权限，在使用 root 用户进行操作时，请严格按照操作指导进行操作，避免其他操作造成系统管理及安全风险。

1）链路正常

```
Storage:~ # looptest 192.168.1.2 veth1
 found 192.168.1.2 on veth1
 interface(veth1): normal
```

2）存在环路

```
Storage:~ # looptest 192.168.1.2 veth1
 found 192.168.1.2 on veth1
 loop detected!
```

1.2.4　端口扫描检测

1. 特性描述

1）背景

端口扫描被攻击者用来识别目标主机上可运行的网络服务，为了检测这种入侵需要进行端口扫描检测。

2）定义

通过规则集分析网络包，检测出入侵的端口扫描。

3）目的和受益

端口扫描检测特性的目的和受益如表 1-67 所示，FusionOS 22.0.1 版本及其后续版本支持该特性。

表 1-67　端口扫描检测特性的目的和受益

目的和受益	详 细 说 明
通过端口扫描检测来识别系统被入侵情况	通过规则集分析网络包，检测出入侵的端口扫描

2. 安装

```
yum install -y suricata
```

说明

- suricata 包含在 everything ISO 镜像中,默认不安装,须手动安装。
- 依赖 hiredis、libmaxminddb、libnetfilter_queue、nspr、nss、python3-pyyaml、nss-softokn 和 nss-util。

3. 配置使用

步骤 1 配置 suricata,如图 1-14 所示。

```
[root@localhost ~]# ip a
1: lo: <LOOPBACK,UP,LOWER_UP> mtu 65536 qdisc noqueue state UNKNOWN group default qlen 1000
    link/loopback 00:00:00:00:00:00 brd 00:00:00:00:00:00
    inet 127.0.0.1/8 scope host lo
       valid_lft forever preferred_lft forever
    inet6 ::1/128 scope host
       valid_lft forever preferred_lft forever
2: ens3: <BROADCAST,MULTICAST,UP,LOWER_UP> mtu 1500 qdisc fq_codel state UP group default qlen 1000
    link/ether 00:16:3e:bd:8e:f1 brd ff:ff:ff:ff:ff:ff
    inet 90.90.112.118/22 brd 90.90.115.255 scope global dynamic ens3
       valid_lft 971sec preferred_lft 971sec
```

图 1-14 配置 suricata 示意图

(1) 查询本机网卡及网络地址。

```
ip a
```

(2) 修改 interface 为实际网卡名称。

```
vi /etc/sysconfig/suricata
```

例如图 1-14 中查询到网卡实际名称为 ens3,则修改-i 后的参数 eth0 为 ens3。实际操作中以查询到的网卡名称为准。

(3) 修改 HOME_NET 为实际网络地址。

```
vi /etc/suricata/suricata.yaml
```

修改 HOME_NET 为本机网络地址 90.90.112.118 或者 90.90.112.118/22,如下所示。

```
HOME_NET: "[90.90.112.118]"
```

说明

如果指定子网掩码如"/22",则一个子网内的端口扫描有些规则可能不会匹配到,跟规则具体内容相关。

(4) 配置端口扫描规则。

① 自动更新社区规则及生成默认规则集。

```
suricata - update
```

说明

- suricata-update 会从 https://rules.emergingthreats.net/open/suricata-6.0.4/emerging.rules.tar.gz 下载规则文件,如果网络无法连接则会下载失败。

- suricata-update 会从/usr/share/suricata/rules/目录下读取自带的规则文件，生成统一的默认规则集文件/var/lib/suricata/rules/suricata.rules。

② 手动更新社区规则。

从 https://rules.emergingthreats.net/open/suricata-6.0.4/emerging.rules.tar.gz 下载规则文件。解压到/usr/share/suricata/rules 下。

```
tar -xf emerging.rules.tar.gz -C /usr/share/suricata/
```

本地更新。

```
suricata-update --local /usr/share/suricata/rules/
```

说明

会统一更新到/var/lib/suricata/rules/suricata.rules 中。

③ 添加自定义规则。

在/var/lib/suricata/rules/下添加 local.rules 文件，在 local.rules 文件中添加自定义的规则。

```
vi /var/lib/suricata/rules/local.rules
```

例如，添加如下规则。

```
alert icmp any any -> $HOME_NET any (msg: "NMAP ping sweep Scan"; dsize:0;sid:10000004; rev:
1;)
#这条规则用于检测 icmp ping 扫描。当远程主机向目标主机发送 icmp echo 请求，并接收到回应
#时，将触发此告警
alert tcp any any -> $HOME_NET 22 (msg: "NMAP TCP Scan";sid:10000005; rev:2; )
#这条规则用于检测 TCP SYN 扫描。当远程主机向目标主机的 22 端口发送 TCP SYN 包，目标主机回
#应 TCP SYN/ACK 包时，将触发此告警
alert tcp any any -> $HOME_NET 22 (msg:"Nmap XMAS Tree Scan"; flags:FPU; sid:1000006; rev:1; )
#这条规则用于检测 Nmap 的 XMAS Tree 扫描。XMAS Tree 扫描是一种特殊的 TCP 扫描技术，通过发送
#特殊的 TCP 数据包来探测目标主机的开放端口。此告警会在检测到此类扫描时触发
alert tcp any any -> $HOME_NET 22 (msg:"Nmap FIN Scan"; flags:F; sid:1000008; rev:1;)
#这条规则用于检测 Nmap 的 FIN 扫描。FIN 扫描是通过向目标主机发送 FIN 包来探测其 TCP 连接
#状态的扫描方式。此告警会在检测到此类扫描时触发
alert tcp any any -> $HOME_NET 22 (msg:"Nmap NULL Scan"; flags:0; sid:1000009; rev:1; )
#这条规则用于检测 Nmap 的 NULL 扫描。NULL 扫描是一种特殊的 TCP 扫描技术，通过发送空的 TCP
#数据包来探测目标主机的开放端口。此告警会在检测到此类扫描时触发
alert udp any any -> $HOME_NET any ( msg:"Nmap UDP Scan"; sid:1000010; rev:1; )
#这条规则用于检测 UDP 扫描。当远程主机向目标主机的任意端口发送 UDP 数据包，目标主机回应
#UDP 数据包时，将触发此告警
```

修改 suricata.yaml 文件添加该规则文件。

```
vi /etc/suricata/suricata.yaml
```

在 rule-files:中添加- local.rules，如图 1-15 所示。

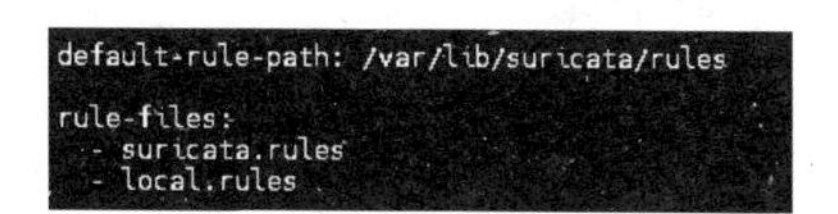

图 1-15 向 rules 文件添加规则示意图

说明

更新完规则后，须重启 suricata 服务生效。

步骤 2 启动 suricata。

```
systemctl start suricata
systemctl status suricata
```

步骤 3 端口扫描测试。

在另一台机器上执行端口扫描。

```
nmap -A 90.90.112.118
```

步骤 4 查看检测结果。

(1) suricat 日志信息在 var/log/suricata/下,有如下几种日志。

① suricata.log:为 suricata 运行日志信息。

② stats.log:为网络收发包统计信息。

③ fast.log:告警信息。

④ eve.json:详细的告警、http、dns 等事件信息。

(2) 查询告警信息。

```
cat /var/log/suricata/fast.log
```

说明

默认统计信息 8s 记录一次,长时间可导致日志过大,可通过/etc/suricata/suricata.yaml 修改统计间隔或关闭统计功能。

```
# Global stats configuration
stats:
enabled: yes
interval: 8
```

参数说明:

enabled: yes 为开启统计功能; no 为关闭。

interval: 统计间隔时间,单位为 s。

1.3 性能提优

1.3.1 代码段大页

1. 特性描述

1) 背景

产品编译生成的二进制很大,在二进制加载执行时,使用 4KB 内存页会映射到非常多的内存页中。二进制中的函数跳转目标地址如果不在当前的 TLB 缓存中,需要刷新 TLB 数据,出现一次 TLB miss,导致性能下降。

2）定义

FusionOS 可以将可执行文件映射到大页内存区域，降低 TLB miss，从而提高性能。

3）目的和受益

代码段大页特性的目的和受益如表 1-68 所示，FusionOS 22.0.1 版本及其后续版本支持该特性。

表 1-68　代码段大页特性的目的和受益

目的和受益	详细说明
提升系统性能	代码段大页使用 2MB 大页映射可执行代码段到内存中，减少代码段的内存页个数，函数跳转时的地址就更有可能在当前的 TLB 缓存中，不需要重新刷新 TLB

2. 约束与限制

代码段大页功能需要依赖 Linux 内核原生的内存大页功能。

3. 配置使用

用户可以通过修改启动参数，开启代码段大页功能，例如：

- Legacy 启动模式下的路径。

```
/boot/grub2/grub.cfg
```

- UEFI 启动模式下的路径。

```
/boot/efi/EFI/FusionOS/grub.cfg
```

4. 配置示例

步骤 1　修改启动参数，预留内存大页，并添加代码段大页的功能开关 exec_hugepages。

```
hugepagesz = 2M hugepages = 2048 exec_hugepages
```

步骤 2　重启系统。

步骤 3　代码段大页的使能粒度是进程级别，对进程添加环境变量 HUGEPAGE_ELF=1 使用代码段大页功能，启动二进制文件 app。

```
env HUGEPAGE_ELF = 1 ./app
```

1.3.2　tmpfs 大页

1. 特性描述

1）背景

为了保障程序升级场景（先删除后写入），tmpfs 可以申请到大页，提升此场景系统性能。

2）定义

FusionOS 可以给 tmpfs 配置大页，大页池初始为空，tmpfs 删除文件时不释放大页而是将其放入池中，写入文件时优先使用池中的大页，池中大页用完后再向系统申请内存。

3）目的和受益

tmpfs 大页特性的目的和受益如表 1-69 所示，FusionOS 22.0.1 版本及其后续版本支持该特性。

表 1-69　tmpfs 大页特性的目的和受益

目的和受益	详细说明
提升系统性能	内存文件系统 tmpfs 可以使用透明大页，启动时会自动在代码段使用大页映射，减少代码段的内存页个数，函数跳转时的地址就更有可能在当前的 TLB 缓存中，不需要重新刷新 TLB，提升程序运行性能

2. 约束与限制

预留的大页仍然会占用系统内存，因此大页进入预留池时系统可用内存不会增加。

3. 配置使用

1）挂载 tmpfs 时使用透明大页

挂载时使用 huge=always 选项，例如：

```
mount -t tmpfs -o huge=always tmpfs [mount_path]
```

大页 tmpfs 写入文件后，可以查看/proc/meminfo 中的 ShmemHugePages 确认大页 tmpfs 所占的内存大小。

2）挂载 tmpfs 时配置预留池

使用本特性需要增加内核启动参数 tmpfs_hugepages。

挂载 tmpfs 时指定 max_reserve=[预留的大页数量上限]，范围为 0～($2^{31}-1$)，表示最多预留多少个大页(arm 版本大页默认为 512MB，x86 为 2MB)。大页池初始化时不会预留大页，实际预留数量取决于释放的大页数量，因此预留上限不会影响系统可用内存。例如：

```
mount -t tmpfs -o huge=always,max_reserve=512 tmpfs [mount_path]
```

该参数可以与 remount 同时使用，用于调整已挂载的 tmpfs 大页预留上限，调整后多余的大页会被释放。可以通过 mount 命令查看已挂载的 tmpfs 相关信息，包括已预留的大页数量 nr_reserve 与配置的上限 max_reserve。大页预留池在用户卸载 tmpfs 时自动销毁并释放仍在池中的大页，无须额外参数。例如：

```
umount [mount_path]
```

1.3.3　动态库拼接

1. 特性描述

1）背景

二进制在加载时调用了非常多的动态库，动态库的 PT_LOAD 段会被映射到不同的内存页表中。二进制中频繁调用不同动态库中的接口，会出现动态库地址 TLB miss 率高的问题。

2）定义

动态库拼接将多个动态库的 PT_LOAD 段加载在连续内存中，避免内存空洞，减少内存页的数量，从而降低 TLB miss 率。

📖说明

- PT_LOAD：描述了段的类型是可转载的段，该种类型的段会被装载或者映射到内存中。
- 内存空洞：申请并释放了的内存由于不处于堆顶无法返还给系统。

3）目的和受益

动态库拼接特性的目的和受益如表 1-70 所示，FusionOS 22.0.1 版本及其后续版本支持该特性。

表 1-70　动态库拼接特性的目的和受益

目的和受益	详细说明
提升系统性能	动态库拼接将多个动态库的 PT_LOAD 段加载在连续内存中，避免内存空洞，减少内存页的数量，从而降低 TLB miss 率

2. 配置使用

以 root 权限，在 Shell 命令行环境下：

```
export LD_HUGEPAGE_LIB = 1
```

1.3.4　软绑定

1. 特性描述

1）背景

云计算客户使用虚拟化下，存在超分场景，即多个 vCPU 共享一个物理核。例如，虚拟机模板 32 vCPU，在一个 128 核的物理机(4numa)上建立 8 个虚拟机(32×8=256 vCPU)，每个 numa 上有 2 个虚拟机。

(1) 做 numa 亲和性绑定(硬绑定)后，如图 1-16 所示，假如两个 vm 负载很高，但其他 vm 空闲，空闲的 CPU 无法被利用。

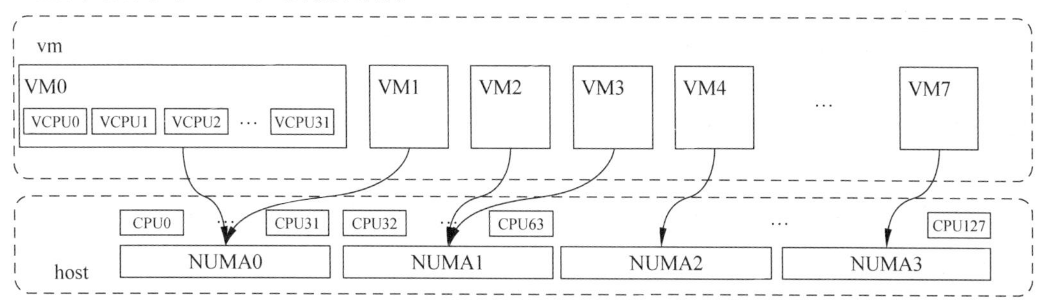

图 1-16　硬绑定

（2）不做绑定，无法有效利用 numa 亲和性，尤其在整机繁忙情况下，性能严重下降。

📖说明

现有调度机制有区分调度域，但是负载均衡策略会导致其他调度域空闲时会抢任务，任务在 numa 间反复迁移。

2）定义

提供额外的绑核接口，在软绑定后，如图 1-17 所示，Linux 调度器就会让这个进程/线程优先在所软绑定的核上面去运行。当软绑定的核比较繁忙，而其他核比较空闲时，会切换使用空闲的 CPU 核。

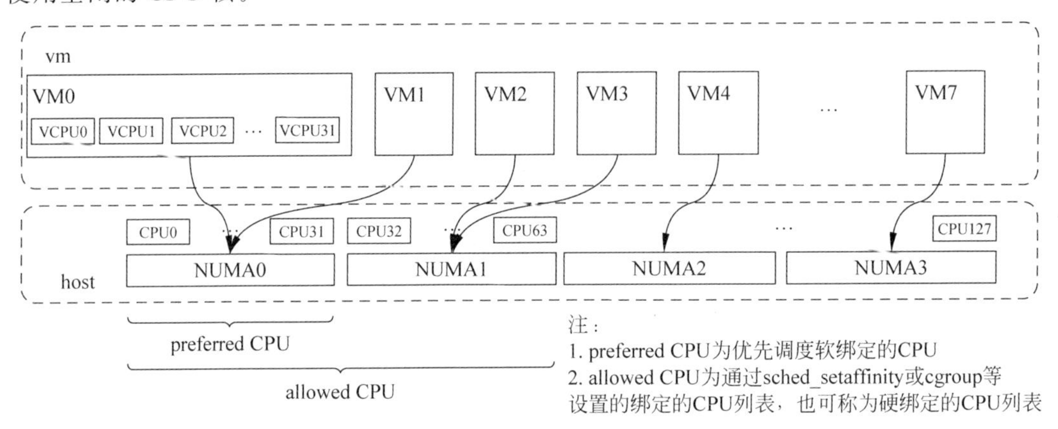

图 1-17 软绑定功能说明

3）目的和受益

软绑定特性的目的和受益如表 1-71 所示，FusionOS 22.0.1 版本及其后续版本支持该特性。

表 1-71 软绑定特性的目的和受益

目的和受益	详细说明
提升 CPU 算力资源利用率	通过软绑定算法，优先使用软绑定核，当软绑定的核比较繁忙，而其他核比较空闲时，切换使用其他核，从而提升整体性能

2. 功能说明

（1）优先使用 preferred CPU。

在 allowed CPU 都繁忙时，优先使用 preferred CPU。

（2）在合适的时机进行 task 迁移。

每次当线程从睡眠状态被唤醒时，需要进行选核的动作。原先流程时直接使用硬绑定的核列表 allowed CPU，软绑定流程中当“allowed CPU 负载”低于“preferred CPU×切换百分比配置”时，选择 allowed CPU 核，否则从 preferred CPU 选择核。

📖说明

切换百分比配置 = sched_preferred / sched_allowed，具体参见下面的步骤 3。

3. 配置使用

步骤 1 在“/proc/$PID/task/$TID/”下新增 preferred_cpuset。

用于配置软绑定 preferred cpulist。cpulist 是 CPU 逻辑编号的一个列表，以逗号“,”隔开。例如，CPU{1,3,5,6,7}的 cpulist 为“1,3,5,6,7”，其中连续的编号支持以范围的形式简写，如“5,6,7”可简写为“5-7”。

步骤 2　在“/sys/fs/cgroup/cpuset/”下新增 preferred_cpuset。

用于 cgroup 场景下软绑定设置。接口参数形式和线程 preferred_cpuset 设置一致。

步骤 3　新增两个参数 sched_preferred 和 sched_allowed 用于控制软绑定的 task 切换的 CPU 阈值。

- 参数范围为 0～100，sched_preferred 小于或等于 sched_allowed。
- /proc/sys/kernel/sched_preferred 默认值为 0。
- /proc/sys/kernel/sched_allowed 默认值为 100。

说明

如果 allowed CPU 负载×sched_allowed < preferred CPU 负载×sched_preferred，迁移 task 到 allowed CPU。

步骤 4　新增启动项 soft_affinity。

通过 vim /boot/grub2/grub.cfg 新增 soft_affinity=1 来使能软绑定特性。

1.3.5　定时器中断聚合

1. 特性描述

1）背景

业务代码中存在大量定时器的应用场景通常会存在以下问题。

(1) 内核不断修正下次中断触发时间，频繁修改硬件寄存器，导致增加内核底噪。

(2) 定时器中断导致业务运行流畅频繁被打断，影响进程执行效率。

定时器中断聚合特性，针对此类海量定时器应用场景，降低 CPU 占用率，最大下降 5.5%。

2）定义

FusionOS 提供定时器中断聚合特性，针对业务代码中存在大量定时器的应用场景，保证进程执行效率。

3）目的和受益

定时器中断聚合特性的目的和受益如表 1-72 所示，FusionOS 22.0.1 版本及其后续版本支持该特性。

表 1-72　定时器中断聚合特性的目的和受益

目的和受益	详细说明
降低进程 CPU 占用率	业务场景通过中断聚合技术进程 CPU 下降 5.5%，时延稍微增加。在不影响时延的配置下，进程 CPU 下降 3.5%

2. 约束与限制

硬件仅支持 Intel 至强可扩展处理器。

3. 配置使用

使用/sys/kernel/merge_irq/< CPU >/period_divisor 设置聚合周期，参数范围为 0～10。

- 0：关闭此特性。
- 1：周期 1ms。
- 2：周期 0.5ms。
- 3：周期 0.333ms。
- 4：周期 0.25ms。
- 5：周期 0.2ms。
- 6：周期 0.167ms。
- 7：周期 0.143ms。
- 8：周期 0.125ms。
- 9：周期 0.111ms。
- 10：周期 0.1ms。

1.3.6 CPU 隔离增强

1. 特性描述

1）背景

在高性能系统的性能调优过程中，经常会碰到各种背景的噪声干扰，从而使得收集的数据不够精确。CPU 运行中存在的几种背景噪声干扰来源如下。

（1）调度器。

进程调度器对于系统的影响几乎无处不在，Linux 内核一般来说是使用公平的分时调度策略（CFS）。需要特定的参数来调整调度器的行为，从而尽量减少对于测量进程的干扰。

（2）中断。

中断是系统必须要响应的事件，具有较高优先级，可以抢占普通的用户进程。

① 硬件中断。

主要来自外部事件，CPU 需要非常及时地响应。例如，最常见的 I/O、时钟，Linux 内核支持的硬件中断数量众多，需要注意亲和性配置。可以取消响应一些比较特殊的中断。

② 软中断。

软中断是硬件中断处理的衍生子系统。Linux 硬件中断响应只需要处理一些必须立即响应的操作，而将一些可以延后处理的操作移交给软中断。Linux 中有 10 类软中断，后续将会分析。

（3）电源管理。

现代处理器通常为了更高效地利用能源，都会支持一些高级电源管理的功能。这些电源管理的功能如果使用不当也会对于性能评测造成影响。

（4）Workqueue。

Workqueue 也是 Linux 中常见的一类延迟操作的任务类型。每个 CPU 核会有两个

Workqueue 的内核线程用于等待 work 挂载。一旦有 work 挂载到当前 CPU，内核会马上切换到 Workqueue 进程执行当前挂载的 work，打断正常任务的执行。

2）定义

FusionOS 提供 CPU 隔离增强特性，通过增加 isolcpus 功能和增强 nohz_full 功能，实现减少 CPU 隔离之后干扰的目的。

说明

- isolcpus：isolcpus 用于在 SMP 均衡调度算法中将一个或多个 CPU 隔离出来。同时可通过亲和性设置将进程置于“隔离 CPU”运行，isolcpus 后面所跟的 cpu 参数，可设置为 0～(最大 CPU 个数−1 个 CPU)。

功能：isolcpus 带来的好处是有效地提高了孤立 CPU 上任务运行的实时性。该功能在保证孤立 CPU 上任务的运行同时减少了其他任务可以运行的 CPU 资源，所以需要在使用前对 CPU 资源进行规划。

- nohz_full：nohz_full 有一个相对弱化的版本 nohz。nohz 的含义是在目标 CPU 的 runqueue 上没有任何可调度实体时，CPU 进入 idle 状态。在此情况下，该 CPU 停止时钟 tick(默认是 10ms 一次)。那么 nohzfull 就更进一步，在 runqueue 上只有一个活动的实体的时候也会停止时钟 tick。这样就会大大减少对正在运行的唯一的进程的干扰(不是 100％消除)。

3）目的和受益

CPU 隔离增强特性的目的和受益如表 1-73 所示，FusionOS 22.0.1 版本及其后续版本支持该特性。

表 1-73　CPU 隔离增强特性的目的和受益

目的和受益	详细说明
减少 CPU 隔离之后的干扰	增加 isolcpus 功能，对 CPU 资源进行规划，有效地提高了孤立 CPU 上任务运行的实时性。增强 nohz_full 功能，当 runqueue 上只有一个活动实体时，停止时钟 tick，减少对唯一运行进程的干扰

2. 约束与限制

系统正常运行，需要使用 root 权限进行配置。

3. 配置使用

1）使用说明

UEFI 模式下的路径：

```
/boot/efi/EFI/FusionOS/grub.cfg
```

Legacy 模式下的路径：

```
/boot/grub2/grub.cfg
```

2）配置示例

（1）isolcpus 使用方法。

修改 grub. cfg 文件，找到 GRUB_CMDLINE_LINUX 行，添加 isolcpus=11，15～17，23。

（2）nohz_full 使用方法。

修改 grub. cfg 文件，找到 GRUB_CMDLINE_LINUX 行，添加 nohz_full=11，15～17，23。

说明

nohz_full 的 CPU 列表需要和 isolcpus 保持一致。

1.3.7 风险命令防呆

1. 特性描述

1）背景

当用户在 Shell 中执行命令时，有可能由于误操作，导致系统出错。例如，rm -rf /命令会删除根目录，从而导致系统出错。

2）定义

FusionOS 提供风险命令防呆，可在用户执行风险命令时，提示用户该命令有可能不安全，让用户再次确认是否需要继续执行命令。

3）目的和受益

风险命令防呆特性的目的和受益如表 1-74 所示，FusionOS 22.0.1 版本及其后续版本支持该特性。

表 1-74 风险命令防呆特性的目的和受益

目的和受益	详细说明
提升用户操作的安全性和效率	在执行风险命令时，提示用户该命令有可能不安全，让用户再次确认是否需要继续执行命令

2. 约束与限制

（1）仅针对 Bash Shell，其他类型的 Shell 暂不支持。

（2）仅 root 用户能配置风险命令并使其生效。

（3）某些命令配置成风险命令后，会导致系统卡住，如 eval。因此，在配置风险命令后请先测试是否能正常执行。

（4）风险命令的配置解析发生在 root 用户登录阶段。配置过多的风险命令会导致登录变慢，建议少于 100 条。实测超过 1000 条会有明显延时。

（5）同一命令，配置多条风险命令，会导致该命令执行变慢。例如，对于 **rm** 命令，配置风险命令 **rm -rf** /，**rm -rf** * 等，超过一定数量后，在执行 **rm** 命令时，会有一定延时。建议少于 100 条。

（6）配置文件中仅支持配置简单命令，不支持复合命令，如 for、管道等。

（7）该防呆特性为精确匹配，即配置什么，防护什么。

（8）该防呆特性仅支持交互式的 Bash Shell，不支持脚本中的命令防呆。

3. 安装

安装 mistake-proof-＊. noarch. rpm 包。

```
yum install mistake - proof
```

4. 配置使用

步骤 1　使用 root 用户登录，修改/etc/mistake-proof. conf，配置风险命令。

说明

配置风险命令时，每个命令单独占一行。

步骤 2　root 用户执行如下命令，使防呆生效。

```
source ～/. bash_profile
```

所有用户执行风险命令时，均会给出提示，让用户选择。

例如，用户配置 rm -rf 1 命令，其执行如图 1-18 所示。

```
[test@localhost 1]$ rm -rf 1
This operation may be unsafe, are you sure you want to do this? please check(y or n):
n
The operation is aborted.
[test@localhost 1]$ touch 1
[test@localhost 1]$ rm -rf 1
This operation may be unsafe, are you sure you want to do this? please check(y or n):
y
[test@localhost 1]$
```

图 1-18　配置 rm -rf 1 命令执行情况示意图

1.3.8　命令行记录增强

1. 特性描述

1）背景

在日常 Linux 操作过程中，用户可能需要登录 Linux，在 Shell 中执行一些命令，有些命令的执行可能对系统造成较大影响，需要对相关信息进行记录跟踪。

2）定义

FusionOS 提供命令行记录增强特性，在用户执行对系统造成较大影响的命令时，将用户执行的命令等相关信息记录到日志中，在需要时可以快速查看，方便后续追溯、分析定位问题。

3）目的和受益

命令行记录增强特性的目的和受益如表 1-75 所示，FusionOS 22. 0. 1 版本及其后续版本支持该特性。

表 1-75　命令行记录增强特性的目的和受益

目的和受益	详细说明
增强系统的可维护性	在用户执行对系统造成较大影响的命令时，将用户执行的命令等相关信息记录到日志中，能够更利于系统问题的分析、定位

2. 约束与限制

当前仅支持 Bash。

3. 实现原理

通过设置环境变量 PROMPT_COMMAND，在用户执行的命令结束时，将命令信息记录到系统日志文件/var/log/messages。命令信息包括的字段见表 1-76。

表 1-76　命令相关字段

字　段	描　述
命令	用户在 Shell 中输入的命令及参数
返回码	命令的执行返回码
用户	执行命令的用户名及 uid
终端信息	如 ttyX、pts/ * ，如果用户通过 ssh 方式登录，包含登录的源 IP 地址

4. 安装

Shell 命令记录增强功能作为单独的 rpm 包，rpm 包名称为 FusionOS-config，FusionOS 安装时默认安装。安装后不需要额外配置即可正常运行。

5. 配置使用

用户在登录 Linux 后，在 Shell 中执行命令后，可以从系统日志文件/var/log/messages 查看到执行过的命令信息，如图 1-19 所示。

```
Feb 26 09:38:48 FusionOS [/bin/bash]: [ls] return code=[0], execute success by [root(uid=0)] from [pts/1 (192.168.56.1)]
Feb 26 09:38:49 FusionOS sshd[312011]: Starting session: command for root from 192.168.56.1 port 50760 id 1
```

图 1-19　记录命令信息

小结

本章从系统监控、网络监控和性能提优三方面介绍了 FusionOS 的高级特性，具体如下。

系统监控方面：FusionOS 提供了 OS 健康检查工具(osHealthCheck)，用于检查操作系统的主要进程运行情况、数据和配置文件的完整性等，降低管理维护成本和难度，保障产品的可维护性。hungtask-monitor 是 FusionOS 提供的特性，通过对 Linux 内核的 hung task 检测功能进行增强，实现更细粒度的进程配置，以增强系统的可靠性和可维护性。FusionOS 需要提供系统级资源监控、自愈框架，并与告警框架进行集成，以支持关键资源监控、告警能力和关键进程自愈，从而增强 FusionOS 的可靠性并提升竞争力。

网络监控方面：网络配置检查是 FusionOS 引入的特性，用于管理员在实际运维场景中对网络相关操作进行检查，包括网络配置修改、主机连通性、路由信息查询以及网络日志查询等。IP 冲突检测特性用于检测本地及网络中是否存在 IP 冲突情况，主要用于新配 IP 地址或网卡 up 时的 IP 冲突检测,或定时进行 IP 冲突检测。网络回环检测特性用于检测某个网口的链路是否存在环路,主要用于快速定位网络环回情况。端口扫描检测特性用于通过规则集分析网络包,检测出入侵的端口扫描行为,从而识别系统是否被入侵。

性能提优方面:FusionOS 引入了代码段大页特性,可以将可执行文件映射到大页内存区域,以降低 TLB miss 的出现,从而提升系统性能。FusionOS 引入了 tmpfs 大页特性,可以为内存文件系统 tmpfs 配置大页,从而在程序升级场景中提升系统性能。FusionOS 引入了动态库拼接特性,将多个动态库的 PT_LOAD 段加载到连续内存中,降低 TLB miss 率,提升系统性能。FusionOS 引入了软绑定特性,允许在虚拟化场景下对虚拟机进行软绑定,以提升 CPU 算力资源利用率。定时器中断聚合是 FusionOS 引入的特性,针对业务代码中大量使用定时器的情况,通过聚合定时器中断以降低 CPU 占用率,最多可降低 5.5%。FusionOS 引入了 CPU 隔离增强特性,旨在减少高性能系统中由调度器、中断、电源管理等因素引起的背景噪声干扰,从而提高性能评测的精度。FusionOS 提供了风险命令防呆特性,用于在用户执行可能有风险的命令时进行提示,以避免误操作。FusionOS 提供命令行记录增强特性,记录执行对系统造成较大影响的命令,以便后续查看和分析。FusionOS 增强了命令行操作的安全性和可维护性,避免了误操作可能带来的风险,同时还提供了命令记录的功能,以便后续的分析和问题排查。

习题

1. 简述 OS 健康检查工具的背景和定义。
2. OS 健康检查工具的目的和受益是什么?
3. OS 健康检查工具提供哪些功能?
4. 如何安装 OS 健康检查工具? 如何执行系统健康检查?
5. 系统健康检查的返回值有哪些含义?
6. 如何查看系统健康检查的汇总报告和单个检查项报告?
7. 列举并描述健康检查工具中的 4 个检查项。
8. 在执行健康检查时需要注意哪些事项?
9. 什么是 hung task 检测功能以及它的作用是什么?
10. FusionOS 中的 hungtask-monitor 特性有哪些目的和受益?
11. hungtask-monitor 特性的功能说明是什么?
12. 使用 hungtask-monitor 特性的系统自愈有哪些限制?
13. 如何配置打印 mutex/semaphore 持有者信息?
14. 如何进行 D 状态进程检测增强以实现系统自愈?
15. 如何查看 hungtask-monitor 的运行状态以及当前可用进程信息?
16. 如何配置监测列表和自愈列表,开启自愈开关以及配置自愈时间阈值?
17. FusionOS 的监控告警有哪些特性和目的?
18. 如何安装 FusionOS 中的监控框架? 如何配置 FusionOS 的监控框架以进行关键进程的监控?
19. 关键进程监控的配置文件位于哪里? 如何配置关键进程的监控?

20. 如何启动、关闭、重启和重载 FusionOS 的监控服务？

21. 文件监控的作用是什么？文件监控的配置文件路径是什么？如何配置文件监控的监控对象？如果配置文件中存在多条相同路径的监控配置，会发生什么？如何使新的文件监控配置生效？

22. 什么是进程数/线程数监控？如何配置进程数/线程数监控？进程数使用率告警阈值和恢复阈值如何设置？如何启用线程监控？

23. 什么是系统文件句柄数监控？如何配置系统文件句柄数监控？

24. 什么是磁盘 inode 监控？如何配置磁盘 inode 监控？

25. 什么是本地磁盘 IO 延时监控？如何启用本地磁盘 IO 延时监控？

26. 什么是告警模块的主要功能？在告警框架中，主配置文件的路径是什么？主配置文件中有哪些配置项可以进行配置？如何使修改后的主配置文件生效？

27. 如何通过 C 语言接口上报告警？

28. 通过 Shell 接口上报告警时，有哪些参数可以设置？

29. 告警抑制的时间范围是多少？如何配置告警抑制时间？

30. 告警消息的组成包括哪些内容？

31. 为了使事件类型的告警支持保存和恢复，需要如何配置？

32. 如何启动、关闭和重启 sysalarm 服务？

33. 什么是重拉功能？如何配置 sysalarm 重拉 sysmonitor 的时间间隔和次数？

34. 如何处理关键进程异常告警？

35. 关键文件被删除会有什么影响？如何处理文件异常告警？

36. 什么情况下会产生网卡状态异常告警？网卡异常告警的告警级别是多少？如何处理网卡状态异常告警？

37. 什么情况下会产生信号异常告警？信号异常告警的告警描述信息是什么？信号异常告警可能的影响是什么？

38. 当 CPU 占用率过高时会产生什么样的告警？如何处理 CPU 占用率异常告警？

39. 什么是 IP 冲突检测特性的背景和应用场景？

40. 如何安装 IP 冲突检测功能？如何配置和使用 IP 冲突检测功能？

41. 什么是网络回环检测特性？其目的和受益是什么？

42. 网络回环检测的安装步骤是什么？如何配置和使用网络回环检测功能？

43. 什么是端口扫描检测特性以及其背景和目的？

44. 如何安装端口扫描检测功能？如何配置和使用端口扫描检测功能？

45. 什么是 FusionOS 中的“代码段大页”特性？它的目的是什么？在 FusionOS 中如何配置“代码段大页”功能？请提供配置示例。

46. 什么是 FusionOS 中的“tmpfs 大页”特性？它的目的是什么？如何在 FusionOS 中为 tmpfs 配置大页？如何查看已预留的大页数量？

47. 请解释 FusionOS 中的“动态库拼接”特性是如何工作的以及它的目的是什么？在 FusionOS 中如何启用“动态库拼接”特性？

48. 什么是 FusionOS 中的“软绑定”特性？它如何通过优先使用 preferred CPU 来提高系统性能？在 FusionOS 中如何配置“软绑定”特性？如何进行 soft_affinity 的设置？

49. 请解释 FusionOS 中的“定时器中断聚合”特性，它是如何降低 CPU 占用率的？如何在 FusionOS 中配置定时器中断聚合的周期？

50. 什么是 FusionOS 中的“风险命令防呆”特性以及它的主要目的是什么？

51. “风险命令防呆”特性的配置文件位于哪里？如何配置风险命令？

52. “命令行记录增强”特性在 FusionOS 中的实现原理是什么？在用户执行的命令结束时，会记录哪些信息？

第2章

FusionOS故障定位与修复

CHAPTER 2

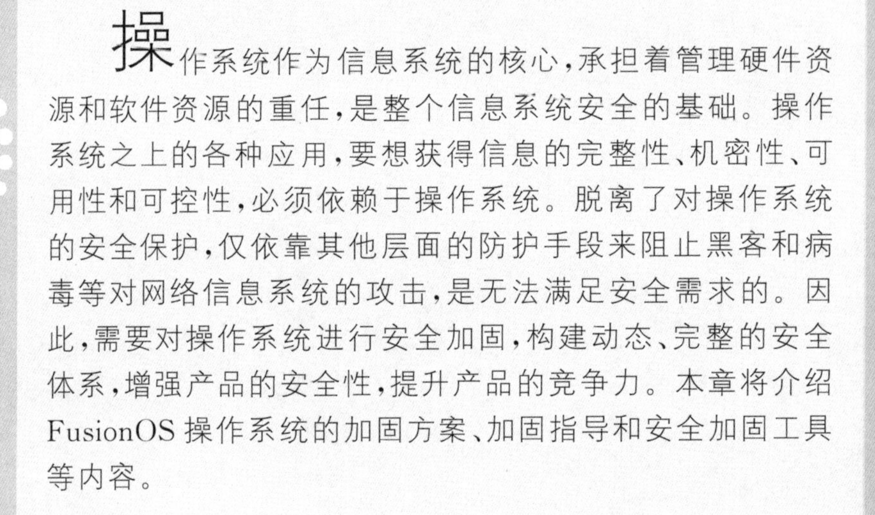

操作系统作为信息系统的核心，承担着管理硬件资源和软件资源的重任，是整个信息系统安全的基础。操作系统之上的各种应用，要想获得信息的完整性、机密性、可用性和可控性，必须依赖于操作系统。脱离了对操作系统的安全保护，仅依靠其他层面的防护手段来阻止黑客和病毒等对网络信息系统的攻击，是无法满足安全需求的。因此，需要对操作系统进行安全加固，构建动态、完整的安全体系，增强产品的安全性，提升产品的竞争力。本章将介绍FusionOS操作系统的加固方案、加固指导和安全加固工具等内容。

2.1 故障定位

2.1.1 内核黑匣子

1. 特性描述

1）背景

Linux 内核比较复杂，且各个模块之间联系紧密，缺少有效的维护工具，进一步增加了维护难度。虽然内核有 klogd 和 syslogd 等日志记录系统，但在一些异常情况下，如系统突然重启、内核崩溃、OOM（内存溢出）等，无法（或者来不及）记录这些信息，进而无法对这些问题的根因进行定位。

2）定义

针对上述情况，为了挽救丢失的内核日志，FusionOS 提供了内存黑匣子特性。类似于飞行系统中常用的“黑匣子”，在系统异常触发时记录重要信息，并通过非易失性存储把这些“临终遗言”保存下来，供维护人员来分析异常时系统的状态，有利于问题的快速解决。

3）目的和受益

内核黑匣子 NVRAM 特性的目的和受益如表 2-1 所示，FusionOS 22.0.4 版本及其后续版本支持该特性。

表 2-1 内核黑匣子 NVRAM 特性的目的和受益

目的和受益	详细说明
降低管理维护成本	在系统异常发生时，记录下内核的重要信息，便于系统维护

2. 约束与限制

（1）本特性不支持 ARM 处理器，仅支持 FusionOS x86_64 V7 服务器。

（2）通过 BIOS 上报内存方式，非易失内存必须大于 1MB+20KB。

（3）依赖刷 Cache 功能，复位前必须将 CPU Cache 刷到非易失内存，否则日志丢失（刷 Cache 由下游产品实现），目前内核复位流程中已经有刷新 Cache 操作。

3. 安装

说明

- 由于原始的 printk 中的日志导出框架 syslogd 和 klogd 只会导出这次重启后的日志，不能导出 NVRAM 区域保留的所有日志，因此需要 printk_buf_dev 服务来统计日志。其中，printk_buf_dev 支持 systemd 系统服务管理器，printk_buf_dev-kmod 包安装以后，systemd 可以支持其服务 export_kernel_log 的启动、停止、重启和查询。
- printk_buf_dev-kmod 包，标准安装下默认安装，最小化安装下默认不安装。

执行如下命令进行安装。

```
yum install printk_buf_dev-kmod
```

4. 配置使用

步骤 1 配置启动参数。启动参数中使能 log_nvram_redirect=on 参数，使能 NVRAM 特性，重定向日志到 NVRAM。

UEFI 模式下的路径：

```
/boot/efi/EFI/FusionOS/grub.cfg
```

Legacy 模式下的路径：

```
/boot/grub2/grub.cfg
```

步骤 2 执行如下命令启动服务。

说明

由于依赖于硬件的支持，printk_buf_dev-kmod 默认安装后不启动。

```
systemctl enable export_kernel_log
systemctl start export_kernel_log
```

步骤 3 安装 printk_buf_dev-kmod 包并启动服务后，会在默认目录/var/log/nvram 下生成对应的日志文件，生成 export_kernel_log 服务。export_kernel_log 可以由 systemd 控制，这个 systemctl 可以控制 export_kernel_log 的启动、停止和查询、重启。

/etc/log_redirect/config 配置文件可以修改默认目录，并且可以修改保存日志个数，示例如下。

```
cat /etc/log_redirect/config
# This is a config file for printk_buf_dev.
################################################
# Export absolute path for service start.
export_path = "/var/log/nvram"          #默认目录
# Keep history log number, number must >= 1.
keep_old_logs = 3                       #保存日志个数
```

步骤 4 如果不想通过重启服务来获取日志，FusionOS 同时提供了 printk_log_collect.sh 脚本来获取日志，脚本的使用需要一个参数：后面添加输出路径，然后直接运行脚本。

例如，当输出路径为“/var/log/example”时，执行如下命令运行脚本。

```
printk_log_collect.sh  /var/log/example
```

2.1.2 内存分析工具

1. 特性描述

1）背景

内存泄漏、内存占用过高等问题在 Linux 操作系统使用过程中比较常见。现网环境上如果出现内存泄漏问题，很容易触发系统 OOM 死机，影响客户业务。但没有工具能够跟踪到具体内存申请/释放的流程以及相应的模块，无法精确定位内存不足的原因。另外，系统中页缓存过大也会消耗大量内存空间。为了弄清楚 LRU 链表上占用内存较多的文件页也有助于问题定位。然而，当前业界所有 Linux 发行版中集成的内存相关调测工具，如 free、pmap 等均只能提供系统级内存占用情况的概览性展示，无法提供精确的内存申请/释放信息跟踪。

2）定义

FusionOS 提供内存分析工具，基于当前版本内核中 page alloc、slab alloc、LRU 链表的实现以及模块占用的 vmalloc 内存大小，进行跟踪，从而获取精准的内存信息。

3）目的和受益

内存分析工具特性的目的和受益如表 2-2 所示，FusionOS 22.0.1 版本及其后续版本支持该特性。

表 2-2　内存分析工具特性的目的和受益

目的和受益	详细说明
降低维护管理成本	用于捕获多种类型的内核态内存泄漏的工具，能够准确定位到内核态内存泄漏点，有效降低维护成本

2. 功能说明

内存分析工具功能说明如表 2-3 所示。

表 2-3　内存分析工具功能说明

功　　能	参　　数	说　　明
PAGE 内存跟踪分析	pagealloc_tracer	针对 FusionOS 内核内存 Page 页面的分配和释放的操作进行跟踪记录，以供系统工程师分析内存页面占用、泄露的问题发生点，用于定位内存耗尽的问题
SLAB 内存跟踪分析	slaballoc_tracer	针对 FusionOS 内核 SLAB 内存的分配和释放的操作进行跟踪记录，以供系统工程师分析内存页面占用、泄露的问题发生点，用于定位内存耗尽的问题
LRU 文件信息分析	LRU 链表	LRU 链表上保存了系统中可内存回收的物理页，对物理内存页进行回收实际上就是处理 LRU 链表的收缩。get_lru_info 可以获取 LRU 链表上的物理内存页所属的文件，从而获知当前内存中存在的文件的基本信息
模块 vmalloc 占用跟踪分析	get_vmalloc_info	统计内核模块 vmalloc 内存占用

3. 约束与限制

1）PAGE 内存跟踪分析

（1）当前仅支持 FusionOS 操作系统。

（2）加载 Page 内存跟踪模块后将自动开启跟踪功能，移除后功能关闭。

（3）Page 内存跟踪记录仅记录加载后的申请释放信息，加载前申请释放的动作不做记录。

（4）跟踪模块运行期间会持续占用物理内存空间，大小由参数控制，默认占用内存空间为 200MB。

（5）Page 内存跟踪记录数量由配置项控制，超过记录数量的信息将无法记录。

（6）pagealloc_bt 记录调用栈详情，申请标记采样数量最大数为 4，申请任务名、PID 及页面数量信息采样最大数为 16，内存释放调用栈采样最大数为 8。

须知

加载 Page 内存跟踪模块存在一定的性能开销，其开销随跟踪的内存记录量增加而增加，将会降低系统业务的处理能力。

加载模块前请确定系统中不会在中断处理中存在大量的内存申请释放动作，如果存在单线程无放权申请释放内存次数或者单次中断中申请释放内存次数超过 10 千次且系统负载过高时，请慎用。该场景存在连续内存申请释放处理时间过长导致 CPU 同步超时而产生 rlock 的风险。

内存调测功能的使能、配置及日志查询，需要 root 用户权限。root 用户具有系统最高权限，在使用 root 用户进行操作时，请严格按照操作指导进行操作，避免其他操作造成系统管理及安全风险。

2）SLAB 内存跟踪分析

（1）当前仅支持 FusionOS 操作系统。

（2）加载 SLAB 内存跟踪模块后将自动开启跟踪功能，移除后功能关闭。

（3）SLAB 内存跟踪记录仅记录加载后的申请释放信息，加载前申请释放的动作不做记录。

（4）跟踪模块运行期间会持续占用由参数控制大小的内存空间，默认参数占用内存空间为 200MB。

（5）SLAB 内存跟踪记录数量由配置项控制，超过记录数量的信息将无法记录。

（6）slaballoc_bt 记录调用栈详情，内存申请大小、申请标记采样数量最大数为 4，申请任务名、PID 及申请大小信息采样最大数为 16，内存释放调用栈采样最大数为 8，释放内存大小列表最大采样数为 4。

须知

加载 SLAB 内存跟踪模块存在一定的性能开销，其开销随跟踪的内存记录量增加而增加，将会降低系统业务的处理能力。

加载模块前请确定系统中不会在中断处理中存在大量的内存申请释放动作，如果存在单线程无放权申请释放内存次数或者单次中断中申请释放内存次数超过 10 千次且系统负载过高时，请慎用。该场景存在连续内存申请释放处理时间过长导致 CPU 同步超时而产生 rlock 的风险。

3）LRU 文件信息分析

（1）当前仅支持 FusionOS 系统。

（2）通过接口查询的是当前时刻的系统 LRU 链表上的文件信息，不同时刻的信息不同。

（3）加载 get_lru_info 模块后，proc 文件系统中的信息查询接口存在；模块移除后，信息查询接口也会移除。

(4) 不支持 get_lru_info 模块的查询接口读/写操作与 mount/umount 操作并发执行。

(5) 模块提供的所有 proc 接口不支持并发读/写操作。

(6) 使用 oneshot 参数会通过 dmesg 打印系统 LRU 链表上的文件信息,旨在快速获取信息(不需要插入/操作 dump 接口/移除模块),因此模块不会插入成功。

说明

若系统中存在应用频繁获取 lru_lock 锁,此时不要频繁使用 get_lru_info 提供的 proc 接口或者 oneshot 接口触发模块遍历 LRU 链表,这会导致对 lru_lock 锁的争用导致系统 watchdog。建议此种情况下间隔 5s 使用上述接口。

4) 模块 vmalloc 占用跟踪分析

(1) 系统中存在大量 vmalloc 内存使用时,如果内存对象太多,只统计其中部分,统计总数=50 000 000/内核模块个数,此时在日志中打印"[get_vmalloc_info]: too many vmalloc objects, count_objs=11978"。

(2) __init 修饰的模块初始化函数中 vmalloc 申请的内存无法被统计到模块的 vmalloc 占用中。

(3) 若系统中存在无主 vmalloc 区块,无主区块的 vmalloc 占用可能被统计到其他模块中,就会表现出该模块被多统计了固定大小的 vmalloc 占用。

说明

无主 vmalloc 区块:进行 vmalloc 申请的代码段已经释放。如模块 vmalloc 申请的内存未释放,但模块已被卸载,这块 vmalloc 申请的内存称为无主 vmalloc 区块。

4. 安装

步骤 1　执行如下命令安装 kmem_analyzer_tools 包。

```
yum install kmem_analyzer_tools
```

步骤 2　按调试目的手动插入对应的工具模块进行捕获。工具模块(ko 文件)安装在 /lib/modules/FusionOS/kmem_analyzer_tools 路径下。

以捕获 SLAB 泄露为例,需要手动插入 slaballoc_tracer. ko 进行捕获。

(1) 执行如下命令加载 slaballoc_tracer. ko 模块。

```
insmod /lib/modules/FusionOS/kmem_analyzer_tools/slaballoc_tracer.ko
```

(2) 或者使用 modprobe 自动查找 slaballoc_tracer 模块并加载。

```
modprobe slaballoc_tracer
```

5. 配置使用

1) PAGE 内存跟踪分析

(1) 使用方法。

步骤 1　安装工具(工具未预置,如果已经安装的情况下可以免去该操作)。

```
yum install kmem_analyzer_tools
```

步骤 2 加载模块,启用跟踪功能。

```
insmod /lib/modules/FusionOS/kmem_analyzer_tools/pagealloc_tracer.ko
```

也可根据指定参数加载内核模块。PAGE 内存跟踪分析配置参数的说明如表 2-4 所示。

表 2-4 PAGE 内存跟踪分析配置参数

参数	含义	取值
output_module	内容输出根据模块名过滤	默认为空,不过滤。 可在加载模块后通过/sys/module/模块参数修改
output_nofree_min	输出未释放内存页面超过该值的记录	默认为 1,存在未释放内存的记录都将显示出来。 可在加载模块后通过/sys/module/模块参数修改
hooker_outputtype	异常事件回调中向 message 输出的信息类型	0:输出调用栈详细信息。 1:输出以模块为维度的统计信息。 输入值大于 1,将会产生告警,同时采用默认的模块维度统计。 默认值为 1,可在加载模块后通过/sys/module/模块参数修改
hooker_lowmem	当系统空闲内存低于该值时输出 message	0:不开启低内存检测。 大于 0 值:以该值为阈值上报输出 message 信息。 默认值为 0
hooker_panic	panic 时是否输出 message 信息的开关	0:panic 时不输出 message 信息。 大于 0 值:panic 时输出 message 信息。 默认值为 0
hooker_reboot	系统重启时是否输出 message 信息的开关	0:重启时不输出。 大于 0 值:重启时输出。 默认值为 0
hooker_die	系统停止响应时是否输出 message 信息的开关	0:系统停止响应时不输出。 大于 0 值:系统停止响应时输出。 默认值为 0
hooker_watchdog	软硬件锁死时是否输出 message 信息的开关	0:软硬件锁死时不输出。 大于 0 值:软硬件锁死时输出。 默认值为 0
hooker_oom	内存耗尽时是否输出 message 信息的开关	0:内存耗尽时不输出。 大于 0 值:内存耗尽时输出。 默认值为 1
record_timestat	是否记录申请释放跟踪记录的时间开销统计	0:不使能记录跟踪记录时间开销统计。 1:使能记录跟踪记录时间开销统计。 默认值为 1,可在加载模块后通过/sys/module/模块参数修改

续表

参　　数	含　　义	取　　值
record_freebacktrace	是否记录内存释放调用栈	0：不记录内存释放调用栈。 1：记录内存释放调用栈。 默认值为 1，可在加载模块后通过/sys/module/模块参数修改
record_tasklist	是否记录任务信息	0：不采样记录申请内存的任务信息。 1：整合累计采样的同名任务申请内存的大小。 2：整合累计采样同名同 PID 任务申请内存的大小。 默认值为 2，可在加载模块后通过/sys/module/模块参数修改
record_flags	是否记录申请标记信息	0：不记录申请 flags 标记信息。 1：记录申请 flags 标记信息。 默认值为 1，可在加载模块后通过/sys/module/模块参数修改
record_allocsize	是否记录申请大小信息	0：不记录申请页面的 ORDER_MASK 掩码信息。 1：记录申请页面的 ORDER_MASK 掩码信息。 默认值为 1，可在加载模块后通过/sys/module/模块参数修改
call_point_max	内存申请调用栈记录条目最大个数	默认值为 32 768，取值为大于 0 值，上限取决于系统资源
alloc_record_max	内存申请记录条目最大个数	默认值为 2 097 152，取值为大于 0 值，上限取决于系统资源
debug	在系统信息中展示查询调用栈/模块占用页时，遍历的记录的总数量以及获取不到锁时忽略的记录数量（不建议用户开启此选项）	默认值为 0，不开启系统信息输出；非 0，则开启系统信息输出

启用后需要持续跟踪直至发生疑似泄露时，进行后续步骤的信息查看。

可在加载模块后修改的参数仅在修改后生效，修改前的记录不可变更。

步骤 3　查看 Page 内存参数配置及统计信息（具体各项含义参考信息举例）。

```
cat /proc/pagealloc_statistics
```

步骤 4　查看 Page 内存模块使用统计（具体各项含义参考信息举例）。

```
cat /proc/pagealloc_module
```

步骤 5　查看 Page 内存申请释放调用栈详情（具体各项含义参考信息举例）。

```
cat /proc/pagealloc_bt
```

步骤 6　移除模块，关闭跟踪功能。

```
rmmod pagealloc_tracer
```

(2) 信息举例。

① pagealloc_statistics 信息。

```
-- operation callback --
alloc_time(min/max/avg)          = 2604 496700 6218
free_time(min/max/avg)           = 2482 390750 4991
-- alloc record --
alloc_record_max                 = 2097152(128M)
alloc_record_used                = 5417(0%)
alloc_record_free                = 2091735
alloc_record_hashsize            = 2097152(32M)
alloc_record_max_hlistelem       = 2
-- call point --
call_point_max                   = 32768(86M)
call_point_used                  = 157(0%)
call_point_free                  = 32611
call_point_hashsize              = 32768(0M)
call_point_max_hlistelem         = 1
memory_not_free                  = 6168
-- module param --
output_nofree_min                = 1
debug                            = 0
output_module                    = [BLANK]
hooker_outputtype                = 1
hooker_lowmem                    = 0
hooker_panic                     = 0
hooker_reboot                    = 0
hooker_die                       = 0
hooker_watchdog                  = 0
hooker_oom                       = 1
record_timestat                  = 1
record_freebacktrace             = 1
record_tasklist                  = 2
record_flags                     = 1
record_allocsize                 = 1
call_point_max                   = 32768
alloc_record_max                 = 2097152
```

- 内存操作耗时。

alloc_time(min/max/avg):内存申请的跟踪处理过程耗时(最小/最大/平均)。

free_time(min/max/avg):内存释放的跟踪处理过程耗时(最小/最大/平均)。

- 申请内存记录。

alloc_record_max:内存申请记录条目最大个数和内存最大开销。

alloc_record_used:记录当前已使用的申请空间记录资源块数量和百分比。

alloc_record_free:记录当前未使用的申请空间记录资源块数量。

alloc_record_hashsize:已使用的申请空间记录资源块管理的哈希表长度和内存开销。

alloc_record_max_hlistelem:哈希表中最长链表的资源块数量,即链表长度。

- 申请内存点记录。

call_point_max:内存申请调用栈记录条目最大个数和内存最大开销。

call_point_used：记录当前已使用的栈记录资源块数量和使用百分比。
call_point_free：记录当前未使用的栈记录资源块数量。
call_point_hashsize：已使用的栈记录资源块管理的哈希表的长度和内存开销。
call_point_max_hlistelem：哈希表中最长链表的资源块数量，即链表长度。
memory_not_free：从page内存跟踪开始到现在记录的未释放内存页面统计。

- 参数配置。

说明

- 如果存在Page跟踪时间过长或者内存申请块过多而未释放的情况，可能会导致记录跟踪信息的资源块耗尽，此时信息中将会显示告警“[WARNING] allocate record out of space”。
- 如果出现内核内存破坏导致的Page跟踪模块运行异常的情况，将会显示告警“[WARNING] internal error”。

② pagealloc_module信息。

```
kernel                                        13 (      0/0a5368c2)
xen_netfront                                 219 (      2/0fe97a8b)
xen_netfront                                  32 (      5/9140fbc9)
kernel                                        62 (      7/0a678930)
jbd2                                           5 (     11/c8eaeb6d)
jbd2                                           4 (     12/8903a041)
kernel                                         4 (     13/8651f28e)
kernel                                         1 (     18/0d042b13)
kernel                                         2 (     20/0e744372)
kernel                                         1 (     23/8ab204cd)
kernel                                         1 (     24/8f5fcf54)
kernel                                         1 (     27/0c13d4f2)
kernel                                         1 (     30/8d4058e4)
kernel                                         1 (     31/0e46fe05)
kernel                                         1 (     32/13c9a052)
kernel                                         1 (     33/1198b55d)
kernel                                         1 (     34/929f5b71)
kernel                                         1 (     35/119878c3)
kernel                                         1 (     36/9302d61c)
kernel                                         1 (     37/14097c31)
kernel                                         1 (     38/93029982)
kernel                                         1 (     39/8e24ae57)
kernel                                        25 (     40/0831b340)
kernel                                         9 (     41/894c8613)
kernel                                         1 (     52/8bd2d7ff)
kernel                                         2 (     55/8d263cc1)
kernel                                         2 (     57/8d72d6e3)
xen_netfront                                   1 (     58/89d193ca)
nf_conntrack <- nf_conntrack_ipv4 <- virtio_net           32 (   60/c178bc80)
```

每一行为独立一条信息，以末尾行信息为例。

```
nf_conntrack <- nf_conntrack_ipv4 <- virtio_net           32 (   60/c178bc80)
```

- nf_conntrack <-nf_conntrack_ipv4 <-virtio_net：申请内存的内核模块调用关系，是

根据调用栈地址查找内核模块名称推导出来的,如果内存申请不是模块调用引起的,则统一命名为"kernel"。

- 32:未释放的内存页面数总和。
- (60/c178bc80):申请内存空间的记录块索引值和调用栈的 checksum,该 checksum 与 pagealloc_bt 的 checksum 对应。

③ pagealloc_bt 信息。

```
INDEX = 880 CSUM = b34cefa6 ALLOC_CNT = 2 NOTFREE_CNT = 0 ORDER_MASK = 0x1 FLAGSLIST = GFP_
HIGHUSER_MOVABLE@2 TASKLIST = bash@1717481@1,bash@1717498@1
<ffffffff9321f60c> __alloc_pages_nodemask + 0x1dc/0x260
<ffffffff9328454c> alloc_pages_vma + 0x7c/0x1f0
<ffffffff9324fcbb> wp_page_copy + 0x7b/0x4d0
<ffffffff93252c90> do_wp_page + 0x90/0x330
<ffffffff932541dd> handle_pte_fault + 0x4ed/0x8a0
<ffffffff93254dbc> __handle_mm_fault + 0x40c/0x530
<ffffffff93254fbc> handle_mm_fault + 0xdc/0x210
<ffffffff930694cb> __do_page_fault + 0x2bb/0x500
<ffffffff93069741> do_page_fault + 0x31/0x130
<ffffffff93a0117e> async_page_fault + 0x1e/0x30
<ffffffff932d6a04> filldir64 + 0xa4/0x170
<ffffffffc022b1c6> call_filldir + 0x56/0x110 [ext4]
<ffffffffc022bbb8> ext4_readdir + 0x718/0x910 [ext4]
<ffffffff932d681d> iterate_dir + 0x8d/0x1a0
<ffffffff932d75cd> ksys_getdents64 + 0x9d/0x120
<ffffffff932d7666> __x64_sys_getdents64 + 0x16/0x20
<ffffffff9300419b> do_syscall_64 + 0x5b/0x1b0
<ffffffff93a000ad> entry_SYSCALL_64_after_hwframe + 0x65/0xca
FREESTACK: CNT = 2 ORDER_MASK = 0x1 free_pcp_prepare + 0x88/0xd0 <- free_unref_page_list +
0x74/0x190 <- release_pages + 0x306/0x440 <- tlb_flush_mmu_free + 0x3d/0x60 <- arch_tlb_
finish_mmu + 0x7c/0xd0 <- tlb_finish_mmu + 0x1f/0x30 <- exit_mmap + 0xc9/0x1b0 <- mmput +
0x54/0x140 <- do_exit + 0x291/0xb90 <- do_group_exit + 0x33/0xb0 <- __x64_sys_exit_group +
0x14/0x20 <- do_syscall_64 + 0x5b/0x1b0 <- entry_SYSCALL_64_after_hwframe + 0x65/0xca
```

- INDEX:索引号。
- CSUM:申请内存的调用栈的 checksum 值,与 pagealloc_module 的 checksum 值对应。
- ALLOC_CNT:申请的页面数量统计。
- NOTFREE_CNT:申请后仍被占用未释放的页面数量。
- ORDER_MASK:申请伙伴算法中的内存页面阶数,通过"|"操作叠加的掩码。
- FLAGSLIST:申请内存的标志位信息。
- TASKLIST:申请内存的任务名、PID 和申请的页面数量。
- 申请调用栈:申请该内存的调用栈,记录包括栈指令地址、函数名及偏移量。
- FREESTACK:释放该内存的相关信息。
- CNT:释放栈释放内存出现次数。
- ORDER_MASK:申请伙伴算法中的内存页面阶数。
- 释放调用栈:释放该内存的调用栈信息。

📖说明

由于内核/模块存在编译优化,内核/模块中的部分函数调用过程会被优化。因此代码中的函数调用关系和实际打印的栈帧并不一致,用户观察调用栈的整体调用关系符合预期即可。

2）SLAB 内存跟踪分析

(1) 使用方法。

步骤 1 安装,如果已经安装的情况下可以免去该操作。

```
yum install kmem_analyzer_tools
```

步骤 2 加载模块,启用跟踪功能。

```
insmod /lib/modules/FusionOS/kmem_analyzer_tools/slaballoc_tracer.ko
```

也可根据指定参数加载内核模块。SLAB 内存跟踪分析配置参数的说明如表 2-5 所示。

表 2-5 SLAB 内存跟踪分析配置参数

参 数	含 义	取 值
output_module	内容输出根据模块名过滤	默认为空,不过滤。 可在加载模块后通过/sys/module/模块参数修改
output_nofree_min	输出未释放内存页面超过该值的记录	默认为 1,存在未释放内存的记录都将显示出来。 可在加载模块后通过/sys/module/模块参数修改
hooker_outputtype	异常事件回调中向 message 输出的信息类型	0：输出调用栈详细信息。 1：输出以模块为维度的统计信息。 输入值大于 1,将会产生告警,同时采用默认的模块维度统计。 默认值为 1,可在加载模块后通过/sys/module/模块参数修改
hooker_lowmem	当系统空闲内存低于该值时输出 message	0：不开启低内存检测。 大于 0 值：以该值为阈值上报输出 message 信息。 默认值为 0
hooker_panic	panic 时是否输出 message 信息的开关	0：panic 时不输出 message 信息。 大于 0 值：panic 时输出 message 信息。 默认值为 0
hooker_reboot	系统重启时是否输出 message 信息的开关	0：重启时不输出。 大于 0 值：重启时输出。 默认值为 0
hooker_die	系统停止响应时是否输出 message 信息的开关	0：系统停止响应时不输出。 大于 0 值：系统停止响应时输出。 默认值为 0

续表

参　数	含　义	取　值
hooker_watchdog	软硬件锁死时是否输出 message 信息的开关	0：软硬件锁死时不输出。 大于 0 值：软硬件锁死时输出。 默认值为 0
hooker_oom	内存耗尽时是否输出 message 信息的开关	0：内存耗尽时不输出。 大于 0 值：内存耗尽时输出。 默认值为 1
use_reqsize	是否记录实际申请内存空间大小	0：记录实际分配的内存大小。 大于 0 值：记录请求的内存大小。 默认值为 0
record_timestat	是否记录申请释放跟踪记录的时间开销统计	0：不使能记录跟踪记录时间开销统计。 1：使能记录跟踪记录时间开销统计。 默认值为 1，可在加载模块后通过/sys/module/模块参数修改
record_freebacktrace	是否记录内存释放调用栈	0：不记录内存释放调用栈。 1：记录内存释放调用栈。 默认值为 1，可在加载模块后通过/sys/module/模块参数修改
record_tasklist	是否记录任务信息	0：不采样记录申请内存的任务信息。 1：整合累计采样的同名任务申请内存的大小。 2：整合累计采样的同名同 PID 任务申请内存的大小。 默认值为 2，可在加载模块后通过/sys/module/模块参数修改
record_flags	是否记录申请标记信息	0：不记录申请 flags 标记信息。 1：记录申请 flags 标记信息。 默认值为 1，可在加载模块后通过/sys/module/模块参数修改
record_allocsize	是否记录申请大小信息	0：不采样记录 SIZE_LIST 申请内存大小。 1：采样记录 SIZE_LIST 申请内存大小。 默认值为 1，可在加载模块后通过/sys/module/模块参数修改
trace_maxsize	是否开启跟踪记录申请内存上限过滤功能	0：无上限过滤。 大于 0 值：以该值作为上限过滤值。 默认值为 0
trace_minsize	是否开启跟踪记录申请内存下限过滤功能	0：无下限过滤。 大于 0 值：以该值作为下限过滤值。 默认值为 0
trace_samplerate	是否开启跟踪记录样本率	1：不开启样本记录率。 自定义值：记录样本率。 默认值为 1
call_point_max	内存申请调用栈记录条目最大个数	默认值为 32 768，取值为大于 0 的值，上限取决于系统资源

续表

参数	含义	取值
alloc_record_max	内存申请记录条目最大个数	默认值为 2 097 152，取值为大于 0 的值，上限取决于系统资源
debug	在系统信息中展示查询调用栈/模块占用页时，遍历的记录的数总量以及获取不到锁时忽略的记录数量（不建议用户开启此选项）	默认值为 0，不开启系统信息输出；非 0，则开启系统信息输出

说明

- 如果启用 trace_samplerate 参数控制采样时，采样记录的内存大小将会成采样率的倍数记录，例如，trace_samplerate 设置为 2 时，那么申请的内存大小实际为 1024，那么记录的大小将会是 1024×2(=2048)，而且采样频率是根据申请的内存地址通过 jhash_2words 计算后 key%trace_samplerate 为 0 时记录，不排除偶发性的连续多次命中采样导致的采样数据与实际不符。
- 启用后需要持续跟踪直至发生疑似泄露时，进行后续步骤的信息查看。
- 可在加载模块后修改的参数仅在修改后生效，修改前的记录不可变更。

步骤 3 查看 SLAB 内存跟踪参数配置及开销统计（具体各项含义参考信息举例）。

```
cat /proc/slaballoc_statistics
```

步骤 4 查看 SLAB 内存模块使用统计（具体各项含义参考信息举例）。

```
cat /proc/slaballoc_module
```

步骤 5 查看 SLAB 内存申请释放详情（具体各项含义参考信息举例）。

```
cat /proc/slaballoc_bt
```

步骤 6 移除模块，关闭跟踪功能。

```
rmmod slaballoc_tracer
```

(2) 信息举例。

① slaballoc_statistics 信息。

```
 -- operation callback --
alloc_time(min/max/avg)        = 2060 521848 3610
free_time(min/max/avg)         = 1842 532272 3366
 -- alloc record --
alloc_record_max               = 2097152(80M)
alloc_record_used              = 1562(0%)
alloc_record_free              = 2095590
alloc_record_hashsize          = 2097152(32M)
alloc_record_max_hlistelem     = 2
 -- call point --
call_point_max                 = 32768(86M)
call_point_used                = 611(1%)
```

```
call_point_free              = 32157
call_point_hashsize          = 32768(0M)
call_point_max_hlistelem     = 2
memory_not_free              = 377488
 -- module param --
use_reqsize                  = 0
output_nofree_min            = 1
trace_maxsize                = 0
trace_minsize                = 0
trace_samplerate             = 1
debug                        = 0
output_module                = [BLANK]
hooker_outputtype            = 1
hooker_lowmem                = 0
hooker_panic                 = 0
hooker_reboot                = 0
hooker_die                   = 0
hooker_watchdog              = 0
hooker_oom                   = 1
record_timestat              = 1
record_freebacktrace         = 1
record_tasklist              = 2
record_flags                 = 1
record_allocsize             = 1
call_point_max               = 32768
alloc_record_max             = 2097152
```

- 内存操作耗时。

alloc_time(min/max/avg)：内存申请的跟踪处理过程耗时(最小/最大/平均)。

free_time(min/max/avg)：内存释放的跟踪处理过程耗时(最小/最大/平均)。

- 申请内存记录。

alloc_record_max：内存申请记录条目最大个数和内存最大开销。

alloc_record_used：记录当前已使用的申请空间记录资源块数量和使用百分比。

alloc_record_free：记录当前未使用的申请空间记录资源块数量。

alloc_record_hashsize：已使用的申请空间记录资源块管理的哈希表长度和内存开销。

alloc_record_max_hlistelem：哈希表中最长链表的资源块数量，即链表长度。

- 申请内存点记录。

call_point_max：内存申请调用栈记录条目最大个数和内存最大开销。

call_point_used：记录当前已使用的栈记录资源块数量和使用百分比。

call_point_free：记录当前未使用的栈记录资源块数量。

call_point_hashsize：已使用的栈记录资源块管理的哈希表的长度和内存开销。

call_point_max_hlistelem：哈希表中最长链表的资源块数量，即链表长度。

memory_not_free：从 SLAB 内存跟踪开始到现在记录的未释放内存大小。

说明

- 如果存在 SLAB 跟踪时间过长或者内存申请块过多而未释放的情况下，可能会导致记录跟踪信息的资源块耗尽，此时信息中将会显示告警“[WARNING] allocate record out of space”。

- 如果出现内核内存破坏导致的 SLAB 跟踪模块运行异常的情况下，将会显示告警“[WARNING] internal error”。

② slaballoc_module 信息。

```
kernel                                   3072 (     1/8a827383)
kernel                                   2048 (     2/8e0a6046)
kernel                                    768 (    11/04d2c7f1)
kernel                                     64 (    12/8a8ec853)
nf_conntrack <- nf_conntrack_ipv4 <- xen_netfront      3456 (    19/58f75272)
kernel                                   5120 (    22/06b46b2e)
kernel                                     96 (    31/0b2a283c)
kernel                                    128 (    33/0b72b164)
kernel                                     48 (    34/0ba42768)
kernel                                   2048 (    52/882cb851)
kernel                                     32 (    53/0ba3323e)
kernel                                     32 (    54/0ba3327e)
ext4                                       64 (    76/c4e5ed3d)
ext4                                      704 (    77/05360df3)
kernel                                    128 (    78/87e67309)
kernel                                   3072 (    79/09087751)
kernel                                    128 (    80/09087773)
kernel                                   2048 (   111/0a9b993b)
kernel                                     32 (   112/0cf25d28)
kernel                                    512 (   115/91135ee5)
kernel                                  56320 (   118/8b075cac)
nf_conntrack <- nf_conntrack_ipv4         960 (   124/953ad122)
kernel                                   1344 (   129/04a068cd)
kernel                                    160 (   132/880fa9b1)
kernel                                  61312 (   657/105dbae1)
kernel                                   2688 (   676/105db9e7)
kernel                                  37056 (   677/105dbb54)
kernel                                   6848 (   876/105dbbb7)
kernel                                   6144 (   890/8608b7e3)
kernel                                   4096 (   891/8b075da7)
kernel                                   1024 (   894/8d861575)
kernel                                    256 (  1387/8cfbbe8a)
kernel                                     64 (  1388/0b9098b0)
slaballoc                                 128 (  2111/4cf4933b)
```

每一行为独立一条记录。

```
nf_conntrack <- nf_conntrack_ipv4         960 (   124/953ad122)
```

- nf_conntrack <-nf_conntrack_ipv4：申请内存的内核模块调用关系，是根据调用栈地址查找内核模块名称推导出来的，如果内存申请不是模块调用引起的，则统一命名为“kernel”。
- 960：未释放的内存大小总和，其随 use_reqsize 的参数控制。
- (124/953ad122)：申请内存空间的记录块索引值和调用栈的 checksum。

③ slaballoc_bt 信息。

```
INDEX = 1 CSUM = 8a827383 ALLOC_CNT = 30416 NOTFREE_CNT = 112 SIZE_LIST = 16 FLAGSLIST = GFP_
KERNEL|__GFP_ZERO@30416 TASKLIST = in:imjournal@588@16,redis-server@37301@1856,redis-
server@37162@1856,redis-server@37254@1856,redis-server@36965@1856,redis-server
@37231@1856,redis-server@37277@1856,redis-server@37324@1856,redis-server@
36996@1856,redis-server@37208@1856,redis-server@37185@1856,systemd-udevd@412@
16,sh@25207@288,sh@25209@32,sh@25208@32,sh@25210@32...
<ffffffff811df7eb> kmem_cache_alloc_trace+0xfb/0x200
<ffffffff812ba4ac> selinux_file_alloc_security+0x3c/0x60
<ffffffff812b2226> security_file_alloc+0x16/0x20
<ffffffff812032e0> get_empty_filp+0x90/0x1a0
<ffffffff812109ad> path_openat+0x4d/0x490
<ffffffff81212f4b> do_filp_open+0x4b/0xb0
<ffffffff811ffc03> do_sys_open+0xf3/0x1f0
<ffffffff811ffd1e> SyS_open+0x1e/0x20
<ffffffff816b4fc9> system_call_fastpath+0x16/0x1b
FREESTACK: CNT = 1691 SIZE_LIST = 16 kfree+0xe1/0x140<-
selinux_file_free_security+0x23/0x30<-security_file_free+0x16/0x20<-
__fput+0xf1/0x260<-____fput+0xe/0x10<-task_work_run+0xa7/0xf0<-
do_notify_resume+0x92/0xb0<-int_signal+0x12/0x17
FREESTACK: CNT = 61 SIZE_LIST = 16 kfree+0xe1/0x140<-
selinux_file_free_security+0x23/0x30<-security_file_free+0x16/0x20<-
put_filp+0x1e/0x50<-path_openat+0x109/0x490<-do_filp_open+0x4b/0xb0<-
do_sys_open+0xf3/0x1f0<-SyS_open+0x1e/0x20<-system_call_fastpath+0x16/0x1b
FREESTACK: CNT = 9 SIZE_LIST = 16 kfree+0xe1/0x140<-
selinux_file_free_security+0x23/0x30<-security_file_free+0x16/0x20<-
__fput+0xf1/0x260<-____fput+0xe/0x10<-task_work_run+0xa7/0xf0<-do_exit+0x2d1/
0xa40<-
do_group_exit+0x3f/0xa0<-SyS_exit_group+0x14/0x20<-system_call_fastpath+0x16/
0x1b
FREESTACK: CNT = 117 SIZE_LIST = 16 kfree+0xe1/0x140<-
selinux_file_free_security+0x23/0x30<-security_file_free+0x16/0x20<-__fput+0xf1/
0x260<-____fput+0xe/0x10<-task_work_run+0xc5/0xf0<-do_exit+0x2d1/0xa40<-
do_group_exit+0x3f/0xa0<-SyS_exit_group+0x14/0x20<-system_call_fastpath+0x16/
0x1b
FREESTACK: CNT = 16 SIZE_LIST = 16 kfree+0xe1/0x140<-
selinux_file_free_security+0x23/0x30<-security_file_free+0x16/0x20<-
__fput+0xf1/0x260<-____fput+0xe/0x10<-task_work_run+0xc5/0xf0<-
do_notify_resume+0x92/0xb0<-int_signal+0x12/0x17
```

- INDEX：作为记录标识，其中，1 表示记录索引项，如果当前通过该记录申请的内存空间未释放的内存空间等于 0 或者内核模块被卸载，那么记录将不会打印出来，因此输出的信息中，记录的 ID 可能是非连续的。
- CSUM：通过内核 csum_partial 计算得到的 checksum，用于搜索匹配栈和哈希索引。
- ALLOC_CNT：内存大小统计，由 use_reqsize 参数控制记录申请大小还是分配大小。
- NOTFREE_CNT：未被释放的内存统计，根据内存地址匹配的记录进行减除。
- SIZE_LIST：从记录开始后最先内存申请的大小列表。
- FLAGSLIST：内存申请的标记及大小统计的列表，其中内存大小统计跟随 use_reqsize 参数控制。

- TASKLIST：申请内存的任务名、PID 和申请大小的列表，其由 record_tasklist 控制。
- 申请调用栈：申请内存的调用栈信息，包括指令地址、函数名及偏移量。
- FREESTACK：释放内存的栈信息。
- CNT：该释放栈释放内存的出现次数。
- SIZE_LIST：该释放栈释放内存的大小列表。
- 释放调用栈：释放内存的调用栈，包括函数名及偏移量。

说明

由于内核/模块存在编译优化，内核/模块中的部分函数调用过程会被优化，因此代码中的函数调用关系和实际打印的栈帧并不一致，用户观察调用栈的整体调用关系符合预期即可。

3）LRU 文件信息分析

（1）使用方法。

步骤 1　安装，如果已经安装的情况下可以免去该操作。

```
yum install kmem_analyzer_tools
```

步骤 2　加载模块，启用跟踪功能。

```
insmod /lib/modules/FusionOS/kmem_analyzer_tools/get_lru_info.ko
```

也可根据指定参数加载内核模块。LRU 文件信息分析配置参数的说明如表 2-6 所示。

表 2-6　LRU 文件信息分析配置参数

参　数	含　义	取　值
short_filelist	输出的信息更加精简	默认为 0，关闭；设置为非 0，开启
node_id	仅输出指定 NUMA 节点上的 LRU 链表中的文件信息	默认为－1，即不做过滤，系统中所有 NUMA 节点的 LRU 链表上的文件信息都会输出；若既不设置为－1，也不设置为有效的 NUMA 节点 ID，所有的 NUMA 节点下的 LRU 信息都不会输出
lru_type	仅输出指定类型的 LRU 链表上的文件信息	0：非活动匿名页 LRU 链表 1：活动匿名页 LRU 链表 2：非活动文件页 LRU 链表 3：活动文件页 LRU 链表 4：禁止换出的页 LRU 链表 默认值为－1，即不做过滤，系统中所有类型的 LRU 链表上的文件信息都会输出；若既不设置为－1，也不设置为有效 LRU type，各 LRU 链表的 LRU 信息都不会输出
min_page_cnt	仅大于或等于页数目的文件信息会被输出	默认值为 0，即不做过滤，任意大小的文件都会被输出
oneshot	快速获取系统 LRU 链表文件信息，模块不会插入成功	默认值为 0；设置为非 0，开启
debug	展示遍历 LRU 链表过程中内部调试信息输出（不建议用户开启）	默认值为 0；设置为非 0，开启

get_lru_info 模块提供了两种获取系统 LRU 信息的接口：

- 通过 **dmesg** 输出 LRU 信息。

• 通过 proc 接口文件输出 LRU 信息。

通过 dmesg 输出 LRU 信息，信息会实时输出到 dmesg 中，但是若系统中的 LRU 链表上页数目过大，会造成 dmesg 缓冲区环回，系统日志中会存在大量的 LRU 信息相关的日志，对系统日志造成干扰。通过 proc 接口文件输出 LRU 信息，信息输出相对独立。两种方式各有特点，用户可自行选择。

• 通过 **dmesg** 输出 LRU 信息。

清除 dmesg 中缓存的日志。

```
dmesg -c
```

触发将 LRU 信息输出到 dmesg 中。

```
echo dump > /proc/lru_info/dump_lru_info
```

查看 dmesg 中的 LRU 信息。

```
dmesg
```

• 通过 proc 接口文件输出 LRU 信息。

```
cat /proc/lru_info/lru_info_file
```

（2）信息举例。

get_lru_info 信息：

```
[nodeid = 0] pgdat = ffff96a3fffd4000
  ...

[memcg = ffff96a3c7d0d040(/)] lruvec = ffff96a3c7d0d040
    page_cnt[inactive_anon] = 0
    ...

[lru_type = 3(   active_file)] lru_list_head = ffff96a3c7c0e030
      [PAGE_TYPE_INFO] hugepage_cnt = 0 scnomap_cnt = 0 scnohost_cnt = 0 nomap_cnt = 0 huge_
anon_cnt = 0 single_anon_cnt = 0 nohost_cnt = 0 no_inode_cnt = 0
      File list:
      dentry = ffff96a3f78cfa80 page_cnt =     3 name = ip6table_filter.ko
      dentry = ffff96a3f7ebe600 page_cnt =    77 name = sunrpc.ko
      dentry = ffff96a3f79a09c0 page_cnt =     6 name = nfnetlink.ko

...
      No dentry(inode) list:
      inode = ffff96a3f4a9d830 page_cnt =    10 ino = 1(ext4,dm-0)
      inode = ffff96a3f492cff8 page_cnt =     2 ino = 0(bdev,bdev)
      inode = ffff96a3f495f1b8 page_cnt =  2138 ino = 0(bdev,bdev)
```

• NUMA 节点信息，包含 NUMA node id 以及 NUMA 节点指针。
• memcg 信息，包含 memcg 指针、路径以及 lruvec 指针；以及基于 memcg 的各 LRU 链表的页的数量。

📖说明

如果 memcg disable，仅会输出基于 NUMA 节点的 lruvec 指针。

LRU 链表信息、LRU 链表类型、LRU 链表头指针，以及 LRU 链表上页的整体情况信息如下。

- hugepage_cnt：LRU 链表上透明大页的数目。
- scnomap_cnt：LRU 链表上属于 swap cache 并无映射的物理页数目。
- scnohost_cnt：LRU 链表上属于 swap cache 并无 host 的物理页数目。
- nomap_cnt：LRU 链表上无映射的普通 4KB 物理页数目。
- huge_anon_cnt：匿名的透明大页的 4KB 物理页数目。
- single_anon_cnt：普通 4KB 匿名页的数目。
- nohost_cnt：无 host 的 4KB 物理页的数目。
- no_inode_cnt：无对应 inode 的物理页数目。

以上情况中，no_dentry_cnt 以及 with_dentry_cnt 具备有效的文件名输出，会将具有 dentry 的文件展现在“File list:”列表中，将不具有 dentry 的文件展现在“No dentry(inode) list:”列表中。

4）模块 vmalloc 占用跟踪分析

（1）使用方法。

步骤 1 安装工具，如果已经安装的情况下可以免去该操作。

```
yum install kmem_analyzer_tools
```

步骤 2 加载模块，启用跟踪功能。

```
insmod /lib/modules/FusionOS/kmem_analyzer_tools/get_vmalloc_info.ko
```

步骤 3 查看内核模块 vmalloc 内存占用统计信息(具体各项含义参考信息举例)。

```
cat /proc/vmalloc_module
```

（2）信息举例。

vmalloc_module 信息：

```
module                  vmalloc     core_size
ksecurec                      0      20480
dm_mod                     8192     147456
dm_log                        0      20480
dm_region_hash                0      20480
dm_mirror                     0      28672
failover                      0      16384
net_failover                  0      24576
libata                        0     270336
ata_generic                   0      16384
sd_mod                        0      53248
virtio_net                    0      53248
mbcache                       0      16384
ata_piix                      0      36864
pcspkr                        0      16384
```

```
cdrom                          0     65536
virtio_balloon                 0     20480
sr_mod                         0     28672
jbd2                           0    131072
i2c_piix4                      0     24576
sysfillrect                    0     16384
ext4                           0    757760
drm                        32768    524288
ttm                            0    110592
cirrus                   1572864     28672
sg                             0     40960
syscopyarea                    0     16384
```

- 第一列 module 显示的是当前系统中加载的所有模块。
- 第二列 vmalloc 展示加载模块的 vmalloc 内存占用空间(单位: B)。
- 第三列 core_size 展示模块加载到内存后,其代码、数据本身占用的内存空间(单位: B)。

2.1.3 内存错误降级

1. 特性描述

1) 背景

在服务器整机中内存条故障比较常见,对硬件状态监控有诉求的客户,会在 BIOS 中开启周期性的内存巡检功能。当开启内存巡检且 OS 使用默认配置,如果内存控制器巡检发现 UCE 错误时,首先在 BIOS 配合下进行错误降级处理,将 UCE 错误降级为 CE 错误,内核最终收到 CE 错误并进行处理。Intel 把这类错误称为 SRAO(Software Recoverable Action Optional)。发生该错误意味着系统检测到内存错误,但是这个错误并没有被 CPU 使用,CPU 的执行数据流仍然可以继续运行下去而不至于死机。当巡检出 SRAO 错误,内核最终收到降级后的 CE 错误,该错误如果不能及时得到隔离,就会演变成更加严重的错误(如 SRAR)。

2) 定义

通过和 BIOS 配合,对 SRAO 错误进行降级,内核最终会收到 CE 错误。内核对这种 CE 错误进行处理(达到条件进行内存隔离),可以有效避免: SRAO 错误导致的系统死机;降级为 CE 后,由于没有及时隔离内存,导致最终演变为严重错误(如 SRAR)。

3) 目的和受益

内存错误降级特性的目的和受益如表 2-7 所示,FusionOS 22.0.4 版本及其后续版本支持该特性。

表 2-7 内存错误降级特性的目的和受益

目的和受益	详细说明
提高系统可靠性	BIOS 降级 SRAO 类型的 UCE 错误为 CE 错误,内核拦截该错误,且错误匹配上用户设置的规则后,对该 CE 错误进行内存隔离,防止演变为严重的错误,导致系统死机

2. 约束与限制

需要服务器厂商的 BIOS 支持对 SRAO 错误进行降级处理。

3. 配置使用

1）使用说明

用户可以通过添加启动参数，配置“内存隔离”规则，例如：

（1）Legacy 启动模式下的路径。

```
/boot/grub2/grub.cfg
```

（2）UEFI 启动模式下的路径。

```
/boot/efi/EFI/FusionOS/grub.cfg
```

参数说明如表 2-8 所示。

表 2-8 启动参数说明

参数项	参数说明	取值范围	是否必选
mce_rules	用于设置“内存隔离”规则。 配置格式： mce_rules = mem_isolate: rule1, rule2, rule3	rule 表示是 U64 位大小的十六进制形式的字符串。 范围：[0x0, 0xFFFFFFFFFFFFFFFF]	选配

2）配置示例

```
mce_rules = mem_isolate:0x9c000000000000c0
```

说明

- mem_isolate 规则名后跟“:”号，后面是具体规则内容。

规则最多支持配置三条子规则，即“rule1, rule2, rule3”，用“,”号间隔。

2.2 故障修复

2.2.1 watchdog 增强

1. 特性描述

1）背景

内核 watchdog 能有效检测内核进程死锁或者长时间占住 CPU 执行任务不调度的场景，但在某些场景下，进程虽然处于某种 LOCKUP 状态，但是此时进程却在错误地重置 watchdog（喂狗），watchdog 机制检测后发现 watchdog 时间戳正常更新，会误以为进程正常调度，而事实上此时内核已处于不正常工作的状态。

2）定义

为解决上述场景，FusionOS 在内核 watchdog 的基础上，增加 LOCKUP 情况下错误重置软件狗导致 watchdog 失效的场景检测功能。增加了 sysctl 参数设置，可动态调整检测和告警日志打印周期。实现了 watchdog 失效场景检测、watchdog 检测周期动态调整、watchdog 告警日志动态调整等功能。

3）目的和受益

watchdog 增强特性的目的和受益如表 2-9 所示，FusionOS 22.0.1 版本及其后续版本支持该特性。

表 2-9 watchdog 增强特性的目的和受益

目的和受益	详细说明
降低维护成本	可以记录和回显有效信息，协助开发运维快速定位问题

2. 功能说明

FusionOS 在内核 watchdog 基础上，增加 LOCKUP 情况下错误重置软件狗导致 watchdog 失效的场景检测功能，记录或回显有效信息，协助开发运维快速定位问题。软件狗检测周期增加了 sysctl 参数设置，可根据产品诉求，动态调整检测和告警日志打印周期。sysctl 接口说明如表 2-10 所示。

表 2-10 sysctl 接口说明

接口名	取值范围	默认值	功能	备注
kernel.watchdog_enhance_enable	整数，0 和 1	1	控制 watchdog 增强的所有功能，0 表示关闭，其他值表示开启	建议配置 0 或者 1。默认值为 1
kernel.watchdog_print_period	整数，[1,60]	10	设置软件狗检测到进程不调度后，打印进程信息的时间间隔，单位为秒	配置值大于软件狗喂狗周期，否则会频繁打印告警日志。配置值小于 2×kernel.watchdog_thresh，否则将不能记录或回显告警信息
kernel.watchdog_softlockup_divide	整数，[1,60]	5	软件狗检测周期调整参数，kernel.watchdog_thresh×2 / kernel.watchdog_softlockup_divide 后的值为软件狗检测周期，单位为秒	watchdog_softlockup_divide 值取整数部分。功能开启时调整喂狗周期

3. 约束与限制

1）约束条件

LOCKUP 情况下错误重置软件狗导致 watchdog 失效的场景检测功能，要求 CPU 支持 PMU，因为 NMI watchdog 依赖 PMU 能力。可以在启动后通过以下方式确认环境是否支持 PMU。

```
[root@lfbn-idf1-1-1425-108 ~]# dmesg  | grep Perf
[    0.183465] Performance Events: unsupported p6 CPU model 85 no PMU driver, software events only.
[    2.395937] NMI watchdog: Perf NMI watchdog permanently disabled
```

以上 unsupport 打印字样即为不支持 PMU。

```
[root@lfbn-idf1-1-1428-41 ~]$ dmesg | grep  Perf
[    0.188035] Performance Events: PEBS fmt3+, Skylake events, 32-deep LBR, full-width counters, Intel PMU driver.
```

以上为打印表示 CPU 支持 PMU 能力。

2）注意事项

（1）本功能是对 watchdog 的增强，使用本功能需要启用 watchdog。

（2）本功能增加开关控制，默认关闭，可通过在启动参数里添加 wdt_touch_detector=1 开启。

（3）开启本功能后，LOCKUP 情况下错误重置软件狗导致 watchdog 失效的场景下，将无法调用 softlockup_panic 参数关闭系统 panic。

（4）LOCKUP 情况下错误重置软件狗导致 watchdog 失效的场景下，本功能触发 panic 的时间为 watchdog_thresh 的 4 倍。

（5）原 watchdog 检测机制未失效的场景下，本功能不会触发。

（6）查询 watchdog 日志需要 root 权限，root 用户具有系统最高权限，在使用 root 用户进行操作时，请严格按照操作指导进行操作，避免其他操作造成系统管理及安全风险。

（7）相对于 x86 架构，由于目前 ARM64 架构不支持原生 NMI 中断，即不能开启 NMI watchdog，因此 ARM64 架构下仅支持用于检测 soft lockup 的普通软件狗。

4. 配置使用

开启软件狗检测功能，步骤如下。

步骤 1　开启本功能。cmdline 中添加 wdt_touch_detector=1（通过修改/boot/efi/EFI/FusionOS/grub.cfg 文件，在对应启动项中进行添加），重启系统。

步骤 2　执行如下命令，查看/proc/cmdline 文件。

```
[root@localhost ~]# cat /proc/cmdline
BOOT_IMAGE=/vmlinuz-4.19.90-2112.8.0.0131.u28.fos30.x86_64 root=/dev/mapper/fusionos-root ro resume=/dev/mapper/fusionos-swap rd.lvm.lv=fusionos/root rd.lvm.lv=fusionos/swap crashkernel=512M reserve_kbox_mem=16M crash_kexec_post_notifiers=1 wdt_touch_detector=1
```

步骤 3　执行如下命令，查看 kernel.watchdog_enhance_enable 是否开启，如果未开启，需要设置该 sysctl 参数为 1。

查看软件狗增强功能是否正常，本例中未开启。

```
[root@localhost /]# sysctl -a | grep watchdog_enhance_enable
kernel.watchdog_enhance_enable = 0
```

执行如下命令，设置软件狗增强功能为开启状态。

```
[root@localhost /]# sysctl -w kernel.watchdog_enhance_enable=1
kernel.watchdog_enhance_enable = 1
```

步骤 4 检测到异常场景后，本功能触发 panic，panic 日志默认保存在/var/crash/127.0.0.1-xxxx.xx.xx-xx:xx:xx 目录下，执行如下命令，查看 vmcore-dmesg.txt 可以看到类似如下日志信息。

```
[root@localhost ~]# cat /var/crash/127.0.0.1-xxxx.xx.xx-xx:xx:xx/vmcore-dmesg.txt
[   19.631979] NMI watchdog: Enabled. Permanently consumes one hw-PMU counter.
[   41.445782] set_kbox_magic: module verification failed: signature and/or required key
missing - tainting kernel
[   55.118109] perf: interrupt took too long (2526 > 2500), lowering kernel.perf_event_max_
sample_rate to 79000
[   58.812536] perf: interrupt took too long (3223 > 3157), lowering kernel.perf_event_max_
sample_rate to 62000
[   64.820962] perf: interrupt took too long (4112 > 4028), lowering kernel.perf_event_max_
sample_rate to 48000
[   71.602009] perf: interrupt took too long (5174 > 5140), lowering kernel.perf_event_max_
sample_rate to 38000
…
xc/0x20
[   86.709287]  ? touch_softlockup_watchdog+0xc/0x20
[   86.709287]  </NMI>
[   86.709287]  kthread_lockup+0xa/0x1000 [set_kbox_magic]
[   86.709288]  ? kthread+0x113/0x130
[   86.709288]  ? kthread_create_worker_on_cpu+0x70/0x70
[   86.709288]  ? ret_from_fork+0x1f/0x40
```

步骤 5 关闭本功能。

方法 1：cmdline 中修改 wdt_touch_detector 为 0，或删除该参数，重启系统。

方法 2：通过以下命令关闭软件狗增强功能。本方法不是永久设置，仅在本次系统运行中生效，重启后若需要关闭该功能，需重新进行如下设置。

```
[root@localhost /]# sysctl -w kernel.watchdog_enhance_enable=0
kernel.watchdog_enhance_enable = 0
```

2.2.2 CMCI 风暴抑制

1. 特性描述

1）背景

为了方便配置 CMCI 中断频率和轮询周期，降低 CMCI 中断对系统的性能影响，FusionOS 提供了 CMCI 风暴抑制参数可配置特性。

2）定义

CMCI 风暴抑制参数可配置特性，即通过修改启动参数指定 CMCI 中断触发门限，以及修改轮询周期，来调整 CMCI 中断触发门限和轮询周期配置方案。

3）目的和受益

CMCI 风暴抑制参数可配置特性的目的和受益如表 2-11 所示，FusionOS 22.0.1 版本及其后续版本支持该特性。

表 2-11 CMCI 风暴抑制参数可配置特性的目的和受益

目的和受益	详细说明
降低 CMCI 中断对系统的性能影响	通过修改启动参数指定 CMCI 中断触发门限，以及修改轮询周期来降低 CMCI 中断风暴对系统性能的影响

2. 配置使用

用户可以通过修改启动参数指定 CMCI 中断触发门限和 CMCI 中断轮询处理的周期。例如，/boot/grub2/grub.cfg，相关参数说明如表 2-12 所示。

表 2-12 CMCI 风暴抑制参数说明

参数项	参数说明	取值范围	是否必选
cmci_threshold	用于设置 CMCI 中断触发门限。如内存单比特 ECC 错误会触发 CMCI 中断	[1,0x7fff)	选配。 该参数默认值是 1，代表内存触发 1 次单比特 ECC 错误，上报一次 CMCI 中断
cmci_poll_interval	用于设置 CE 错误轮询检测的频率，单位是秒	[1,300]	选配。 该参数默认值是 60，代表 CMCI 中断转轮询处理模式后，每 60 秒轮询处理一次
cmci_storm_threshold	用于设置 CMCI 中断风暴抑制的阈值，单位是个数	[0,15]	选配。 该参数默认值是 0，代表 1 秒内某个 CPU 连续收到超过 0 个 CMCI 中断就进入风暴抑制状态，同时切换成轮询模式
cmci_poll_times	用于设置在轮询模式下必须轮询的次数。单位是个数	[1,300]	选配。 该参数默认是 300，代表轮询模式中轮询的次数

说明

以上配置项均须重启系统生效。

- 调整 CMCI 中断触发的门限，启动参数需要增加如下配置。

```
cmci_threshold = xxx
```

- 配置轮询周期，启动参数需要增加如下配置。

```
cmci_poll_interval = xxx
```

- 同时配置 CMCI 中断触发的门限和轮询周期，启动参数需要增加如下配置。

```
cmci_threshold = xxx cmci_poll_interval = xxx
```

示例：

```
vi /boot/grub2/grub.cfg
```

在 kernel 参数最后加入要修改的参数，在如下示例中用粗体标出。

```
linux   /vmlinuz-4.19.90-2112.8.0.0131.u39.fos22.x86_64 root=/dev/mapper/fusionos-root ro resume=/dev/mapper/fusionos-swap rd.lvm.lv=fusionos/root rd.lvm.lv=fusionos/swap rhgb quiet crashkernel=512M cmci_threshold=1 cmci_poll_interval=50 cmci_storm_threshold=0 cmci_poll_times=2
```

通过 dmesg 命令可以查看相关的参数设置信息及中断及轮询切换信息。

2.2.3 内核热补丁

1. 特性描述

1）背景

内核热补丁是用发布的补丁文件修改内核或者内核模块中的缺陷，它可以在不影响业务的情况下在线解决大部分内核或者内核模块的问题，增强公司产品竞争力，从而有效提升公司形象及客户满意度。

补丁管理服务具备以下优点。

（1）缩短版本发布的时间，提高市场的响应速度。

（2）不影响现网的业务，提高客户的满意度。

（3）从版本验证改为补丁验证，缩短测试时间。

2）定义

（1）内核热补丁。

一种在不重启操作系统或者插拔内核模块的前提下，修复内核和内核模块中缺陷的工具，可以在不中断业务的情况下解决问题。

（2）批量内核热补丁。

FusionOS 内核热补丁应用于 FusionOS 平台，可满足用户场景下一键安装热补丁，免重启生效的需求。热补丁以 rpm 包方式发布在 FusionOS Repo 仓库，用户可以通过 FusionOS Yum 获得和安装热补丁。

3）目的和受益

内核热补丁特性的目的和受益如表 2-13 所示，FusionOS 22.0.1 版本及其后续版本支持该特性。

表 2-13 内核热补丁特性的目的和受益

目的和受益	详细说明
提高内核问题解决效率	可以在不影响业务的情况下在线解决大部分内核或者内核模块的问题

4）应用场景

内核热补丁最大的特点是在不重启系统和不中断业务前提下修改内核中的函数，达到动态替换内核函数的目的。主要的应用场景有以下两个。

（1）修复内核和模块的缺陷函数。

内核热补丁能够动态地修复内核和模块的缺陷函数。在开发人员发现问题，或者操作系统发现安全漏洞需要修复时，可以将缺陷函数或者安全补丁制作成内核热补丁打入系统中，通过这种方法，在不需要重启系统或者插拔模块、不中断业务的前提下修复缺陷。

（2）开发过程中的调试和测试手段。

内核热补丁也适用于在开发过程中进行调试和测试。例如，在模块或者内核的开发过程中，如果需要通过在某一个函数中添加打印信息，或者为函数中某一个变量赋予特定的值，可以通过内核热补丁的形式实现，而不需要重新编译内核、安装然后重启的操作。

2. 功能说明

内核热补丁对编译生成的二进制文件进行操作生成补丁文件，提取缺陷函数的二进制代码，以内核模块形式插入系统中，检测系统中所有进程是否在调用所修改的函数，通过修改函数的代码段实现函数跳转，进而实现修改内核和模块中函数缺陷。

通过在缺陷函数中插入的钩子，让缺陷函数在被调用时跳转到新函数的地址中，使热补丁生效。

1）基本概念

（1）内核热补丁：Linux 内核的热补丁。

（2）模块热补丁：产品模块驱动的热补丁。

（3）补丁：一般一个修改点做成一个补丁。

2）工具说明

（1）make_hotpatch：热补丁制作工具。

（2）livepatch：加载补丁、激活补丁、补丁查询、删除补丁、回退补丁工具。

3. 约束与限制

热补丁制作和管理时需要 root 用户权限，root 用户具有系统最高权限，在使用 root 用户进行操作时，请严格按照操作指导进行操作，避免其他操作造成系统管理及安全风险。

用户在使用内核热补丁功能时，请注意以下约束限制。

须知

热补丁在激活过程中会短暂停核操作，停核时间取决于 CPU 核数、调度时延、业务压力等因素，当某些核被进程长时间占用不释放的情况下，停核时间会延长，直到触发软件狗或硬件狗复位。

1）不支持

（1）不支持对初始化函数打补丁（初始化函数只执行一次，补丁函数执行不到）。

（2）不支持汇编文件打补丁。

（3）不支持对死循环、不退出函数打补丁（旧函数不退出调用栈，没有机会调用新函数）。

（4）不支持修改数据结构成员（热补丁原理是做函数替换）。

（5）不允许删除全局变量或函数内部静态局部变量。

（6）不支持修改全局变量或静态局部变量初始值。

(7) 不支持修改函数参数或返回值类型或个数。

(8) 不支持新增同名静态局部变量。

(9) 不支持对头文件进行修改。

(10) 不支持对非 C 语言编写的代码程序打热补丁。

(11) 不允许对 NMI 中断的处理函数打补丁(stop machine 无法停止 NMI 中断处理流程,补丁无法保证对该类函数打补丁的一致性和安全性)。

(12) 不支持删除函数。

(13) 不支持对修改前后内敛情况发生变化的函数打补丁。

(14) 不支持编译器生成的函数名称在修改前后发生变化的场景,例如,修改前编译器生成的函数名为"do_oops_enter_exit. part. 0",修改后编译器生成的函数名为"do_oops_enter_exit"。

(15) 不支持对修改前后函数中多个同名静态局部变量引用顺序发生变化的函数打补丁。

(16) 不支持对包含以下弱符号的函数打补丁。

- kallsyms_addresses
- kallsyms_num_syms
- kallsyms_names
- kallsyms_markers
- kallsyms_token_table
- kallsyms_token_index

2) 支持

(1) 支持新增全局数据结构。

(2) 支持对内联函数打补丁。

(3) 支持对静态函数打补丁。

(4) 支持修改多个文件的多个函数。

(5) 支持新增全局变量。

说明

制作热补丁时,用户必须保证编译环境包和基线代码所编译出的二进制与运行环境中一致。

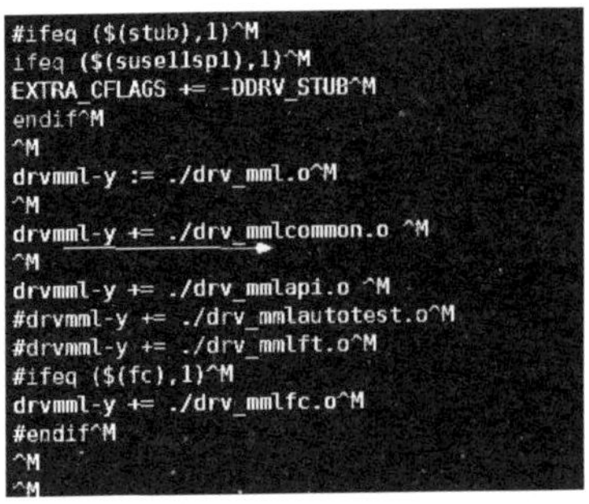

```
#ifeq ($(stub),1)^M
ifeq ($(suse11sp1),1)^M
EXTRA_CFLAGS += -DDRV_STUB^M
endif^M
^M
drvmml-y := ./drv_mml.o^M
^M
drvmml-y += ./drv_mmlcommon.o ^M
^M
drvmml-y += ./drv_mmlapi.o ^M
#drvmml-y += ./drv_mmlautotest.o^M
#drvmml-y += ./drv_mmlft.o^M
#ifeq ($(fc),1)^M
drvmml-y += ./drv_mmlfc.o^M
#endif^M
^M
^M
```

图 2-1 Makefile 文件约束限制(一)

3) Makefile 的约束限制

(1) xxx-y 目前不支持. /xxx. o,如图 2-1 所示。

(2) Makefile 中不可显式定义 CROSS_COMPILE 和 CC 这两个变量,如果有需要,则在制作热补丁时注释掉,如图 2-2 所示。

(3) 在编译过程中,不可删除中间生成的二进制文件,如果有请注释掉,如图 2-3 所示。

(4) 部分模块在编译时会动态生成头文件,请在制作补丁时保持头文件不变,如图 2-4 所示。

```
export ARCH=x86_64
PREFIX=
KERNELDIR=/lib/modules/3.10.0-327.22.2.26.x86_64/build
KERNELSOURCEDIR=/lib/modules/3.10.0-327.22.2.26.x86_64/source
KERNELVERSION=3.10.0-327.22.2.26.x86_64
#export CROSS_COMPILE=
#export CC=gcc
export LD=ld
export OBJCOPY=objcopy
export AR=ar
```

图 2-2　Makefile 文件约束限制(二)

```
default:
        @rm -f sal_version.o
        $(MAKE) -C $(KDIR) M=$(PWD)
        #cat Module.symvers >> $(WORK_DIR)/source/modules/Module.symvers
clean:
        $(MAKE) -C $(KDIR) SUBDIRS=$(PWD) clean
        @rm -f /odule*.*
```

图 2-3　Makefile 文件约束限制(三)

```
default:
        @echo \#define DMI_DATE \"`date +%Y/%m/%d" "%H:%M:%S`\" > $(WORK_DIR)/dmi/include/dmi_compile.h
```

图 2-4　Makefile 文件约束限制(四)

(5) 部分模块一次编译会生成多个 ko，制作热补丁，需要修改 Makefile，保证每次只编译出一个 ko。

```
- obj - m := kvm.o kvm - intel.o kvm - amd.o
+ obj - m := kvm.o
- obj - m := kvm.o kvm - intel.o kvm - amd.o
+ obj - m := kvm - intel.o
```

4) C++模块补丁限制

(1) 内核热补丁机制需要支持 C++内核模块制作热补丁，包括 x86 和 ARM。当前只承诺支持 auto_tiering 模块。

热补丁机制对 auto_tiering 模块的支持能力保持和 C 内核模块一致。例如，补丁制作限制等。

📖说明

热补丁机制支持 C++内核模块制作热补丁当前只支持 auto_tiering 模块。

(2) C++内核模块热补丁不支持导出函数。

4. 热补丁制作

1) 准备软硬件环境

本节介绍内核热补丁使用的软硬件环境。

(1) 硬件要求。

① 编译环境：即热补丁制作环境，能够正常运行 64 位 Linux 操作系统，制作补丁需要编译内核和模块，如果有多 CPU 支持，速度更快。

② 运行环境：即要安装热补丁的环境，必须是 x86 或 ARM64 架构。

(2) 软件要求。

① 编译环境：需要安装 Linux 环境，并搭建下载与运行环境相匹配的编译环境压缩包

FusionOS_compile_env. tar. gz。

② 在编译环境中做补丁的基线源代码、配置文件、Makefile 编译出的二进制要和运行环境中的二进制完全一致。

③ 运行环境的 FusionOS 系统中已经带有 livepatch 命令。

2）制作模块热补丁

内核模块指用户开发的驱动。由于使用热补丁是有一定限制和约束的，所以在制作前请先阅读其约束与限制。

（1）前提条件。

① FusionOS 编译环境中已经安装补丁制作工具和补丁制作目录。

② 修改前的模块需要能够编译通过。

③ 修改后的模块需要能够编译通过。

（2）注意事项。

① 补丁制作的源码、源码在编译环境中的路径、编译环境等需要和运行环境运行的内核、模块完全一致。

② 如果之前已经做过补丁，现在需要对同一个文件的相同或其他函数再做补丁，需要再将之前的改动代码和本次将要修改的代码都包含在唯一后缀的文件中。

（3）制作步骤。

步骤 1 部署编译环境（这一步通常由 CI 工程师搭建一次即可）。

FusionOS 提供了对应的编译环境包 FusionOS_compile_env. tar. gz，用户可从 CMC 获取对应的编译环境包等工具。

```
tar zxf FusionOS_compile_env.tar.gz
```

步骤 2 复制或挂载产品代码到编译环境目录下，如"FusionOS_compile_env/code/"。

步骤 3 进入编译环境，执行如下命令。开始制作热补丁（以下步骤以 testmod 模块制作热补丁作为示例，其他模块参照）。

```
sh chroot.sh
```

说明

如果要查询编译环境中的内核版本，请使用 **uname -r** 命令。

步骤 4 进入源码目录，复制源文件为唯一后缀的文件（这里的后缀即为步骤 5 中的-d 参数的值），并修改文件中需要打补丁的函数。

```
cd /code/testmod/
cp testmod_drv.c testmod_drv.c.new
vi testmod_drv.c.new
```

步骤 5 进入补丁制作目录，制作热补丁。

```
cd /opt/patch_workspace/
./make_hotpatch -d .new -i test -m /code/testmod
```

① -d 后面跟上前面的唯一后缀名。

② -i 后跟补丁 ID,可包括字母和数字。

③ -m 后跟模块源码绝对路径。

步骤 6 补丁制作成功后在编译环境"/opt/patch_workspace/hotpatch/"目录下。

步骤 7 将补丁 klp_test. tar. gz 上传到运行环境上,用 **livepatch** 命令加载并激活热补丁。

```
livepatch -l klp_test.tar.gz
livepatch -a test
```

以上两步执行成功后即可验证业务逻辑是否正常,bug 是否成功修复。

(4) 特殊处理。

① 热补丁编译模块时仅执行 make 操作,当模块带参数编译时,例如 make DEBUG=1。用户需要将 DEBUG=1 写入一个 flag 文本,并在制作热补丁时增加--extra_flags 参数指定 flag 文本路径。示例如下。

```
./make_hotpatch -d .new -i test -m /code/testmod --extra_flags /opt/patch_workspace/flags
```

② 当模块的 Makefile 不在源码目录下时,如 Makefile 在 testmod/build 目录,模块源码在 testmod/src 目录,制作补丁时需要增加-f 参数指定 Makefile 路径。示例如下。

```
./make_hotpatch -d .new -i test -m /code/testmod/src -f /code/testmod/build/Makefile
```

3) 制作内核热补丁

由于热补丁使用是有一定限制和约束的,所以在制作前请先阅读其约束与限制。

(1) 前提条件。

① FusionOS 编译环境中已经安装补丁制作工具和补丁制作目录。

② 修改前的模块需要能够编译通过。

③ 修改后的模块需要能够编译通过。

(2) 注意事项。

① 补丁制作的源码、源码在编译环境中的路径、编译环境等需要和运行环境运行的内核、模块完全一致。

② 如果之前已经做过补丁,现在需要对同一个文件的相同或其他函数再做补丁,需要再将之前的改动代码和本次将要修改的代码都包含在唯一后缀的文件中。

(3) 制作步骤。

步骤 1 部署编译环境(这一步通常由 CI 工程师搭建一次即可)。

FusionOS 提供了对应的编译环境包 FusionOS_compile_env. tar. gz,用户可从 CMC 获取对应的编译环境包等工具。

```
tar zxf FusionOS_compile_env.tar.gz
```

步骤 2 进入编译环境,执行如下命令。开始制作热补丁(以下步骤以修改内核源码 fs/proc/cmdline. c 为示例)。

```
sh chroot.sh
cd /opt/patch_workspace/
./make_hotpatch
```

📖说明

如果要查询编译环境中的内核版本,请使用 **uname -r** 命令。

步骤 3 上面这一步执行完后,会在"/opt/patch_workspace/"目录下生成一个 kernel-source 的软链接,指向内核源码目录。进入内核源码目录,复制源文件为唯一后缀的文件(这里的后缀即为步骤 4 中的-d 参数的值),并修改文件中需要打补丁的函数。

```
cd /opt/patch_workspace/kernel-source
cd fs/proc/
cp cmdline.c cmdline.c.new
vim cmdline.c.new
```

步骤 4 进入补丁制作目录,制作热补丁。

```
cd /opt/patch_workspace/
./make_hotpatch -d .new -i test
```

① -d 后面跟上前面的唯一后缀名。

② -i 后跟补丁 ID,可包括字母和数字。

步骤 5 补丁制作成功后在编译环境"/opt/patch_workspace/hotpatch/"目录下。

步骤 6 将补丁 klp_test.tar.gz 上传到运行环境上,用 livepatch 命令加载并激活热补丁。

```
livepatch -l klp_test.tar.gz
livepatch -a test
```

以上两步执行成功后即可验证业务逻辑是否正常,bug 是否成功修复。

4) 热点函数制作热补丁场景说明

(1) 问题现象。

关于热点函数制作热补丁,补丁可正常制作,但用户会面临无法正常卸载的现象。

(2) 原因分析。

普通的热补丁在加载激活之前会先做栈检查,热补丁一旦加载,激活之后,缺陷函数将不再执行,对此类操作用户可正常卸载。但是热点函数制作的热补丁一直在栈中,不会进行退出栈的操作。不进行栈检查的操作将导致 CPU 访问的代码段不一致情况出现。此时将引入一个新的问题,如果缺陷函数的某一个变量影响 CPU 访问代码段的值不一致场景出现。即影响代码执行逻辑。该场景下不允许制作热补丁,去强制激活热补丁,此时用户将面临无法正常卸载的现象。

(3) 解决方案。

目前 FusionOS 22 暂不支持对热点函数制作的热补丁正常卸载的功能。

5. 使用内核热补丁

1) 管理补丁(运行环境)

下面介绍如何对补丁进行加载、激活、查询、回退等操作。

（1）加载补丁。

本章介绍热补丁的加载过程。

（2）使用场景。

补丁已从编译环境上传到运行环境，在运行环境使用 livepatch 工具将补丁文件加载到内核中。

（3）注意事项。

① 若加载的补丁 P2 依赖另一个补丁 P1，在加载补丁 P2 之前需先激活补丁 P1。

② 若对模块打补丁，在加载此补丁前需先加载此模块。

（4）操作过程。

步骤 1　假设已将补丁文件（如 klp_test.tar.gz）上传到运行环境上，存放在“/root/”目录下。

步骤 2　可在任意目录下执行 livepatch 命令来加载补丁。可使用相对路径。

```
livepatch -l /root/klp_test.tar.gz
```

显示如下。

```
install patch /root/klp_test.tar.gz success
```

（5）验证结果。

加载补丁成功后，返回补丁加载成功信息。执行如下命令，通过“查询补丁信息”查询补丁当前的状态。

```
[root@FusionOS ~]# livepatch -q
Patch Name: test
Patch State: Deactive
Changes:
        cmdline_proc_show,1
Denpendency: vmlinux
-------------------------------------------------------------
[root@FusionOS ~]#
```

2）激活补丁

下面介绍热补丁的激活。

（1）使用场景。

对已经加载完成的补丁进行操作，设置补丁的状态，使之激活。

（2）注意事项。

激活补丁命令中使用的补丁名必须是通过“查询补丁信息”查询出的补丁名。

（3）操作过程。

可在任意目录下执行 livepatch 命令激活补丁。

步骤 1　执行如下命令，查询所有补丁的文件信息。

```
[root@FusionOS ~]# livepatch -q
Patch Name: test
Patch State: Deactive
```

```
Changes:
        cmdline_proc_show,1
Denpendency: vmlinux
-----------------------------------------------------------------------
[root@FusionOS ~]#
```

步骤 2 执行如下命令,激活补丁。

```
[root@FusionOS ~]# livepatch -a test
active patch klp_test success
```

(4) 验证结果。

激活补丁成功后,返回补丁激活成功信息,执行如下命令,通过查询命令可以查询到补丁状态信息为 Active。

```
[root@FusionOS ~]# livepatch -q
Patch Name: test
Patch State: Active
Changes:
        cmdline_proc_show,1
Denpendency: vmlinux
-----------------------------------------------------------------------
[root@FusionOS ~]#
```

3) 查询补丁

下面介绍如何查询补丁状态。

(1) 使用场景。

对加载到系统中的补丁进行状态查询。

(2) 注意事项。

① 如果是查询单个补丁,需要将补丁的 id 直接跟在-q 参数后面。

② 如果是对内联函数打补丁,在补丁查询的时候只会显示调用该内联函数的缺陷函数名称,而不是内联函数本身。

(3) 操作过程。

步骤 1 执行如下命令,查询所有补丁文件信息。

```
[root@FusionOS ~]# livepatch -q
Patch Name: test
Patch State: Active
Changes:
        cmdline_proc_show,1
Denpendency: vmlinux
-----------------------------------------------------------------------
[root@FusionOS ~]#
```

步骤 2 执行如下命令,查询单个补丁文件信息。

```
[root@FusionOS ~]# livepatch -qtest
Patch Name: test
```

```
Patch State: Active
Changes:
        cmdline_proc_show,1
Denpendency: vmlinux
-----------------------------------------------------------------
```

步骤 3　执行如下命令，回退补丁。

```
[root@FusionOS ~]# livepatch -d test
deactive patch klp_test success
[root@FusionOS ~]#
```

（4）验证结果。

回退补丁成功后，返回补丁回退成功信息，执行如下命令，通过查询命令可以查询到补丁状态信息发生改变。

```
[root@FusionOS ~]# livepatch -q
Patch Name: test
Patch State: Deactive
Changes:
        cmdline_proc_show,1
Denpendency: vmlinux
-----------------------------------------------------------------
[root@FusionOS ~]#
```

调用被打补丁的函数可以进一步验证内核热补丁是否成功去激活，即回退补丁后被打补丁函数是否还原。

4）回退补丁

下面介绍补丁的回退。

（1）使用场景。

补丁处于激活状态，要使其失效。

（2）注意事项。

① 补丁已加载并处于激活状态。

② 补丁如果被其他补丁依赖则无法回退，必须先回退依赖补丁，再回退该补丁。

（3）操作过程。

可在任意目录下执行 livepatch 命令回退补丁。

步骤 1　执行如下命令，查询所有补丁文件信息。

```
[root@FusionOS ~]# livepatch -q
Patch Name: test
Patch State: Deactive
Changes:
        cmdline_proc_show,1
Denpendency: vmlinux
-----------------------------------------------------------------
[root@FusionOS ~]#
```

步骤 2　执行如下命令，回退补丁。

```
[root@FusionOS ~]# livepatch -d test
deactive patch klp_test success
```

（4）验证结果。

回退补丁成功后，返回补丁回退成功信息，执行如下命令，通过查询命令可以查询到补丁状态信息发生改变。

```
[root@FusionOS ~]# livepatch -q
Patch Name: test
Patch State: Deactive
Changes:
        cmdline_proc_show,1
Denpendency: vmlinux
------------------------------------------------------------
[root@FusionOS ~]#
```

5）卸载补丁

下面介绍卸载热补丁。

（1）使用场景。

在运行环境使用 livepatch 工具将补丁文件从内核补丁区移除。

（2）注意事项。

① 卸载补丁命令中的补丁名必须是通过“查询补丁信息”查询出的补丁名。

② 若有其他已加载的或处于激活状态的补丁依赖于补丁 P1，不允许卸载补丁 P1。

（3）操作过程。

步骤 1　执行如下命令，查询所有补丁信息。

```
[root@FusionOS ~]# livepatch -q
Patch Name: test
Patch State: Deactive
Changes:
        cmdline_proc_show,1
Denpendency: vmlinux
------------------------------------------------------------
[root@FusionOS ~]#
```

步骤 2　执行如下命令，回退补丁。

```
[root@FusionOS ~]# livepatch -d test
deactive patch klp_test success
```

步骤 3　执行如下命令，卸载补丁。

```
[root@FusionOS ~]# livepatch -r test
remove patch klp_test success
```

（4）验证结果。

卸载补丁成功后，返回补丁卸载成功信息，通过查询命令查询不到补丁的信息（补丁已不在内核补丁区)。

6. 批量内核热补丁

须知

使用 FusionOS 官方提供的内核热补丁之前,请检查系统不得使用任何自制或者非官方提供的热补丁;否则,可能会引入补丁修改相互覆盖的问题。

对于 kernel 和 kernel 源码树外的模块,请使用官方提供的版本。内核热补丁与内核版本和模块基线代码状态强相关,重新编译和替换系统中内核模块极有可能造成补丁与模块基线代码状态不一致的问题,给系统带来风险。

---

1) 热补丁安装和卸载

(1) 安装。

热补丁以 rpm 包方式打包,服务器端应用 FusionOS Repo 仓库发布,用户场景下使用 yum 进行热补丁包管理。在安装热补丁之前需要:

① 配置正确的 yum 源,即热补丁所在的仓库。

② 根据需要选择热补丁包,执行 yum 命令进行安装,即

```
yum install klp_xxx
```

说明

klp_xxx 为热补丁 rpm 包名称。

③ yum 会自动识别热补丁包依赖关系,自动安装依赖后安装热补丁包。

④ 执行如下命令,查看热补丁 rpm 包的安装情况。

```
rpm -qa | grep klp_
```

执行结果:

```
klp_ext4ioctlv3-4.19.90-2112.8.0.0131.u16.fos30-1.0-1.x86_64
klp_chardevsecond-4.19.90-2112.8.0.0131.u16.fos30-1.0-1.x86_64
klp_chardevdemo-4.19.90-2112.8.0.0131.u16.fos30-1.0-1.x86_64
klp_forkpatch-4.19.90-2112.8.0.0131.u16.fos30-1.0-1.x86_64
klp_ext4dir-4.19.90-2112.8.0.0131.u16.fos30-1.0-1.x86_64
```

说明

列出的 rpm 包均为示例补丁包。

⑤ 执行如下命令,通过系统接口查看热补丁的激活情况。

```
cat /proc/livepatch/state
```

执行结果:

```
Index   Patch                              State
-----------------------------------------------------------
 1      klp_forkpatch                      enabled
 2      klp_ext4dir                        enabled
```

```
3       klp_ext4ioctlv3                 enabled
4       klp_chardevdemo                 enabled
5       klp_chardevsecond               enabled
-----------------------------------------------------------
```

📖说明

列出的热补丁均为示例热补丁。

(2) 卸载。

① 选择需要卸载的补丁包,执行 yum 命令进行安全卸载,即

```
yum remove klp_xxx
```

📖说明

klp_xxx 为热补丁 rpm 包的名称。

② 热补丁包在安装时会自动检查依赖,并安装依赖的热补丁包。执行如下命令,查看热补丁包的依赖。

```
yum deplist klp_xxx
```

示例:

```
# yum deplist klp_bamemv2-4.19.90-2112.8.0.0131.u16.fos30-1.0-1.x86_64
软件包:klp_bamemv2-4.19.90-2112.8.0.0131.u16.fos30-1.0-1.x86_64
   依赖:/bin/sh
 不良依赖关系
   依赖:klp_ext4ioctlv3-4.19.90-2112.8.0.0131.u16.fos30-1.0-1.x86_64
   provider: klp_ext4ioctlv3-4.19.90-2112.8.0.0131.u16.fos30-1.0-1.x86_64
   依赖:klp_memv1-4.19.90-2112.8.0.0131.u16.fos30-1.0-1.x86_64
   provider: klp_memv1-4.19.90-2112.8.0.0131.u16.fos30-1.0-1.x86_64
   依赖:kpatch-runtime
 不良依赖关系
```

如果想一同卸载自动安装的依赖的热补丁包,执行如下命令,直接卸载依赖包。

```
yum remove klp_ext4ioctlv3-4.19.90-2112.8.0.0131.u16.fos30-1.0-1.x86_64
yum remove klp_memv1-4.19.90-2112.8.0.0131.u16.fos30-1.0-1.x86_64
```

📖说明

- 列出的热补丁均为示例热补丁。
- 对于 kbox 这类可以卸载的模块,如果有卸载模块的使用场景,并且该模块被安装了热补丁,在卸载模块之前,请使用本节的方法先卸载它的热补丁。

2) 热补丁重启恢复

📖说明

因当前热补丁的制作与重启恢复所支持的格式不一致,本节热补丁重启恢复功能暂不支持。

热补丁的制作格式有两种: tar. gz 和 rpm。当前热补丁制作以 tar. gz 格式进行,重启

恢复 hotpatchrec. service 只支持 rpm 格式的内核热补丁。

（1）简介。

热补丁以内核模块的形式 insmod 到内核之中，当系统重启之后，被插入的热补丁模块随之失效。因此需要在开机之时将系统中已经安装的热补丁模块重新加载一遍。

（2）补丁恢复。

① 重启恢复功能已集成到 FusionOS 系统中。也可以执行如下命令安装。

```
yum install hotpatchrec
```

安装结果：

```
准备中...                          ##################################
## [100%]
正在升级/安装...
   1:hotpatchrec-1.0-1.11.u1.fos30.x86_64   ###########################
####### [100%]
 Created symlink /etc/systemd/system/multi-user.target.wants/hotpatchrec.service → /usr/
lib/systemd/system/hotpatchrec.service.
```

② 执行如下命令，查看重启恢复 rpm 包是否安装。

```
rpm -qa | grep hotpatchrec
```

执行结果：

```
# rpm -qa | grep hotpatchrec
 hotpatchrec-1.0-1.11.u1.fos30.x86_64
```

③ 执行如下命令，查看重启恢复的 hotpatchrec. service 是否已经 enabled。

```
systemctl is-enabled hotpatchrec.service
```

执行结果：

```
# systemctl is-enabled hotpatchrec.service
 enabled
```

④ 每次重启系统之后，hotpatchrec. service 会启动恢复进程，进行热补丁恢复，进程在恢复完所有热补丁之后退出。执行如下命令，查看 hotpatchrec. service 状态。

```
systemctl status hotpatchrec.service
```

执行结果：

```
[root@localhost hotpatchrec]# systemctl status hotpatchrec
  • hotpatchrec.service - System Hotpatch Service. Automatically loads hotpatch when system
reboots.        Loaded: loaded (/usr/lib/systemd/system/hotpatchrec.service; enabled; vendor
preset: disabled)Active: active (exited) since Thu 2019-05-09 14:37:20 CST; 56s ago
    Process: 19755 ExecStart=/usr/bin/hotpatch_recovery (code=exited, status=0/SUCCESS)
```

```
  Process: 19748 ExecStartPre = /sbin/insmod /lib/modules/FusionOS/hotpatchrec/hotpatchrec.
ko (code = exited, status = 0/SUCCESS)
  Main PID: 19755 (code = exited, status = 0/SUCCESS)
    [19755 2019 - 05 - 09 14:37:20.354558] [INFO] [dump_result:923] klp_ext4ioctlv3
   1        Actived    [19755 2019 - 05 - 09 14:37:20.354573] [INFO] [dump_result:940] -----
-------------------------------------------------------------------------------
 [19755 2019 - 05 - 09 14:37:20.354666] [INFO] [dump_system_patch_status:955] Index
Patch                                State     [19755 2019 - 05 - 09 14:37:20.354726] [INFO]
[dump_system_patch_status:955] ----------------------------------------------
-   [19755 2019 - 05 - 09 14:37:20.354737] [INFO] [dump_system_patch_status:955] 1
  klp_forkpatch                        enabled    [19755 2019 - 05 - 09 14:37:20.354748] [INFO]
[dump_system_patch_status:955] 2               klp_ext4dir                      enabled
[19755 2019 - 05 - 09 14:37:20.354802] [INFO] [dump_system_patch_status:955] 3
klp_ext4ioctlv3                      enabled    [19755 2019 - 05 - 09 14:37:20.354815] [INFO]
[dump_system_patch_status:955] 4               klp_chardevdemo                  enabled
[19755 2019 - 05 - 09 14:37:20.354825] [INFO] [dump_system_patch_status:955] 5
klp_chardevsecond                    enabled    [19755 2019 - 05 - 09 14:37:20.354835] [INFO]
[dump_system_patch_status:955] ---------------------------------------------
```

从输出的信息中，可以看到系统热补丁服务在 2019 年 5 月 9 日 14:37:20 CST 启动，并且已经运行了 56 秒。服务的主进程 ID 为 19755，已经退出，状态为 0/SUCCESS。在服务启动的过程中，还执行了其他一些操作，如加载了 insmod 模块，以及执行了 /usr/bin/hotpatch_recovery 命令。在服务的详细信息中，还能看到一些有关系统补丁的信息，包括补丁的索引、名称、状态等。

⑤ 执行如下命令，查看 hotpatchrec.service 的日志。

```
journalctl _PID = 19755
```

说明

"19755"是执行 systemctl status hotpatchrec.service 命令之后显示的"Main PID"。

找到热补丁恢复结果日志：

```
[19755 2019 - 05 - 09 14:37:20.354367] [INFO] [is_finished:893] Hotpatch Recovery Process
completed with 5 succeeded, 0 failed, and 0 missed.
 [19755 2019 - 05 - 09 14:37:20.354380] [INFO] [dump_result:915] Result Report:
 [19755 2019 - 05 - 09 14:37:20.354391] [INFO] [dump_result:916] Patch
BuildNo State          Requirements
 [19755 2019 - 05 - 09 14:37:20.354402] [INFO] [dump_result:917] ---------------------
 -----------------------------------------------------    [19755 2019 - 05 -
09 14:37:20.354463] [INFO] [dump_result:923] klp_forkpatch            1        Actived
[19755 2019 - 05 - 09 14:37:20.354476] [INFO] [dump_result:923] klp_chardevdemo            1
Actived   [19755 2019 - 05 - 09 14:37:20.354487] [INFO] [dump_result:923] klp_chardevsecond
1        Actived    [19755 2019 - 05 - 09 14:37:20.354546] [INFO] [dump_result:923] klp_
ext4dir                 1         Actived    [19755 2019 - 05 - 09 14:37:20.354558] [INFO] [dump_
result:923] klp_ext4ioctlv3             1         Actived    [19755 2019 - 05 - 09 14:37:20.
354573] [INFO] [dump_result:940] ---------------------------------------------
 --------------------------------
```

也可以执行如下命令，直接通过系统接口查看热补丁的恢复情况。

```
cat /proc/livepatch/state
```

执行结果：

```
Index      Patch                          State
 ------------------------------------------------------
 1         klp_forkpatch                  enabled
 2         klp_ext4dir                    enabled
 3         klp_ext4ioctlv3                enabled
 4         klp_chardevdemo                enabled
 5         klp_chardevsecond              enabled
```

说明

列出的热补丁均为示例热补丁。

7. 常见问题及其处理方法

下面介绍在进行内核热补丁操作时遇到的一些常见问题及其处理方法。

1）补丁制作失败，no changed objects found

(1) 问题描述。

补丁制作完成，没有报错，但没有生成补丁文件，打印出信息“no changed objects found”。

(2) 问题原因。

模块 Makefile 中显式定义了 CC 或 CROSS_COMPILE。

(3) 处理方法。

请检查 Makefile 中(包括其 include 的其他 Makefile)是不是显式指定了 CC 或 CROSS_COMPILE 这两个变量，如果有，请将其注释后再重新制作热补丁，如图 2-5 所示。

```
# for arm
ifeq ($(ARM), 1)
#       CC=aarch64-linux-gnu-gcc
        RM=@rm
        CP=@cp
#       GCC=aarch64-linux-gnu-gcc
        AR=aarch64-linux-gnu-ar
        USR_INCLUDE=/arm/cross_compile/install/sysroot/usr/
        ROOT_PATH=/arm/cross_compile/install/sysroot
else
# for X86
```

图 2-5　某产品公共 Makefile：plat_pub.mak

2）补丁制作失败，can't find parent xxx for xxx

(1) 问题描述。

模块热补丁制作失败，提示信息如“can't find parent xxx for xxx”。

(2) 问题原因。

模块 Makefile 问题，编译末尾存在 mv 或 rm 操作。

(3) 处理方法。

请检查 Makefile，在编译完成后是否有 mv 或 rm 操作将生成的二进制移走或删除，如果有，请将其注释后再重新制作热补丁，如图 2-6 所示。

```
default:
        $(MAKE) -j $(CPUNUM) -C $(KERNELDIR) M=$(PWD) modules
#       -mkdir objs misc
#       -mv ../../../cache/ramcache/*/*.o ../../../cache/ramcache/*/.*.cmd */*.o *.ko objs
#       -mv .tmp_versions .*.cmd *.o *.symvers *.order *.mod.c */.*.cmd misc
clean:
```

图 2-6　某产品模块 Makefile

3）补丁制作失败，reference to static local variable xxx in xxx was removed

（1）问题描述。

补丁制作失败，提示信息如“reference to static local variable xxx in xxx was removed”。

（2）问题原因。

热补丁不支持删除静态局部变量。

（3）处理方法。

热补丁不支持删除静态局部变量，请检查源码改动，找到被删除的静态局部变量，通过在修改处恢复该静态局部变量进行规避，然后再重新制作热补丁。

示例：找到错误提示的函数，这里是 handleWriteChunkWriteSuccessEvent，开发在该函数中删了一个内联函数的引用，引用了其他函数，原来的内联函数中存在日志限频打印宏（可能层层内联，需要一层一层往下找）PRINT_LIMINT_PERIOD，这个宏中存在静态局部变量，即报错中提示的 ulLast，如图 2-7 所示。

```
#define PRINT_LIMIT_PERIOD( level, logid, interval, burst, can) ₩
do {                                                          ₩
    /*使用静态变量保存最大配额，减少运算*/                         ₩
    static OSP_U64 ulMaxToks = (burst) * (interval);          ₩
    static OSP_U64 ulToks = (burst) * (interval);             ₩
    static OSP_U32 uiMissed = 0;                              ₩
    static OSP_U64 ulLast = 0;                                ₩
    OSP_U64 ulNow = jiffies;                                  ₩
                                                              ₩
```

图 2-7　补丁制作失败处理示例

（4）规避方法。

在改动处增加类似以下语句，注意静态局部变量的初始值要和删除之前的保持一致，如果存在多个静态局部变量，也做相同处理。

```
do{
static u64 ulLast = 0;
if(!jiffies)
printk(" % lx\n",ulLast++);
}while(0);
```

4）补丁制作失败，invalid ancestor xxx for xxx

（1）问题描述。

补丁制作失败，提示信息如“invalid ancestor xxx for xxx”。

（2）问题原因。

模块 Makefile 问题，使用了相对路径。

（3）处理方法。

请修改 Makefile，在编译中尽量使用绝对路径，避免使用相对路径。示例如图 2-8 所示。

5）补丁加载失败，Invalid parameters

（1）问题描述。

补丁加载失败，提示“Invalid parameters”。

（2）问题原因。

基线代码正确，运行环境是 debug 包，但编译时 flag 文件中缺少 debug=1 之类的宏，导致编译出的补丁是 release 版本的热补丁。

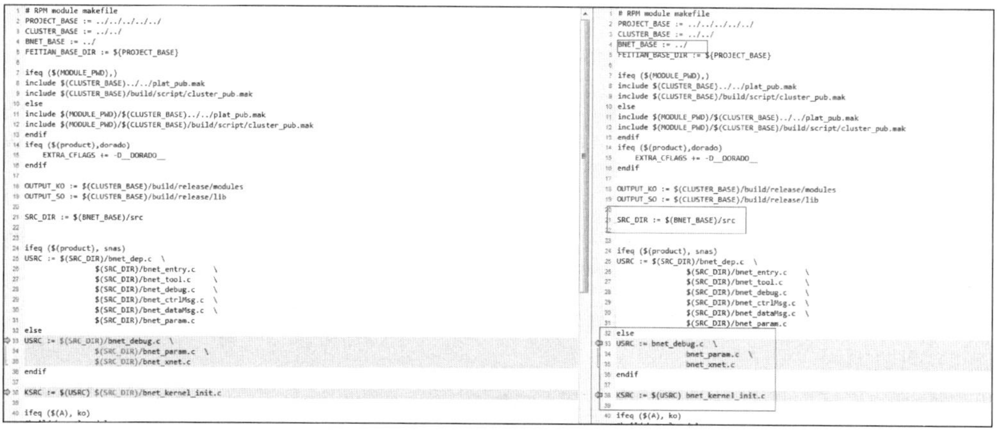

图 2-8　某产品模块 Makefile

(3) 处理方法。

请确保 release 版本的热补丁到 release 包的运行环境验证，debug 版本的热补丁到 debug 包的运行环境验证。

6) 补丁加载失败，exports duplicaste symbol xxx

(1) 问题描述。

补丁加载失败，messages 日志"exports duplicaste symbol xxx"。

(2) 问题原因。

模块 Makefile 问题，每次编译前会删除二进制导致部分符号被热补丁工具识别为新增符号而重复导出。

(3) 处理方法。

请检查 Makefile，在 MAKE 之前是否有删除二进制的操作，有的话请将其注释掉后重新制作热补丁，如图 2-9 所示。

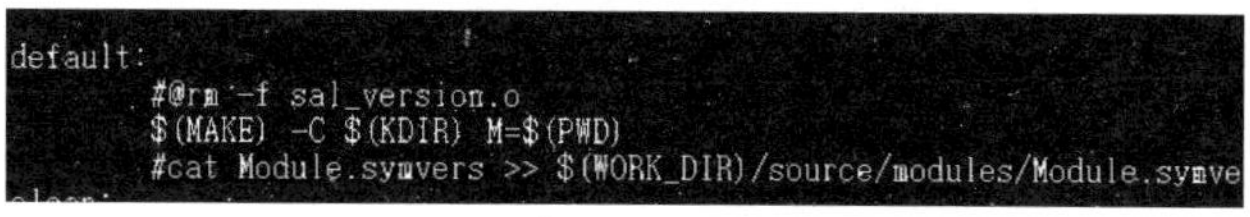

```
default:
        #@rm -f sal_version.o
        $(MAKE) -C $(KDIR) M=$(PWD)
        #cat Module.symvers >> $(WORK_DIR)/source/modules/Module.symve
```

图 2-9　补丁加载失败处理示例

7) 补丁激活失败，编译器优化导致未改动函数被做到补丁中

(1) 问题描述。

热补丁激活失败，日志显示函数正在被调用，但日志显示的函数并没有修改。

(2) 问题原因。

编译器优化行为会导致出现没有发生修改的函数在前后两次编译中汇编发生变化，被补丁工具做到热补丁中。

(3) 处理方法。

在修改的文件中对应的函数 xxx 后增加以下两句。

```
#include "/usr/share/kpatch/patch/kpatch-macros.h"
KPATCH_IGNORE_FUNCTION(xxx)
```

“xxx”为函数名称。

说明

这种方法会导致 xxx 函数即使发生改动也不做到补丁中，因此必须在确保是由于编译器优化行为导致的函数改动(只是寄存器号发生变化，函数整体汇编逻辑没变)的场景才可使用，否则会导致模块逻辑功能异常。使用时请评估清楚，风险由使用者自行承担。

8) 补丁激活失败，改动的函数频繁调用导致激活失败

(1) 问题描述。

补丁激活失败，日志显示改动函数正在被调用。

(2) 问题原因。

改动函数属于频繁调用函数，容易出现激活失败。

(3) 处理方法。

在修改的文件中对应的函数 xxx 后增加以下两句。

```
#include "/usr/share/kpatch/patch/kpatch-macros.h"
KPATCH_FORCE_UNSAFE(xxx)
```

“xxx”为函数名称。

说明

这种方法会导致 xxx 函数在补丁激活或回退时不会进行调用栈检查，存在前后一致性风险，即补丁生效后旧函数和新函数可能存在同时运行的场景，请用户充分评估清楚这种场景对模块逻辑的风险，慎重使用，风险由使用者自行承担。

8. 命令参考

1) make_hotpatch

(1) 功能说明。

通过此命令创建一个热补丁，新创建的补丁将会存放在补丁工作目录的 hotpatch 下。

说明

该命令不支持并发，即不能同时执行多个该命令。

(2) 命令原型。

```
make_hotpatch -d patch_diffext -i patch_id  -m module_src -f makefile_path --extra_flags flags_path [--debug_info] [-h] [--no_stack_check] [--kallsyms modname.ksym]
```

(3) 参数说明如表 2-14 所示。

表 2-14 make_hotpatch 参数说明

参数名称	描述	可选/必选
-d,--diffext	用来指定修改文件的后缀名，如“.patch”	必选
-j,--jobs	指定补丁制作过程中使用的 CPU 个数，CPU 越多速度越快，新版本中该参数已不生效，工具自动通过 **getconf _NPROCESSORS_ONLN** 来设置线程数	已废弃

续表

参数名称	描述	可选/必选
-i,--id	指定补丁的id,只能用数字或者字符表示id,并不能超过32个字符	必选
-m,--modulesrc	用来指定用户模块源码所在的路径,请使用绝对路径,且保证该路径与之前编译模块(编译对应系统运行中的模块)的路径相同。如果是内核或者内核模块补丁,可以省略这个参数	• 当制作用户模块补丁时,该参数必选。 • 当制作内核补丁时,该参数不需要
-f,--makefile	用来指定模块编译时 Makefile 的路径和文件名,使用绝对路径,且这个 Makefile 中需要指定 obj-m 编译的目标。 说明: 该参数只适用于制作模块补丁,并且只有在模块的源码和 Makefile 文件不在同一目录时必配,通过该参数指定 Makefile 的路径	• 当制作用户模块补丁,且模块的源码和 Makefile 文件不在同一目录时,该参数必选。 • 当制作内核补丁时,该参数不需要
--extra_flags	用来指定模块编译 Makefile 中的全局变量,配置文件 flags 定义了用户模块 Makefile 引用的全局变量,此参数为可选参数。 说明: 如果用户模块的 Makefile 引用了非本 Makefile 定义的全局变量,在制作用户模块补丁时,可能导致制作补丁失败。使用"--extra_flags"可以将 Makefile 中非本 Makefile 定义的全局变量,定义到指定配置文件中,避免上述情况的发生	• 当制作用户模块补丁时,该参数可选。 • 当制作内核补丁时,该参数不需要
--debug_info	制作补丁时打印调试日志以及保存中间临时文件,方便补丁问题分析定位	可选。正式发布的补丁建议不要添加此参数
--no_stack_check	设置当前热补丁在激活或去激活时忽略调用栈检查结果,强制激活或去激活补丁	可选。 这种方法会导致 xxx 函数在补丁激活或回退时不会进行调用栈检查,存在前后一致性风险,即补丁生效后旧函数和新函数可能存在同时运行的场景,请用户充分评估清楚这种场景对模块逻辑的风险,慎重使用,风险由使用者自行承担
--kallsyms	导入符号文件,用于解决同名符号或超长符号在部分场景下补丁无法制作成功的问题	可选。该文件可通过在运行环境上执行如下命令生成。 cat /proc/kallsyms | grep <modname> > modname.ksym 用于辅助热补丁工具制作热补丁
-h,--help	获取帮助信息	可选

2) livepatch

(1) 功能说明。

通过此命令管理一个补丁。

(2) 命令原型。

```
livepatch -l/--load -r/--remove -a/--activate -d/--deactivate <patch>
          -q[patch]/--query[ = patch]
          -h/--help -v/--version
```

(3) 参数说明如表 2-15 所示。

表 2-15　livepatch 参数说明

参数名称	描　述
-l/--load	加载补丁
-r/--remove	卸载一个补丁
-a/--activate	激活一个补丁
-d/--deactivate	回退一个补丁
-q[patch]/ --query[=patch]	查询所有补丁或者查询指定补丁状态
-h/--help	帮助信息
-v/--version	查询 livepatch 的版本号

2.3　日志增强

2.3.1　日志管理

1. 特性描述

1) 背景

在维护过程中,日志信息存在占满磁盘空间的风险,日志过大不便于分析的情况,不利于系统正常运行及问题定位。为解决上述痛点,FusionOS 提供日志转储功能。

2) 定义

FusionOS 提供日志管理特性,将切分日志转储到设定的目录下保存。

3) 目的和受益

日志管理特性的目的和受益如表 2-16 所示,FusionOS 22.0.1 版本及其后续版本支持该特性。

表 2-16　日志管理特性的目的和受益

目的和受益	详细说明
降低磁盘被占满的风险	本特性会根据配置,自动删除无效的历史日志,防止大量无效日志文件占据磁盘空间
降低日志文件大小	一般日志文件都是按照追加的方式生成的,文件存在过大的情况,打开大文件耗时长,存在众多历史信息不利于问题定位。使用本特性,可以有效控制文件大小

2. 约束与限制

(1) 目前只支持按时间和大小进行转储。

(2) 按时转储只支持每 15 分钟和每天的 23:58 转储。

(3) 日志转储大小受限于磁盘与系统日志大小。

(4) 只有 rsyslog 接管的日志,才能配置按大小转储。

3. 安装

```
yum install esyslog
```

安装完毕后,会在/etc/crontab 文件中自动添加定时任务。

4. 配置使用

1) 配置文件

在/opt/esyslog/logrotate.d 目录下,可根据实际要求修改默认添加的配置文件 commlog 和 syslog,也可以添加新的配置文件;一个配置文件中可同时配置多个需要分割的日志。用户可使用 logrotate commlog 执行分割操作。

示例:/etc/logrotate.d/example 文件中配置。

```
/var/log/logexample
/var/log/logexample1
{
maxage 365
rotate 30
notifempty
compress
copytruncate
missingok
size +4096k
}
```

该配置会对/var/log/logexample、/var/log/logexample1 进行分割。

说明

- maxage 365:只存储最近 365 天的分割出来的日志文件,超过 365 天则删除。该参数需大于或等于 0,最大值不能超过 int 类型范围。
- rotate 30:指定日志文件删除之前分割的次数,此处保留 30 个备份。该参数需大于或等于 0,最大值不能超过 int 类型范围。
- notifempty:表示日志为空则不处理。
- compress:通过 gzip 压缩转储以后的日志。
- copytruncate:用于还在打开中的日志文件,把当前日志备份并截断。
- missingok:如果日志文件丢失,不报错继续执行下一个。
- size +4096k:表示日志超过 4096KB 大小才分割,size 默认单位是 KB,可使用 k、M 和 G 来指定 KB、MB 和 GB。该参数需大于 0,最大值不能超过 off_t 类型范围(32 位系统中 off_t 为 long int,64 位系统中 off_t 为 long long int)。

默认已添加的日志分割文件列表如表 2-17 所示。

表 2-17 日志分割文件列表

日志名称	日志名称
/var/log/cron	/var/log/syslog
/var/log/maillog	/var/log/unused.log
/var/log/messages	/var/log/tuned/*.log
/var/log/secure	/var/log/wtmp
/var/log/spooler	/var/log/btmp
/var/log/yum.log	/var/log/grubby_prune_debug
/var/log/startup.log	/var/log/firewalld
/var/log/boot.log	/var/log/rhsm/*.log
/var/log/backup_conf.log	/var/log/tallylog
/var/log/cloud-init-output.log	/var/log/installOS/*
/var/log/cloud-init.log	/var/log/fd_monitor.log
/var/log/daemon.log	/var/log/lastlog
/var/log/kern.log	/var/log/kbox/*

说明

其他组件新增的日志文件根据需要添加相应的分割配置。日志管理配置项说明如表 2-18 所示。

表 2-18 日志管理配置项说明

配置项	功能
compress	通过 gzip 压缩转储以后的日志
missingok	找不到日志时，跳过
nomissingok	找不到日志时，报错
nocompress	不需要压缩时，用这个参数
copytruncate	用于还在打开中的日志文件，把当前日志备份并截断
nocopytruncate	备份日志文件但是不截断
create mode owner group	转储文件，使用指定的文件模式创建新的日志文件
nocreate	不建立新的日志文件
prerotate/endscript	在转储以前需要执行的命令可以放入这个对，这两个关键字必须单独成行
postrotate/endscript	在转储以后需要执行的命令可以放入这个对，这两个关键字必须单独成行
daily	指定转储周期为每天
weekly	指定转储周期为每周
monthly	指定转储周期为每月
rotate count	指定日志文件删除之前转储的次数，0 指没有备份，5 指保留 5 个备份
size	当日志文件到达指定的大小时才转储，size 可以指定 B(默认)以及 KB、MB 或者 GB

说明

- nocreate 与配置文件中的 copytruncate 是互斥的，不能同时配置，否则 nocreate 不生效。

- create mode owner group(例如：create 0600 root root)与配置文件中的 copytruncate 是互斥的，否则 create 配置不生效。
- 时间频度(daily、weekly、monthly、yearly)和日志大小(size)这两项参数同时配置的时候，会以日志大小为条件，达到一定大小就会分割。

2) 转储日志

转储日志 oslogdump. conf 配置文件的参数说明如表 2-19 所示。

表 2-19 转储日志 oslogdump. conf 配置文件的参数说明

参数名称	含义
CONFIG_SAVE_DAYS	配置存放转储日志目录(LOG_BAK_DIR)下 logdump-id-date. tar. gz 压缩包的保存天数，值须为大于 0 的数字。若为其他值则不限制天数，默认值为空
CONFIG_SAVE_SIZE	配置存放转储日志目录(LOG_BAK_DIR)下 logdump-id-date. tar. gz 压缩包及 logdump 目录的总大小，单位为 MB，值须为大于或等于 0 的整数，若为其他，则默认值为 500。 说明： CONFIG_SAVE_SIZE=0 表示不限制转储日志大小
LOG_BAK_DIR_MAX_USAGE	配置存放转储日志目录(LOG_BAK_DIR)所在磁盘空间的最大占用率阈值。默认为 90，表示该目录所在磁盘空间使用率超过 90%，则删除该目录下老的 logdump-id-date. tar. gz，直到磁盘空间使用率达到恢复阈值(LOG_BAK_DIR_RESUME_USAGE)。值的范围为[1-99]，若配置的值不在该范围，则默认取值为 90
LOG_BAK_DIR_RESUME_USAGE	配置存放转储日志目录(LOG_BAK_DIR)所在磁盘空间占用率恢复阈值。默认为 80，表示当存放转储日志目录(LOG_BAK_DIR)所占磁盘空间使用率小于 80%时将停止删除目录下的 logdump-id-date. tar. gz 日志压缩包。值的范围为[1,99]，若配置的值不在该范围内，则默认取值为 80，若恢复阈值大于最大占用率阈值，则恢复阈值取值为最大占用率阈值
LOG_DUMP_LIMIT	配置存放转储日志目录(LOG_BAK_DIR)下的 logdump 子目录的限制大小。当 logdump 目录的大小超过该值时会将其压缩为 logdump-id-date. tar. gz。单位为 MB，值必须为大于 0 的数字
LOG_BAK_DIR	配置存放转储日志的目录。 默认配置为/var/log，当/var/log 没有挂载在磁盘时，LOG_BAK_DIR 需设置成一个磁盘目录，以供日志转储到该磁盘目录
ALARM_FLAG	当上一次收集日志未完成时，是否进行 alarm 告警。0 表示不告警；1 表示告警。默认值为 0
[FILE]	该标签用于配置指定日志文件收集项
[DIRECTORY]	该标签用于指定日志目录下文件收集项。收集时只会收集该配置目录下已分割的日志文件，不会递归收集

（1）每 15 分钟转储日志。

① 定时任务。

```
0,15,30,45 * * * *   root   /opt/esyslog/esyslog_log_dynlogrotate >/dev/null 2>&1
```

该任务的功能是每隔 15 分钟执行以下操作。

- 根据/etc/esyslog/oslogdump.conf 的配置参数 CONFIG_SAVE_DAYS CONFIG_SAVE_SIXE，删除过时日志。

说明：

a. CONFIG_SAVE_DAYS：只保存 CONFIG_SAVE_DAYS 天 logdump.*-.*.tar.gz 的日志。

b. CONFIG_SAVE_SIXE：logdump 目录与所有 logdump.*-.*.tar.gz 的文件大小应当小于该值，否则删除日期靠前的 logdump.*-.*.tar.gz。

- 使用 logrotate，根据/etc/dynlogrotate_force.d/和/etc/dynlogrotate.d/下的配置，对相应 log 进行分割；注意，此处不做转储操作。

配置文件实例：

```
# cat /etc/dynlogrotate.d/dynlogrotate.conf
/var/log/hawkey.log {
missingok
notifempty
size 1k
rotate 10
copytruncate
}
# cat /etc/dynlogrotate_force.d/dynlogrotate_force.conf
/var/log/audit/audit.log
/var/log/dnf.log
/var/log/dracut.log
{
missingok
notifempty
size 1k
rotate 10
copytruncate
}
```

说明

a. missingok：如果日志文件丢失，不报错继续执行下一个。

b. notifempty：表示日志为空则不处理。

c. sieze 1k：表示日志超过 1KB 才分割，size 默认单位是 KB，可使用 k、M 和 G 来指定 KB、MB 和 GB。

d. rotate 10：指定日志文件删除之前分割的次数，此处保留 10 个备份。

e. copytruncate：用于还在打开中的日志文件，把当前日志备份并截断。

- 根据/etc/esyslog/dynlogdump.conf 配置，将相应文件的分割日志及相应目录下的分割日志转储到/var/log/logdump。注意，此处不做分割操作。

配置文件实例：

```
# cat /etc/esyslog/dynlogdump.conf
[FILE]
/var/log/dnf.log
[DIRECTORY]
/var/log/audit
```

② 效果。

```
# tree
.
├── audit
│   └── audit.log
├── dnf.log
├── dnf.rpm.log
├── logdump
│   ├── audit
│   │   ├── audit.log.1-20220421111501
│   │   └── audit.log.1-20220421113002
│   ├── dnf.log.1-20220421111501
│   └── dnf.log.1-20220421113001
```

(2) 按天转储日志。

① 定时任务。

```
58 23 * * *    root    /opt/esyslog/esyslog_log_logrotate_dump >/dev/null 2>&1
```

该任务的功能是每天 23:58 执行以下操作。

- 根据/etc/esyslog/oslogdump.conf 中参数 LOG_BAK_DIR_MAX_USAGE 与 LOG_BAK_DIR_RESUME_USAGE 控制 LOG_BAK_DIR 目录大小。

说明

当 LOG_BAK_DIR 目录占用空间大于 LOG_BAK_DIR_MAX_USAGE 值时，会删除 LOG_BAK_DIR 目录下日期靠前的 logdump-.*-.*.tar.gz，直至 LOG_BAK_DIR 目录占用空间不大于 LOG_BAK_DIR_RESUME_USAGE 值。

- 收集/etc/dynlogrotate.d、/etc/dynlogrotate_force.d、/etc/logrotate.d 目录下的配置，并将其复制至/opt/esyslog/logrotate.d 目录。
- 根据/opt/esyslog/logrotate.d 目录下的配置，对相应 log 进行分割，此处只做分割操作。
- 根据提供的所有配置文件(包含 oslogdump.conf)参数，将相应日志文件或目录下的日志文件的分割日志转储到 LOG_BAK_DIR 指定的目录；注意：此处只做转储操作。

• 对 LOG_BAK_DIR 指定的目录下 logdump 目录进行打包。
• 根据 LOG_SAVE_DAYS 和 LOG_SAVE_SIZE 删除老旧日志。

② 效果。

```
# ll | grep logdump-1-20220421142355.tar.gz
-r--------  1 root  root  19K Apr 21 14:23 logdump-1-20220421142355.tar.gz
# tar -zxvf logdump-1-20220421142355.tar.gz
audit/
audit/audit.log.1-20220421133001
audit/audit.log.1-20220421120001
audit/audit.log.1-20220421142355
dnf.log.1-20220421133001
dnf.log.1-20220421142355
samba/
```

说明

上述效果是手动执行的结果，故时间戳不是 23:58。

（3）按阈值大小转储。

配置日志阈值，配置实例：

```
# tail -2 /etc/rsyslog.conf
$outchannel message,/var/log/messages,8388,/opt/esyslog/esyslog_log_rsyslog_dump.sh /var/
log/messages logdump
*.* :omfile:$message
```

参数说明：

① outchannel：标识符。

② message：表示是 outchannel 的名称（不是日志文件的名称）。

③ /var/log/messages：是日志输出的目的文件名。

④ 8388：表示日志文件的大小阈值，单位为 B。

⑤ esyslog_log_rsyslog_dump.sh：表示日志文件到达阈值后执行的脚本，参数和程序之间通过空格隔开，脚本后的/var/log/messages 为要分割的日志，logdump 为要转储的目的目录。

按阈值大小转储。

3）自动化配置及查询工具

esyslog 提供可配置及查询配置信息的工具 oslogadm。

（1）日志保存天数及大小设置及查询。

为了防止日志分区被转储的日志文件占满，需对磁盘目录下的日志文件压缩包 logdump-id-date.tar.gz 按天按大小进行管理。

按天管理是指日志压缩包有天数限制，超过 XX 天即会被删除。

按大小管理是指日志压缩包所占的空间大小不能超过阈值，一旦超过阈值，即会删除最旧的压缩包。

当前默认为按大小保存日志，默认值为 500MB。

① 设置日志文件保存的天数。

```
oslogadm -t days VALUE
```

说明

VALUE：要设置日志文件保存的天数，设置为 0 表示关掉按天保存日志。

② 获取日志文件保存的天数。

```
oslogadm -q days
```

说明

该命令回显值表示日志文件可最多保存的天数。

③ 设置日志文件大小限制。

```
oslogadm -t size VALUE
```

④ 获取日志文件大小限制。

```
oslogadm -q size
```

说明

该命令回显值表示可最大保存的日志文件的大小。

(2) 远程日志服务器设置及查询。

提供命令行对远程日志服务器进行配置及查询。

① 设置远端服务器的 IP、端口和协议。

```
oslogadm -r ip:port:protocol
```

说明

配置 IP、端口和协议，协议包括 TCP 和 UDP。

② 获取配置的远端服务器的 IP 和端口。

```
oslogadm -q remote-server
```

说明：也是以 ip:port:protocol 的形式显示。

③ 删除已配置的远端服务器 IP 和端口。

```
oslogadm -d remote-server
```

说明

删除已配置的远端服务器 IP 和端口。

④ 设置远端 IPv6 协议的服务器 IP、端口和协议。

```
oslogadm -r6 ip:port:protocol
```

说明

- IPv6 地址支持省略前导零和双冒号的短格式，要注意放到方括号中，示例格式如 -r6 [2001:db8::1]:514:udp。
- 限制条件：

当前接口不支持设置通过 IPv4 映射的 IPv6 地址，如[::ffff:192.168.56.10]。

TCP 模式不支持链路本地地址，即 FE80 开头的。

⑤ 获取配置的远端 IPv6 协议的服务器 IP 和端口。

```
oslogadm -q remote-server-ipv6
```

说明

以[ipv6]:port:protocol 的形式显示配置。

⑥ 删除已配置的远端 IPv6 协议的服务器 IP 和端口。

```
oslogadm -d remote-server-ipv6
```

说明

删除已配置的远端 IPv6 协议的服务器 IP 和端口。

(3) 调整日志级别及查询。

```
oslogadm [-s VALUE|-q level]
```

说明

- -s 设置日志级别。
- -q 查询日志级别。

2.3.2 OOM 日志增强

1. 特性描述

1) 背景

当系统发生 OOM 时，如果没有当前系统的内存使用情况，则会很难定位，且 OOM 场景比较难复现，需要在 OOM 发生时将系统的内存使用情况输出到日志中，从而方便定位问题。

2) 定义

当系统发生 OOM(Out Of Memory)时，系统会发生复位，目前复位过程中的日志信息不足以快速界定，需要增加调测手段。

3) 目的和受益

OOM 日志增强特性的目的和受益如表 2-20 所示，FusionOS 22.0.1 版本及其后续版本支持该特性。

表 2-20　OOM 日志增强特性的目的和受益

目的和受益	详细说明
快速定位 OOM 问题	通过 OOM 发生时输出到日志中的系统内存使用情况快速定位 OOM 问题

2. 配置使用

（1）当发生 OOM 时，可以在日志中看到如下信息。

```
kernel fault(0x2) notification starting on CPU 2
kernel fault(0x2) notification finished on CPU 2
slab info:
slabinfo - version: 2.1
# name            <active_objs> <num_objs> <objsize> <objperslab> <pagesperslab> :
tunables <limit> <batchcount> <sharedfactor> : slabdata <active_slabs> <num_slabs>
<sharedavail>
nf_conntrack_expect      0      0    248   16     1 : tunables    0    0    0 :
slabdata       0       0       0
nf_conntrack           125    125    320   25     2 : tunables    0    0    0 :
slabdata       5       5       0
rpc_inode_cache         23     23    704   23     4 : tunables    0    0    0 :
slabdata       1       1       0
...
mem info:
MemTotal:          7639708 kB
MemFree:           2116008 kB
MemAvailable:      6227048 kB
Buffers:            204292 kB
Cached:            4738668 kB
SwapCached:              0 kB
Active:            3294664 kB
...
ps - aux:
PID  PPID      VSZ       RSS     STAT COMMAND
1     0   250864K   94112K       S systemd
2     0        0K       0K       S kthreadd
3     2        0K       0K       I rcu_gp
...
Mem-Info:
active_anon:39059 inactive_anon:162819 isolated_anon:0
active_file:784607 inactive_file:285694 isolated_file:0
unevictable:2784 dirty:11 writeback:0 unstable:0
slab_reclaimable:78326 slab_unreclaimable:14110
mapped:14501 shmem:163081 pagetables:544 bounce:0
free:529002 free_pcp:2250 free_cma:0
Node 0 active_anon:156236kB inactive_anon:651276kB active_file:3138428kB inactive_file:
1142776kB unevictable:11136kB isolated(anon):0kB isolated(file):0kB mapped:58004kB dirty:
44kB writeback:0kB shmem:652324kB shmem_thp: 0kB shmem_pmdmapped: 0kB anon_thp: 18432kB
writeback_tmp:0kB unstable:0kB all_unreclaimable? no
...
rootfs file info:
/
0 bytes in /
tmpfs file info:
####################
show files in /shm:
```

```
0 bytes in /shm
####################
show files in /run:
atd.pid:5
crond.pid:5
...
/systemd/journal/streams
9:23680:220
9:22594:220
9:20600:224
9:17520:218
...
files num:15
dir /systemd/journal/streams:3126
...
files num:19
8419025 bytes in /run
####################
show files in /fs/cgroup:
0 bytes in /fs/cgroup
####################
show files in /tmp:
tes5:27262976
tes4:26214400
tes3:25165824
tes2:24117248
/test
hello_1:32505856
hello_0:31457280
dir /test:63963136
...
files num:46
631246752 bytes in /tmp
...
```

（2）OOM 日志增强控制参数。

在/proc/sys/kernel/下面有如下三个控制参数。

① oom_enhance_enable：控制整个 OOM 日志增强是否开启，默认开启。

② oom_print_file_info：控制 OOM 日志增强中的内存文件系统是否开启，默认开启。

③ oom_show_file_num_in_dir：控制 OOM 日志增强中内存文件系统打印前 N 个大小的文件，默认 $N=10$。

查询方式：

```
cat /proc/sys/kernel/sysctl_oom_enhance_enable
```

修改方式：将 oom_enhance_enable 值修改为 0。

```
echo 0 > /proc/sys/kernel/oom_enhance_enable
```

2.3.3　复位日志增强

1. 特性描述

1）背景

内核在 reboot 流程中卡住不复位时，没有可用的调测手段，即便超时复位，kbox 中也没有足够的信息，无法确认哪里出现了问题。因此需要收集新加入的调测信息，用于问题的分析定位。

2）定义

复位日志增强是一个定位增强特性，主要作用是辅助维护人员定位系统复位卡死的问题，通过打印信息帮助定位人员确认卡死发生在复位流程的哪个阶段，界定问题发生的具体环节。

3）目的和受益

复位日志增强特性的目的和受益如表 2-21 所示，FusionOS 22.0.1 版本及其后续版本支持该特性。

表 2-21　复位日志增强特性的目的和受益

目的和受益	详细说明
提高复位卡死问题定位效率，降低维护成本	辅助维护人员定位系统复位卡死的问题，通过打印信息帮助定位人员确认卡死发生在复位流程的哪个阶段，界定问题发生的具体环节

4）约束与限制

（1）FusionOS 22 版本当前默认仅支持虚拟机启动日志的增强输出，并且仅 KVM 虚拟机的 vnc 可以观察该日志。

（2）针对物理机或虚拟机，用户若需要该特性支持，需要开启串口，开启方法为在 grub.cfg 中添加 **console=ttyS0** 串口参数并重启系统，但由于某些串口属于慢速设备，用户需要根据自己的环境来评估是否开启串口使能该特性。

由于系统根据启动方式不同，grub.cfg 文件的位置有所不同（uefi 启动模式下，grub.cfg 文件位置为/boot/efi/EFI/FusionOS/grub.cfg；legacy 启动模式下，grub.cfg 的文件位置为/boot/grub2/grub.cfg），用户可以通过以下指令查找 grub.cfg 文件。

```
#find /boot/ -name grub.cfg
/boot/grub2/grub.cfg
```

两种模式下 grub.cfg 文件内容一致，这里以/boot/grub2/grub.cfg 进行说明，下方加粗部分字体即为需要添加的字段及其位置：

```
# cat /boot/grub2/grub.cfg
#   …省略…
### BEGIN /etc/grub.d/10_linux ###
menuentry 'FusionOS (4.19.90-2112.8.0.0131.u38.fos22.x86_64) 22' --class fusionos --class gnu-linux --class gnu --class os --unrestricted $menuentry_id_option 'gnulinux-4.19.90-2112.8.0.0131.u38.fos22.x86_64-advanced-0877ccf8-2cb0-4ec6-821f-6679c1c26ae5'{
```

```
        load_video
        set gfxpayload = keep
        insmod gzio
        insmod part_msdos
        insmod ext2
        set root = 'hd0,msdos1'
        if [ x$feature_platform_search_hint = xy ]; then
          search --no-floppy --fs-uuid --set=root --hint='hd0,msdos1'  e3e854a9-3ce1-4a14-a26d-ee0e7768639d
        else
          search --no-floppy --fs-uuid --set=root e3e854a9-3ce1-4a14-a26d-ee0e7768639d
        fi
        linux   /vmlinuz-4.19.90-2112.8.0.0131.u38.fos22.x86_64 root=/dev/mapper/fusionos-root ro resume=/dev/mapper/fusionos-swap rd.lvm.lv=fusionos/root rd.lvm.lv=fusionos/swap crashkernel=128M,low crashkernel=384M,high reserve_kbox_mem=16M crash_kexec_post_notifiers=1 panic=3 nmi_watchdog=1 fsck.mode=auto fsck.repair=yes console=ttyS0  #在此处添加 console=ttyS0 即可在软件层面开启串口
        initrd /initramfs-4.19.90-2112.8.0.0131.u38.fos22.x86_64.img
}
menuentry 'FusionOS (0-rescue-0c8ba271d6e04df498d13900675df8a5) 22' --class fusionos --class gnu-linux --class gnu --class os --unrestricted $menuentry_id_option 'gnulinux-0-rescue-0c8ba271d6e04df498d13900675df8a5-advanced-0877ccf8-2cb0-4ec6-821f-6679c1c26ae5' {
        load_video
        insmod gzio
        insmod part_msdos
        insmod ext2
        set root = 'hd0,msdos1'
        if [ x$feature_platform_search_hint = xy ]; then
          search --no-floppy --fs-uuid --set=root --hint='hd0,msdos1'  e3e854a9-3ce1-4a14-a26d-ee0e7768639d
        else
          search --no-floppy --fs-uuid --set=root e3e854a9-3ce1-4a14-a26d-ee0e7768639d
        fi
        linux   /vmlinuz-0-rescue-0c8ba271d6e04df498d13900675df8a5root=/dev/mapper/fusionos-root ro resume=/dev/mapper/fusionos-swap rd.lvm.lv=fusionos/root rd.lvm.lv=fusionos/swap crashkernel=128M,low crashkernel=384M,high reserve_kbox_mem=16M crash_kexec_post_notifiers=1 panic=3 nmi_watchdog=1 fsck.mode=auto fsck.repair=yes
        initrd  /initramfs-0-rescue-0c8ba271d6e04df498d13900675df8a5.img
}

### END /etc/grub.d/10_linux ###
#…省略…
```

2. 配置使用

系统复位时,可以在串口打印中查看打印信息,用户收集到相关信息后进行记录,并发送给相关运维人员帮助定位异常复位,增强信息如下。

```
reboot: Mddev shutdown finished.
reboot: Usermodehelper disable finished.
```

```
reboot: Kernel restart prepare finished.
reboot: Migrate to reboot cpu finished.
reboot: Syscore shutdown finished.
reboot: Restarting system
reboot: Kmsg dump finished.
reboot: machine restart
```

小结

本章分别从故障定位、故障修复、日志增强三方面介绍 FusionOS 的高级特性。这些高级特性的引入对于让 FusionOS 安全高效地运行起着至关重要的作用。

故障定位方面：FusionOS 提供了内核黑匣子特性，类似于飞行系统中的黑匣子，用于记录在系统异常触发时的重要信息。这有助于捕获丢失的内核日志，以便分析异常状态，从而快速解决问题。FusionOS 提供内存分析工具，基于内核中的 page alloc、slab alloc、LRU 链表的实现以及模块占用的 vmalloc 内存大小，进行跟踪并获取精准的内存信息。FusionOS 提供内存错误降级特性，通过与 BIOS 配合，将内存控制器巡检发现的 SRAO 错误降级为 CE 错误，以提高系统的可靠性。

故障修复方面：FusionOS 增强了内核的 watchdog 功能。在内核 watchdog 的基础上，加入了对于 LOCKUP 状态下错误重置软件 watchdog 导致 watchdog 失效的场景进行检测，还支持动态调整检测和告警日志打印周期。FusionOS 提供了 CMCI 风暴抑制参数可配置特性，允许用户调整 CMCI 中断触发门限和轮询周期，以减少 CMCI 中断对系统性能的影响。内核热补丁是一种在线修复内核和内核模块缺陷的工具，可以在不重启操作系统或插拔内核模块的情况下解决问题。FusionOS 提供了内核热补丁管理服务，允许用户使用热补丁来修复内核和模块问题，提高问题解决效率，缩短版本发布时间，减少业务中断。

日志增强方面：FusionOS 提供日志管理特性，旨在解决日志信息占满磁盘空间、日志过大不易分析等问题。通过日志转储功能，将分割的日志保存到指定目录下。FusionOS 提供了对 OOM(Out Of Memory)场景的日志增强特性，以便在系统发生 OOM 时，能够输出当前系统的内存使用情况到日志中，从而更方便地定位和解决问题。FusionOS 在复位(reboot)流程中增强了日志记录，以便在复位过程中卡住无法复位时，能够收集更多的调试信息，用于问题的分析和定位。

习题

1. 当内存占用率过高时会产生什么样的告警？如何处理内存占用率异常告警？
2. 什么是内核黑匣子特性？它的作用是什么？
3. 内核黑匣子特性如何安装和配置使用？
4. FusionOS 的内存分析工具的主要目的是什么？
5. 内存分析工具支持哪些功能？分别是什么？
6. 使用内存分析工具时需要注意哪些约束和限制？

7. 内存分析工具中的 PAGE 内存跟踪分析记录的信息有哪些？这些信息对于定位内存问题有什么帮助？

8. 什么是 PAGE 内存跟踪分析？它的使用步骤是什么？

9. 在 PAGE 内存跟踪分析中，有哪些可配置的参数以及它们的含义是什么？

10. 什么是 slab 内存跟踪分析？它的使用步骤是什么？

11. 在 slab 内存跟踪分析中，有哪些可配置的参数以及它们的含义是什么？

12. 在 slab 内存跟踪分析中，如何控制采样记录的内存大小？

13. LRU 文件信息分析的使用方法包括哪些步骤？

14. 模块 vmalloc 占用跟踪分析的使用方法包括哪些步骤？

15. 什么是内存错误降级特性以及它的目的和受益是什么？

16. 如何配置内存错误降级特性中的“内存隔离”规则？请提供一个配置示例。

17. 什么是 watchdog 增强特性？它的目的和受益是什么？

18. watchdog 增强特性的配置参数是什么？它们有什么作用？

19. 为了使 CMCI 中断风暴抑制生效，用户需要进行哪些配置步骤？

20. CMCI 中断风暴抑制参数可配置特性的目的是什么？

21. 什么是 CMCI 中断风暴抑制特性中的 cmci_storm_threshold 参数？它在系统中的作用是什么？

22. 什么是内核热补丁？它的主要背景和目的是什么？

23. 什么是内核热补丁的定义和批量内核热补丁的特点？

24. 内核热补丁的主要应用场景是什么？

25. 内核热补丁的制作步骤是什么？

26. 内核热补丁的应用中有哪些约束与限制？

27. 在制作热补丁时，有哪些特殊处理和注意事项？

28. 如何安装热补丁？如何卸载已安装的热补丁？

29. 什么是热补丁的加载过程？如何激活已加载的热补丁？如何回退已激活的热补丁？

30. 如何进行热补丁的重启恢复？重启恢复的功能如何安装？重启后如何查看热补丁恢复的情况？

31. FusionOS 的日志管理特性的背景是什么？FusionOS 的日志管理特性是如何定义的？

32. 使用 FusionOS 的日志管理特性有什么目的和受益？

33. 在日志转储中，有哪些约束和限制？

34. 如何安装 FusionOS 的日志管理特性？

35. 如何进行日志的分割操作？日志分割的配置文件中，哪些配置项具有什么功能？

36. 如何设置日志文件的保存天数和大小？如何查询这些配置？

37. 什么是 OOM 日志增强特性的背景？

38. OOM 日志增强的目的和受益是什么？

39. 如何配置 OOM 日志增强？

40. 复位日志增强的作用是什么？

第3章

FusionOS安全加固

CHAPTER 3

操作系统作为信息系统的核心，承担着管理硬件资源和软件资源的重任，是整个信息系统安全的基础。操作系统之上的各种应用，要想获得信息的完整性、机密性、可用性和可控性，必须依赖于操作系统。脱离了对操作系统的安全保护，仅依靠其他层面的防护手段来阻止黑客和病毒等对网络信息系统的攻击，是无法满足安全需求的。因此，需要对操作系统进行安全加固，构建动态、完整的安全体系，增强产品的安全性，提升产品的竞争力。本章将介绍FusionOS操作系统的加固方案、加固指导、安全加固工具等内容。

3.1 操作系统加固概述

须知

由于安全加固对系统至关重要，因此只有 root 用户允许修改并应用安全加固策略。

3.1.1 加固方案

本节描述 FusionOS 的安全加固方案，包括加固方式和加固内容。

1. 加固方式

用户可以通过手动修改加固配置或执行相关命令对系统进行加固，也可以通过加固工具批量修改加固项。FusionOS 的安全加固工具 security-tool 以 openEuler-security. service 服务的形式运行。系统首次启动时会自动运行该服务去执行默认加固策略，且自动设置后续开机不启动该服务。

用户可以通过修改/etc/openEuler_security/security. conf，使用安全加固工具实现个性化安全加固的效果。

2. 加固内容

FusionOS 系统加固内容主要分为以下 5 部分。

- 系统服务；
- 文件权限；
- 内核参数；
- 授权认证；
- 账号口令。

3.1.2 加固影响

对文件权限、账户口令等安全加固，可能造成用户使用习惯变更，从而影响系统的易用性。影响系统易用性的常见加固项参见表 3-1。

表 3-1 加固影响说明

加　固　项	建 议 加 固	易用性影响	FusionOS 默认是否设置了该加固项
字符界面等待超时限制	当字符界面长时间处在空闲状态时，字符界面应该自动退出。 说明： • 当用户通过 SSH 登录，会话空闲时长上限应该由/etc/profile 文件的 TMOUT 变量控制，而不能由/etc/ssh/sshd_config 文件的 ClientAliveInterval 变量和 ClientAliveCountMax 两个值决定。 • 建议 TMOUT 变量为 300(300s)	当字符界面长时间处在空闲状态时，字符界面会自动退出。 说明： 从 openSSH 8.2 版本起，ClientAliveInterval 和 ClientAliveCountMax 两个变量不再控制客户端的空闲时限，而是控制两端的通信故障时限（即两端通信出现故障一段时间后，Server 会自动关闭 SSH 会话）	是

续表

加　固　项	建 议 加 固	易用性影响	FusionOS 默认是否设置了该加固项
口令复杂度限制	口令长度最小为 8 位，口令至少包含大写字母、小写字母、数字和特殊字符中的三种	系统中所有用户不能设置简单的口令，口令必须符合复杂度要求	是
限定登录失败时的尝试次数	当用户登录系统时，口令连续输错三次，账户将被锁定 60s，锁定期间不能登录系统	用户不能随意登录系统，账户被锁定后必须等待 60s	是
用户默认 umask 值限制	设置所有用户的默认 umask 值为 077，使用户创建文件的默认权限为 600、目录权限为 700	用户需要按照需求修改指定文件或目录的权限	否
口令有效期	口令有效期的设置通过修改/etc/login.defs 文件实现，加固默认值为口令最大有效期 90 天，两次修改口令的最小间隔时间为 0，口令过期前开始提示天数为 7	口令过期后用户重新登录时，提示口令过期并强制要求修改，不修改则无法进入系统	是
su 权限限制	su 命令用于在不同账户之间切换。为了增强系统安全性，有必要对 su 命令的使用权进行控制，只允许 root 和 wheel 群组的账户使用 su 命令，限制其他账户使用	普通账户执行 su 命令失败，必须加入 wheel 群组才可以 su 成功	是
禁止 root 账户直接 SSH 登录系统	设置/etc/ssh/sshd_config 文件的 PermitRootLogin 字段的值为 no，用户无法使用 root 账户直接 SSH 登录系统	用户需要先使用普通账户 SSH 登录后，普通用户需要加入 wheel 组后，才能切换至 root 账户	是
SSH 强加密算法	SSH 服务的 MACs 和 Ciphers 配置，禁止对 CBC、MD5、SHA1 算法的支持，修改为 CTR、SHA2 算法	当前 Windows 下使用的部分低版本的 Xshell、PuTTY 不支持 aes128-ctr、aes192-ctr、aes256-ctr、hmac-sha2-256、hmac-sha2-512 算法，可能会出现无法通过 SSH 登录系统的情况，请使用最新的 PuTTY(0.63 版本以上)、Xshell(5.0 版本及以上版本)登录	是

3.2　加固指导

用户可以通过修改加固策略配置文件或加固脚本进行系统加固。本节介绍各加固项的含义以及 FusionOS 是否已默认加固，并给出加固方法，指导用户进行安全加固。

3.2.1　账户口令

1. 屏蔽系统账户

1）说明

除了用户账户外，其他账号称为系统账户。系统账户仅系统内部使用，禁止用于登录系统或其他操作，因此屏蔽系统账户。

2）实现

执行如下命令，将系统账户的 Shell 修改为/sbin/nologin。

```
usermod -L -s /sbin/nologin $systemaccount
```

说明

$systemaccount 指系统账户。

2. 限制使用 su 命令的账户

1）说明

su 命令用于在不同账户之间切换。为了增强系统安全性，有必要对 su 命令的使用权进行控制，只允许 root 和 wheel 群组的账户使用 su 命令，限制其他账户使用。

2）实现

su 命令的使用控制通过修改/etc/pam.d/su 文件实现，配置如下。

```
auth        required        pam_wheel.so use_uid
```

其中，pam_wheel.so 配置项说明如表 3-2 所示。

表 3-2　pam_wheel.so 配置项说明

配　置　项	说　　明
use_uid	基于当前账户的 uid

3. 设置口令复杂度

1）说明

用户可以通过修改对应配置文件设置口令的复杂度要求，建议用户根据实际情况设置口令复杂度。

2）实现

口令复杂度通过/etc/pam.d/password-auth 和/etc/pam.d/system-auth 文件中的 pam_pwquality.so 和 pam_pwhistory.so 模块实现。用户可以通过修改这两个模块中的配置项修改口令复杂度要求。

3）设置举例

这里给出一个配置口令复杂度的例子，供用户参考。

(1) 密码复杂度要求。

① 口令长度至少 8 个字符。

② 口令必须包含如下至少三种字符的组合。

- 小写字母。
- 大写字母。
- 数字。
- 特殊字符：`~!@#$%^&*()-_=+\|[{}];:'",<.>/? 和空格。

③ 口令不能和账号或者账号的倒写一样。

④ 新口令不能和当前口令之前的 5 个旧口令相似。

(2) 配置实现。

在/etc/pam.d/password-auth 和/etc/pam.d/system-auth 文件中添加如下两行配置内容。

```
password    requisite    pam_pwquality.so minlen = 8 minclass = 3 enforce_for_root try_first_pass
local_users_only retry = 3 dcredit = 0 ucredit = 0 lcredit = 0 ocredit = 0
password    required     pam_pwhistory.so use_authtok remember = 5 enforce_for_root
```

(3) 配置项说明。

pam_pwquality.so 和 pam_pwhistory.so 的配置项见表 3-3 和表 3-4。

表 3-3　pam_pwquality.so 配置项说明

配　置　项	说　　明
minlen=8	口令长度至少包含 8 个字符
minclass=3	口令至少包含大写字母、小写字母、数字和特殊字符中的任意三种
ucredit=0	口令包含任意个大写字母
lcredit=0	口令包含任意个小写字母
dcredit=0	口令包含任意个数字
ocredit=0	口令包含任意个特殊字符
retry=3	每次修改最多可以尝试三次
enforce_for_root	本设置对 root 账户同样有效

表 3-4　pam_pwhistory.so 配置项说明

配　置　项	说　　明
remember=5	表示当前口令之前的 5 个旧口令会被系统记录,新口令不能和这 5 个旧口令相似
enforce_for_root	本设置对 root 账户同样有效

4. 设置口令有效期

1) 说明

出于系统安全性考虑,建议设置口令有效期限,且口令到期前通知用户更改口令。

2) 实现

口令有效期的设置通过修改/etc/login.defs 文件实现,加固项如表 3-5 所示。表中所有的加固项都在文件/etc/login.defs 中。表中字段直接通过修改配置文件完成。

表 3-5　login.defs 加固项说明

加　固　项	加固项说明	建 议 加 固	FusionOS 默认是否已加固为建议值
PASS_MAX_DAYS	口令最大有效期	90	是
PASS_MIN_DAYS	两次修改口令的最小间隔时间	0	是
PASS_WARN_AGE	口令过期前开始提示天数	7	是

📖说明

- login.defs 是设置用户账号限制的文件，可配置口令的最大过期天数、最大长度约束等。该文件里的配置对 root 用户无效。
- 如果/etc/shadow 文件里有相同的选项，则以/etc/shadow 配置为准，即/etc/shadow 的配置优先级高于/etc/login.defs。
- 口令过期后用户重新登录时，提示口令过期并强制要求修改，不修改则无法进入系统。

5. 设置口令的加密算法

1）说明

出于系统安全考虑，口令不允许明文存储在系统中，应该加密保护。在不需要还原口令的场景，必须使用不可逆算法加密。设置口令的加密算法为 sha512，FusionOS 默认已设置。通过上述设置可以有效防范口令泄露，保证口令安全。

2）实现

口令的加密算法设置通过修改/etc/pam.d/password-auth 和/etc/pam.d/system-auth 文件实现，添加如下配置。

```
password    sufficient    pam_unix.so sha512 shadow nullok try_first_pass use_authtok
```

其中，pam_unix.so 配置项说明如表 3-6 所示。

表 3-6 pam_unix.so 配置项说明

配置项	说明
sha512	使用 sha512 算法对口令加密

6. 登录失败超过三次后锁定

1）说明

为了保障用户系统的安全，建议用户设置口令出错次数的阈值（建议 3 次），以及由于口令尝试被锁定用户的自动解锁时间（建议 300s）。

用户锁定期间，任何输入被判定为无效，锁定时间不因用户的再次输入而重新计时；解锁后，用户的错误输入记录被清空。通过上述设置可以有效防范口令被暴力破解，增强系统的安全性。

📖说明

FusionOS 默认口令出错次数的阈值为 3 次，系统被锁定后自动解锁时间为 60s。

2）实现

口令复杂度的设置通过修改/etc/pam.d/password-auth 和/etc/pam.d/system-auth 文件实现，设置口令最大的出错次数为 3 次，系统锁定后的解锁时间为 300s 的配置以下三行所示。

```
auth    required        pam_faillock.so preauth audit deny=3 even_deny_root unlock_time=300
auth    [default=die] pam_faillock.so authfail audit deny=3 even_deny_root unlock_time=300
auth    sufficient    pam_faillock.so authsucc audit deny=3 even_deny_root unlock_time=300
```

其中，pam_faillock. so 配置项说明如表 3-7 所示。

表 3-7　pam_faillock. so 配置项说明

配　置　项	说　　明
authfail	捕获用户登录失败的事件
deny=3	用户连续登录失败次数超过 3 次即被锁定
unlock_time=300	普通用户自动解锁时间为 300s(5min)
even_deny_root	同样限制 root 账户

7. 加固 su 命令

1）说明

为了增强系统安全性，防止使用“su”切换用户时将当前用户环境变量带入其他环境，FusionOS 默认已做配置。总是在使用 su 切换用户时初始化 PATH。

2）实现

通过修改/etc/login. defs 实现，配置如下。

```
ALWAYS_SET_PATH = yes
```

8. 密码到期时禁用账户

1）说明

为了增强系统安全性，在用户密码超过 30 天未更换时，禁用账户。FusionOS 默认配置为 35 天。

2）实现

通过修改/etc/default/useradd 实现，将默认 35 天修改为 30 天，配置如下。

```
INACTIVE = 30
```

9. 修改 TMOUT 配置

1）说明

为了增强 FusionOS 的安全性，需要在用户输入空闲一段时间后自动断开，这个操作可以由设置 TMOUT 值来实现。并将其设为 readonly 防止用户修改。如果需要修改此变量，需要重新配置，请按如下步骤实现。

2）实现

通过修改/etc/profile 文件实现。

步骤 1　编辑/etc/profile。

```
vi /etc/profile
```

步骤 2　修改 TMOUT 的值。

步骤 3 重启系统，使修改生效。

```
reboot
```

3.2.2 授权认证

1. 设置网络远程登录的警告信息

1）说明

设置网络远程登录的警告信息，用于在登录进入系统之前向用户提示警告信息，明示非法侵入系统可能受到的惩罚，吓阻潜在的攻击者。同时也可以隐藏系统架构及其他系统信息，避免招致对系统的目标性攻击。

2）实现

该设置可以通过修改/etc/issue.net文件的内容实现。将/etc/issue.net文件原有内容替换为如下信息（FusionOS默认已设置）。

```
Authorized users only. All activities may be monitored and reported.
```

2. 禁止通过Ctrl+Alt+Del重启系统

1）说明

操作系统默认能够通过Ctrl+Alt+Del进行重启，禁止该项特性可以防止因为误操作而导致数据丢失。

2）实现

禁止通过Ctrl+Alt+Del重启系统的操作步骤如下。

步骤 1 删除两个ctrl-alt-del.target文件，参考命令如下。

```
rm -f /etc/systemd/system/ctrl-alt-del.target
rm -f /usr/lib/systemd/system/ctrl-alt-del.target
```

步骤 2 修改/etc/systemd/system.conf文件，将#CtrlAltDelBurstAction=reboot-force修改为CtrlAltDelBurstAction=none。

步骤 3 重启systemd，使修改生效，参考命令如下。

```
systemctl daemon-reexec
```

3. 设置终端的自动退出时间

1）说明

无人看管的终端容易被侦听或被攻击，可能会危及系统安全。因此需要终端在停止运行一段时间后能够自动退出。

2）实现

自动退出时间由/etc/profile文件的TMOUT字段（单位为秒）控制，在/etc/profile的尾部添加如下配置。

```
export TMOUT = 300
```

4. 设置 GRUB2 加密口令

1）说明

GRUB(GRand Unified Bootloader)是一个操作系统启动管理器，用来引导不同系统（如 Windows、Linux），GRUB2 是 GRUB 的升级版。

系统启动时，可以通过 GRUB2 界面修改系统的启动参数。为了确保系统的启动参数不被任意修改，需要对 GRUB2 界面进行加密，仅在输入正确的 GRUB2 口令时才能修改启动参数。

说明

GRUB2 默认没有设置密码，建议用户首次登录时设置密码并定期更新，避免密码泄露后，启动选项被篡改，导致系统启动异常。

2）实现

步骤 1　使用 grub2-mkpasswd-pbkdf2 命令生成加密的口令。

说明

GRUB2 加密算法使用 PBKDF2。

```
# grub2 - mkpasswd - pbkdf2
Enter password:
Reenter password:  PBKDF2 hash of your password is grub.pbkdf2.sha512.10000.ACB8EE2321839E
444D8DD1E34B364F57ECC46BEBA26FC2B6004B4E1DC72B04E0655E9E0B14CDBB0A9F865DF91D66AD1168F66
738C54465F3746A2D92CCDEF249.4348B8768F83295572B06F0BA781C3295AC17EAFC45E7D86E2108ED11E7
F21235656A176B6D12C6D3F9FC5E21CEFC1C13C010B16045FE56F8B44E95774FBC6D4
```

说明

在 Enter password 和 Reenter password 输入相同的口令。grub.pbkdf2.sha512.10000.ACB8EE2321839E444D8DD1E34B364F57ECC46BEBA26FC2B6004B4E1DC72B04E0655E-9E0B14CDBB0A9F865DF91D66AD1168F66738C54465F3746A2D92CCDEF249.4348B876-8F83295572B06F0BA781C3295AC17EAFC45E7D86E2108ED11E7F21235656A176B6D12-C6D3F9FC5E21CEFC1C13C010B16045FE56F8B44E95774FBC6D4 为 FusionOS12 # $ 经过 grub2-mkpasswd-pbkdf2 加密后的输出，每次输出的密文不同。

步骤 2　使用 vi 工具打开 grub.cfg 的开始位置追加如下两行字段。

```
set superusers = "root" password_pbkdf2 root grub.pbkdf2.sha512.10000.ACB8EE2321839E444D8D
D1E34B364F57ECC46BEBA26FC2B6004B4E1DC72B04E0655E9E0B14CDBB0A9F865DF91D66AD1168F66738C54
465F3746A2D92CCDEF249.4348B8768F83295572B06F0BA781C3295AC17EAFC45E7D86E2108ED11E7F21235
656A176B6D12C6D3F9FC5E21CEFC1C13C010B16045FE56F8B44E95774FBC6D4
```

说明

- 不同模式下 grub.cfg 文件所在路径不同：x86 架构的 UEFI 模式下位于/boot/efi/EFI/FusionOS/grub.cfg，legacy BIOS 模式下位于/boot/grub2/grub.cfg。aarch64 架构下，

只有一种安装模式 UEFI，因此只有一种目录：/boot/efi/EFI/FusionOS/grub.cfg

- superusers 字段用于设置 GRUB2 的超级管理员的账户名。
- password_pbkdf2 字段后的参数，第 1 个参数为 GRUB2 的账户名，第 2 个为该账户的加密口令，两个参数配置在同一行。

5. 安全单用户模式

1）说明

单用户模式是以 root 权限进入系统的。

2）实现

重启系统，在出现 grub 界面时选择要启动的内核，按 E 键进入编辑模式，在以“linux”开始的那一行末尾添加空格和“single”，按 Ctrl+X 组合键启动，如图 3-1 所示。

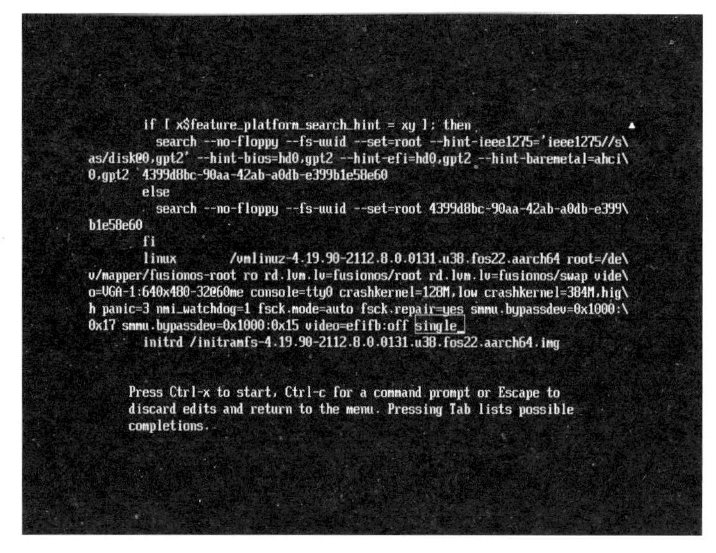

图 3-1 编辑模式

6. 禁止交互式启动

1）说明

使用交互式引导，控制台用户可以禁用审计、防火墙或其他服务，削弱了系统安全性。用户可以禁止使用交互式引导，提升安全性。FusionOS 默认已禁止。

2）实现

该设置可以通过修改/etc/sysconfig/init 文件内容实现。将 PROMPT 选项配置为 PROMPT=no。

3.2.3 系统服务

1. 加固 SSH 服务

1）说明

SSH(Secure Shell)是目前较可靠，专为远程登录会话和其他网络服务提供安全性保障的协议。利用 SSH 协议可以有效防止远程管理过程中的信息泄露问题。通过 SSH 可以对所有传输的数据进行加密,并防止 DNS 欺骗和 IP 欺骗。OpenSSH 是 SSH 协议的免费开源实现。

加固 SSH 服务,是指修改 SSH 服务中的配置来设置系统使用 OpenSSH 协议时的算法、认证等参数,从而提高系统的安全性。表 3-8 中详细说明了各加固项含义、建议加固值及其默认策略。

2) 实现

服务端加固操作如下。

步骤 1 打开服务端 SSH 服务的配置文件/etc/ssh/sshd_config,在该文件中修改或添加对应加固项及其加固值。

步骤 2 保存/etc/ssh/sshd_config 文件。

步骤 3 重启 SSH 服务,命令如下。

```
systemctl restart sshd
```

客户端加固操作如下。

步骤 1 打开客户端 SSH 服务的配置文件/etc/ssh/ssh_config,在该文件中修改或添加对应加固项及其加固值。

步骤 2 保存/etc/ssh/ssh_config 文件。

步骤 3 重启 SSH 服务,命令如下。

```
systemctl restart sshd
```

3) 加固项说明

(1) 服务端加固策略。

SSH 服务的所有加固项均保存在配置文件/etc/ssh/sshd_config 中,服务端各加固项的含义、加固建议以及 FusionOS 默认是否已经加固为建议加固值见表 3-8。

表 3-8 SSH 服务端加固项说明

加固项	加固项说明	加固建议	FusionOS 默认是否已加固为建议值
Protocol	设置使用 SSH 协议的版本	2	是
SyslogFacility	设置 SSH 服务的日志类型。加固策略将其设置为"AUTH",即认证类日志	AUTH	是
LogLevel	设置记录 sshd 日志消息的层次	VERBOSE	是
X11Forwarding	设置使用 SSH 登录后,能否使用图形化界面	no	是
MaxAuthTries	最大认证尝试次数	3	否
PubkeyAuthentication	设置是否允许公钥认证	yes	是
RSAAuthentication	设置是否允许只有 RSA 安全验证	yes	是

续表

加　固　项	加固项说明	加 固 建 议	FusionOS 默认是否已加固为建议值
IgnoreRhosts	设置是否使用 rhosts 文件和 shosts 文件进行验证。rhosts 文件和 shosts 文件用于记录可以访问远程计算机的计算机名及关联的登录名	yes	是
RhostsRSAAuthentication	设置是否使用基于 rhosts 的 RSA 算法安全验证。rhosts 文件记录可以访问远程计算机的计算机名及关联的登录名	no	是
HostbasedAuthentication	设置是否使用基于主机的验证。基于主机的验证是指已信任客户机上的任何用户都可以使用 SSH 连接	no	是
PermitRootLogin	是否允许 root 账户直接使用 SSH 登录系统。 说明： 若需要直接使用 root 账户通过 SSH 登录系统，请修改/etc/ssh/sshd_config 文件的 PermitRootLogin 字段的值为 yes	no	是
PermitEmptyPasswords	设置是否允许用口令为空的账号登录	no	是
PermitUserEnvironment	设置是否解析～/. ssh/environment 和～/. ssh/authorized_keys 中设定的环境变量	no	是
Ciphers	设置 SSH 数据传输的加密算法	aes128-ctr，aes192-ctr，aes256-ctr，aes128-gcm @ openssh. com，aes256-gcm @ openssh. com，chacha20-poly1305@openssh. com	是
ClientAliveCountMax	设置超时次数。服务器发出请求后，客户端没有响应的次数达到一定值，连接自动断开	0	是
Banner	指定登录 SSH 前后显示的提示信息的文件	/etc/issue. net	是
MACs	设置 SSH 数据校验的哈希算法	hmac-sha2-512，hmac-sha2-512-etm @ openssh. com，hmac-sha2-256，hmac-sha2-256-etm@openssh. com	是

续表

加　固　项	加固项说明	加 固 建 议	FusionOS 默认是否已加固为建议值
StrictModes	设置 SSH 在接收登录请求之前是否检查用户 HOME 目录和 rhosts 文件的权限和所有权	yes	是
UsePAM	使用 PAM 登录认证	yes	是
AllowTcpForwarding	设置是否允许 TCP 转发	no	是
Subsystem sftp/usr/libexec/openssh/sftp-server	sftp 日志记录级别，记录 INFO 级别以及认证日志	-l INFO -f AUTH	是
AllowAgentForwarding	设置是否允许 SSH Agent 转发	no	是
GatewayPorts	设置是否允许连接到转发客户端端口	no	是
PermitTunnel	Tunnel 设备是否允许使用	no	是
KexAlgorithms	设置 SSH 密钥交换算法	-diffie-hellman-group1-sha1，diffie-hellman-group14-sha1，diffie-hellman-group14-sha256，diffie-hellman-group16-sha512，diffie-hellman-group18-sha512，diffie-hellman-group-exchange-sha1，diffie-hellman-group-exchange-sha256	是
LoginGraceTime	限制用户必须在指定的时限内认证成功，0 表示无限制。默认值是 60s	60	否

说明

默认情况下，登录 SSH 前后显示的提示信息保存在/etc/issue. net 文件中，/etc/issue. net 默认信息为“Authorized users only. All activities may be monitored and reported.”。

（2）客户端加固策略。

SSH 服务的所有加固项均保存在配置文件/etc/ssh/ssh_config 中，客户端各加固项的含义、加固建议以及 FusionOS 默认是否已经加固为建议加固值见表 3-9。

表 3-9　SSH 客户端加固项说明

加　固　项	加固项说明	加 固 建 议	FusionOS 默认是否已加固为建议值
KexAlgorithms	设置 SSH 密钥交换算法	ecdh-sha2-nistp256，ecdh-sha2-nistp384，ecdh-sha2-nistp521，diffie-hellman-group-exchange-sha256	否
VerifyHostKeyDNS	是否使用 DNS 或者 SSHFP 资源记录验证 HostKey	ask	否

说明

对于使用 dh 算法进行密钥交换的第三方客户端和服务端工具，要求允许建立连接的最低长度为 2048b。

2. 设置时间同步 chrony

1）说明

chrony是一个实现网络时间协议（NTP）的守护进程，使用高度准确的源跨各种系统同步系统时钟，FusionOS默认启用chrony替代ntp。

2）实现

步骤1 执行如下命令，检查chrony的远程服务器配置。

```
grep -E "^(server|pool)" /etc/chrony.conf
```

返回示例：

```
pool pool.ntp.org iburst
```

步骤2 执行如下命令，检查chronyd进程。

```
ps -ef | grep chronyd
```

返回示例：

```
chrony 345809   1   0 16:33 ?      00:00:00 /usr/sbin/chronyd
```

步骤3 根据需要将服务器或池行添加或编辑到/etc/chrony.conf。

```
vi /etc/chrony.conf
```

步骤4 修改配置文件后需要重启生效。

```
systemctl restart chronyd
```

3. 其他安全建议

（1）SSH服务仅侦听指定IP地址。

出于安全考虑，建议用户在使用SSH服务时，仅在必需的IP上进行绑定侦听，而不是侦听0.0.0.0，可修改/etc/ssh/sshd_config文件中的ListenAddress配置项。

① 打开并修改/etc/ssh/sshd_config文件。

```
vi /etc/ssh/sshd_config
```

修改内容如下，表示绑定侦听IP为192.168.1.100，用户可根据实际情况修改需要侦听的IP。

```
...
ListenAddress 192.168.1.100
...
```

② 重启 SSH 服务。

```
systemctl restart sshd.service
```

(2) 限制 SFTP 用户向上跨目录访问。

SFTP 是 FTP over SSH 的安全 FTP 协议，对于访问 SFTP 的用户建议使用专用账号，只能上传或下载文件，不能用于 SSH 登录，同时对 SFTP 可以访问的目录进行限定，防止目录遍历攻击，具体配置如下。

📖 **说明**

sftpgroup 为示例用户组，sftpuser 为示例用户名，sftpupload 为示例用户上传目录。

- 创建 SFTP 用户组。

```
groupadd sftpgroup
```

- 创建 SFTP 根目录。

```
mkdir /sftp
```

- 修改 SFTP 根目录属主和权限。

```
chown root:root /sftp
chmod 755 /sftp
```

- 创建 SFTP 用户。

```
useradd -g sftpgroup -s /sbin/nologin sftpuser
```

- 设置 SFTP 用户的口令。

```
passwd sftpuser
```

- 创建 SFTP 用户登录后的根目录。

```
mkdir /sftp/sftpuser
```

- 修改 SFTP 用户登录后根目录的属主和权限。

```
chown root:root /sftp/sftpuser
chmod 755 /sftp/sftpuser
```

- 创建 SFTP 用户上传目录。

```
mkdir /sftp/sftpuser/sftpupload
```

- 修改 SFTP 用户上传目录的属主。

```
chown sftpuser:sftpgroup /sftp/sftpuser/sftpupload
```

• 修改/etc/ssh/sshd_config 文件。

```
vi /etc/ssh/sshd_config
```

修改内容如下。

```
#Subsystem sftp /usr/libexec/openssh/sftp-server -l INFO -f AUTH
Subsystem sftp internal-sftp -l INFO -f AUTH
...

Match Group sftpgroup
    ChrootDirectory /sftp/%u
    ForceCommand internal-sftp
```

📖 **说明**

• %u 代表当前 sftp 用户的用户名，这是一个通配符，用户原样输入即可。
• 以下内容必须加在/etc/ssh/sshd_config 文件的末尾。

```
Match Group sftpgroup
  ChrootDirectory /sftp/%u
  ForceCommand internal-sftp
```

表示当属于 sftpgroup 组的用户通过 sftp 连接到服务器时，他们将被限制在自己的 chroot 目录 /sftp/用户名中，而且他们只能执行 sftp 操作，无法执行其他 Shell 命令。这样可以确保用户只能在指定的目录内进行安全的文件传输操作，同时不会访问系统中的其他文件和目录。

• 重启 SSH 服务。

```
systemctl restart sshd.service
```

(3) SSH 远程执行命令。

OpenSSH 通用机制，在远程执行命令时，默认不开启 tty，如果执行需要密码的命令，密码会明文回显。出于安全考虑，建议用户增加-t 选项，确保密码输入安全，如下：

```
ssh -t testuser@192.168.1.100 su
```

📖 **说明**

192.168.1.100 为示例 IP，testuser 为示例用户。

3.2.4　文件权限

1. 设置文件的权限和属主

1) 说明

Linux 将所有对象都当作文件来处理，即使一个目录也被看作包含有多个其他文件的大文件。因此，Linux 中最重要的就是文件和目录的安全性。文件和目录的安全性主要通过权限和属主来保证。

FusionOS默认对系统中的常用目录、可执行文件和配置文件设置了权限和属主。

2）实现

以/bin目录为例，修改文件权限和文件属主的操作如下。

（1）修改文件权限。例如，将/bin目录权限设置为755。

```
chmod 755 /bin
```

（2）修改文件属主。例如，将/bin目录的拥有者和群组设置为root:root。

```
chown root:root /bin
```

2. 删除无主文件

1）说明

系统管理员在删除用户/群组时，可能会出现忘记删除该用户/该群组所拥有文件的问题。如果后续新创建的用户/群组与被删除的用户/群组同名，则新用户/新群组会拥有部分不属于其权限的文件，建议将此类文件删除。

2）实现

删除用户ID不存在的文件。

步骤1　查找用户ID不存在的文件。

```
find / -nouser
```

步骤2　删除查找到的文件。其中，filename为用户ID不存在文件的文件名。

```
rm -f filename
```

步骤3　查找群组ID不存在的文件。

```
find / -nogroup
```

步骤4　删除查找到的文件。其中，filename为群组ID不存在文件的文件名。

```
rm -f filename
```

3. 处理空链接文件

1）说明

无指向的空链接文件，可能会被恶意用户利用，影响系统安全性。建议用户删除无效的空链接文件，提高系统安全性。

2）特殊场景

FusionOS系统安装完成后，可能存在空链接文件，这些空链接文件可能有对应用途（有些空链接文件是预制的，会被其他组件依赖）。请用户根据实际环境进行处理，处理方式请参见实现。

例如，FusionOS在x86架构下支持UEFI和legacy BIOS两种安装模式，两种引导场景支持的 grub 相关包默认都安装。当用户选择 legacy BIOS 模式安装时，形成空链接文件“/etc/grub2.cfg”；当用户选择 UEFI 模式安装时，会形成空链接文件“/etc/grub2-uefi.cfg”，需要用户根据实际情况处理空链接。

3）实现

步骤 1 通过如下命令查找系统中的空链接文件。

```
find dirname -type l -follow 2>/dev/null
```

说明

dirname 为搜索目录的名称，通常需要关注系统关键目录：/bin、/boot、/usr、/lib64、/lib、/var 等。

步骤 2 如果此类文件无实际作用，可通过如下命令删除。

```
rm -f filename
```

说明

filename 为步骤 1 找出的文件名。

4. 设置守护进程的 umask 值

1）说明

umask 值用来为新创建的文件和目录设置默认权限。如果没有设定 umask 值，则生成的文件具有全局可写权限，存在一定的风险。守护进程负责系统上某个服务，让系统可以接收来自用户或者是网络客户的要求。为了提高守护进程所创建文件和目录的安全性，建议设置其 umask 值为 0027。umask 值代表的是权限的“补码”，umask 值和权限的换算方法参见 umask 含义。

说明

FusionOS 默认设置守护进程的 umask 值为 0022。

2）实现

在配置文件/etc/sysconfig/init 中新增一行：umask 0027。

5. 为全局可写目录添加粘滞位属性

1）说明

任意用户可以删除、修改全局可写目录中的文件和目录。为了确保全局可写目录中的文件和目录不会被任意删除，需要为全局可写目录添加粘滞位属性。

2）实现

步骤 1 搜索全局可写目录。

```
find / -type d -perm -0002 ! -perm -1000 -ls | grep -v proc
```

步骤 2 为全局可写目录添加粘滞位属性。dirname 为实际查找到的目录名。

```
chmod +t dirname
```

6. 删除非授权文件的全局可写属性

1）说明

全局可写文件可被系统中的任意用户修改，影响系统完整性。

2）实现

步骤 1　列举系统中所有的全局可写文件。

```
find / -type d \( -perm -o+w \) | grep -v proc
find / -type f \( -perm -o+w \) | grep -v proc
```

步骤 2　查看步骤 1 列举的所有文件（粘滞位的文件和目录可以排除在外），删除文件或去掉其全局可写权限。使用以下命令去掉权限，其中，filename 为对应文件名。

```
chmod o-w  filename
```

说明

可通过如下命令确定对应文件或目录是否设置了粘滞位，若回显中包含 T 标记，则为粘滞位文件或目录。命令中的 filename 为需要查询文件或目录的名称。

```
ls -l filename
```

7. 限制 at 命令的使用权限

1）说明

at 命令用于创建在指定时间自动执行的任务。为避免任意用户通过 at 命令安排工作，造成系统易受攻击，需要指定可使用该命令的用户。

2）实现

步骤 1　删除/etc/at.deny 文件。

```
rm -f /etc/at.deny
```

步骤 2　创建/etc/at.allow 文件。

```
touch /etc/at.allow
```

步骤 3　将/etc/at.allow 的文件属主改为 root:root。

```
chown root:root /etc/at.allow
```

步骤 4　控制/etc/at.allow 的文件权限，仅 root 可操作。

```
chmod og-rwx /etc/at.allow
```

8. 限制 cron 命令的使用权限

1）说明

cron 命令用于创建例行性任务。为避免任意用户通过 cron 命令安排工作，造成系统易受攻击,需要指定可使用该命令的用户。

2）实现

步骤 1 删除/etc/cron.deny 文件。

```
rm -f /etc/cron.deny
```

步骤 2 创建/etc/cron.allow 文件。

```
touch /etc/cron.allow
```

步骤 3 将/etc/cron.allow 的文件属主改为 root:root。

```
chown root:root /etc/cron.allow
```

步骤 4 控制/etc/cron.allow 的文件权限,仅 root 可操作。

```
chmod og-rwx /etc/cron.allow
```

9. 限制 sudo 命令的使用权限

1）说明

sudo 命令用于普通用户以 root 权限执行命令。为了增强系统安全性,有必要对 sudo 命令的使用权进行控制,只允许 root 使用 sudo 命令,限制其他账户使用。FusionOS 默认未限制 wheel 组内的非 root 用户使用 sudo 命令的权限。

2）实现

sudo 命令的使用控制通过修改/etc/sudoers 文件实现,需要注释掉如下配置行。

```
# %wheel ALL=(ALL)       ALL
```

10. Capability 权能机制

1）简介

Capability 权能机制的主要思想在于分割 root 用户的特权,即将 root 的特权分割成不同的能力。Capabilities 作为线程(Linux 并不真正区分进程和线程)的属性存在,每个功能组都可以独立启用和禁用。其本质上就是将内核调用分门别类,具有相似功能的内核调用被分到同一组中。这样一来,权限检查的过程就变成了:在执行特权操作时,如果线程的有效身份不是 root,就去检查其是否具有该特权操作所对应的 Capabilities,并以此为依据,决定是否可以执行特权操作。Capabilities 可以在进程执行时赋予,也可以直接从父进程继承。

基于 POSIX1.e 中关于能力的定义,系统设计实现如下 38 种能力,如表 3-10 所示。

表 3-10 Capability 权能列表

能力名称	值	含义
CAP_CHOWN	0	进程进行 chown()操作修改文件的属主 ID 和用户组 ID,覆盖进程属主 ID 等于文件属主 ID、进程用户组 ID 或进程附加组 ID 等于文件用户组 ID 的限制

续表

能力名称	值	含义
CAP_DAC_OVERRIDE	1	进程执行文件时,覆盖文件访问权限位中对执行访问的限制
CAP_DAC_READ_SEARCH	2	进程读文件或搜索目录时,覆盖文件访问权限位中对读和搜索的限制
CAP_FOWNER	3	在CAP_FSETID未设置时,可以覆盖要求进程属主ID等于文件属主ID的文件操作限制
CAP_FSETID	4	当文件的S_ISUID和S_ISGID位被置上时,可以覆盖要求进程属主ID等于文件属主ID的文件操作限制;当文件的S_ISGID被置上时,可以覆盖要求进程所属组ID等于文件属主ID的文件操作限制
CAP_KILL	5	覆盖信号发送时要求发送进程的用户ID/有效用户ID等于接收进程的用户ID/有效用户ID的限制
CAP_SETGID	6	覆盖进程进行setgid()操作修改进程的真实用户组ID和只能修改有效用户组ID到真实用户组ID的限制;若系统支持保留ID时,覆盖只能修改保留的设置组ID为真实用户组ID或保留的设置组ID的限制
CAP_SETUID	7	覆盖进程进行setgid()操作修改进程的真实属主ID和只能修改有效属主ID到真实属主ID的限制;若系统支持保留ID时,覆盖修改保留的设置属主ID的限制
CAP_SETPCAP	8	允许设置当前用户permitted集合中的任何权能到任何进程;允许删除任何进程中属于当前用户permitted集合的任何权能
CAP_LINUX_IMMUTABLE	9	允许修改文件的S_IMMUTABLE和S_APPEND属性
CAP_NET_BIND_SERVICE	10	允许绑定到1024以下的TCP/UDP sockets;允许绑定到32以下的ATM VCI
CAP_NET_BROADCAST	11	允许广播消息和监听组播消息
CAP_NET_ADMIN	12	允许接口配置;允许IP防火墙,伪装和记账功能;允许设置socket调试选项;允许修改路由表;允许设置任意进程或进程组对socket的所有权;允许绑定到任何开放代理;允许设置服务类型;允许设置混杂模式;允许清除驱动的统计信息;允许组播;允许读/写设备专用寄存器;允许激活ATM控制socket
CAP_NET_RAW	13	允许使用RAW socket;允许使用PACKET socket
CAP_IPC_LOCK	14	允许对共享内存段加锁;允许mlock和mlockall
CAP_IPC_OWNER	15	允许覆盖IPC所有权检测
CAP_SYS_MODULE	16	允许插入和删除内核模块,修改内核
CAP_SYS_RAWIO	17	允许ioperm/iopl访问;允许通过/proc/bus/usb发送USB消息到任何设备
CAP_SYS_CHROOT	18	允许使用chroot
CAP_SYS_PTRACE	19	允许ptrace任何进程
CAP_SYS_PACCT	20	允许设置进程记账

续表

能力名称	值	含义
CAP_SYS_ADMIN	21	允许配置安全密码；允许管理随机设备；允许检查和配置磁盘配额；允许配置内核 syslog(例如 printk 操作)；允许设置域名；允许设置主机名；允许调用 bdflush()；允许 mount()和 umount()，设置新的 smb 连接；允许一些 nfsservctl；允许 VM86_REQUEST_IRQ；允许读/写 alpha 体系结构的 pci 配置；允许 mips 上的 irix_prctl；允许 m68k 上的 cache flush 操作；允许删除信号；允许加锁/解锁共享内存段 ；允许打开/关闭 swap；允许在块设备上设置 readahead 和缓冲 flush；允许在 socket 信任检测时伪造 pid；允许在软驱中设置几何；允许在 xd 驱动上开/关 DMA；允许管理 md 设备；允许调整 ide 驱动；允许访问 nvram 设备；允许管理 apm_bios、序列和 bttv 设备；允许 isdn CAPI 驱动的 manufacturer 命令；允许在 pci 配置空间读取非标准部分；允许在 sbpcd 驱动中 DDI 调试 ioctl；允许建立序列端口；允许发送 qic-117 命令；允许在 SCSI 控制器上打开/关闭标记队列，发送任意 SCSI 命令；允许在 loopback 文件系统中设置加密钥匙；允许设置 zone reclaim 策略
CAP_SYS_BOOT	22	允许使用 reboot
CAP_SYS_NICE	23	允许提升和设置其他进程的优先级；允许对自己的进程使用 FIFO 和 round-robin 调度；允许设置其他进程的调度算法；允许在其他进程上设置 cpu affinity
CAP_SYS_RESOURCE	24	允许覆盖资源限制，设置资源闲置；允许覆盖配额限制；允许为 ext2 文件系统保留空间；允许在 ext3 文件系统修改数据 journaling 模式；允许覆盖 IPC 消息队列的长度限制；允许使用实际时钟中大于 64Hz 的中断；允许覆盖控制台分配的最大数量；允许覆盖 keymap 的最大数量
CAP_SYS_TIME	25	允许操作系统时钟；允许在 mips 上 irix_stime；允许设置实际时钟
CAP_SYS_TTY_CONFIG	26	允许配置 tty 设备，允许 tty 上的 vhangup()
CAP_MKNOD	27	允许 mknod()的特权
CAP_LEASE	28	允许对文件采用 lease 操作
CAP_AUDIT_WRITE	29	允许对审计文件进行写操作
CAP_AUDIT_CONTROL	30	允许配置和管理审计
CAP_SETFCAP	31	允许为文件设置任意的 Capabilities
CAP_MAC_OVERRIDE	32	忽略文件的 DAC 访问限制
CAP_MAC_ADMIN	33	允许 MAC 配置或状态更改
CAP_SYSLOG	34	允许使用 syslog()系统调用
CAP_WAKE_ALARM	35	允许触发一些能唤醒系统的东西(如 CLOCK_BOOTTIME_ALARM 计时器)
CAP_BLOCK_SUSPEND	36	使用可以阻止系统挂起的特性
CAP_AUDIT_READ	37	允许通过 multicast netlink 套接字读取审计日

2）进程及文件的权能

(1) 进程 Capabilities。

每个进程均关联 4 个能力位集，分别如下。

① Inheritable(继承能力位集，简写为 pI)，表示进程可以传递给子进程的能力集。

② Permitted(许可能力位集，简写为 pP)，表示进程所能够拥有的能力集上限。

③ Effective(有效能力位集,简写为 pE),表示当前进程可用的能力集。每个能力在位集中占一位,如果为 1,表示对应能力被设置;如果为 0,则表示对应能力被关。

④ Bounding(是 Inheritable 集合的超集),如果某个 Capability 不在 Bounding 集合中,即使它在 Permitted 集合中,该进程也不能将该 Capability 添加到它的 Inheritable 集合中。此外,Bounding 集合中的 Capabilities 在执行 fork()系统调用时会传递给子进程的 Bounding 集合,并且在执行 exec 系统调用后保持不变。

在进行访问控制时,用于访问判断的是 E 能力位集。当一个进程试图进行某特权操作时,操作系统将检查进程 E 能力位集中的相应位,只有 E 能力位集中的相应位被设置时,进程才被允许执行该特权操作,而不管另两个能力位集的相应位如何。

(2) 文件 Capabilities。

任何文件都可以赋予能力,但只有可执行文件的能力才有意义。可执行文件拥有三组能力集,分别称为 Effective、Inheritable 和 Permitted(分别简记为 fE,fI,fP)。Permitted 集合中包含的 Capabilities,在文件被执行时,自动加入进程的 Permitted 集合;Inheritable 集合与进程的 Inheritable 集合的交集,是执行完 exec 后实际集成的 Capabilities;Effective 仅是一个 bit,如果设置开启,那么在运行 exec 后,Permitted 集合中新增的 Capabilities 会自动出现在 Effective 集合中,否则不会出现在 Effective 集合中。

在系统中,主体是进程,进程只有具有了能力,才能够代表用户进行特权操作,新进程能力的计算方式如下,P 代表执行 exec 前的 Capabilities,P'代表执行 exec 后的 Capabilities,F 代表 exec 执行的文件的 Capabilities。

- P'(Permitted)=(P(Inheritable) & F(Inheritable)) | (F(Permitted) & P(Bounding))
- P'(Effective)=F(Effective)? P'(Permitted):0
- P'(Inheritable)=P(Inheritable)

解释如下。

① 执行 exec 前进程的 Inheritable 集合与可执行文件的 Inheritable 集合取交集,会被添加到执行 exec 后进程的 Permitted 集合;可执行文件的 Permitted 集合与执行 exec 前进程的 Bounding 集合取交集,也会被添加到执行 exec 后进程的 Permitted 集合。

② 如果可执行文件开启了 Effective 标志位,那么在执行完 exec 后,进程 Permitted 集合中的 Capabilities 会自动添加到它的 Effective 集合中。

③ 执行 exec 前进程的 Inheritable 集合会继承给执行 exec 后进程的 Inheritable 集合。

说明

- 上面的公式是针对系统调用 exec 的,如果是 fork,那么子进程的 Capabilities 信息完全复制父进程的能力位集。
- 进程各能力集的直接操作。

系统提供了设置进程能力集的系统调用 capset()。进程可以调用 capset()来直接修改除 init 进程以外的任何进程的能力集,但只有拥有 CA_SETPCAP 能力的进程才有此特权操作,而且修改后的新能力集必须为该进程 pP 的子集。

3) 使用说明

(1) 接口。

FusionOS 提供 libcap 软件包用于获取和设置文件及进程的 cap,此外还提供编程接口用于 cap 相关编程。下面介绍 libcap 软件包提供的若干关于 cap 的接口。

① 使用 setcap 设置文件 cap。

```
setcap (capabilities | -r) filename
```

- capabilities：所要设置的权能。
- -r：移除权能。
- filename：所要操作的可执行文件。

② 使用 getcap 查看文件 cap。

```
getcap filename
```

filename：需查询的文件名。

③ 使用 getpcaps 查看进程 cap。

```
getpcaps pid
```

pid：需查询的进程 id。

（2）可执行文件 cap 的设置及执行过程。

以对可执行文件/bin/chown 设置 CAP_CHOWN 能力为例，CAP_CHOWN 允许改变文件的 owner。

步骤 1　执行如下命令设置可执行文件/bin/chown 的 cap。

```
setcap cap_chown=eip /bin/chown
```

说明

cap_chown=eip 是将 chown 的能力以 e、i、p 三种位集的方式授权给相关的程序文件。

步骤 2　执行如下命令查看可执行文件的 cap。

```
getcap /bin/chown
```

回显如下。

```
/bin/chown = cap_chown+eip
```

步骤 3　切换到普通用户后，执行如下命令将测试文件的 owner 改为普通用户。

```
chown testuser.testuser ./test.file
```

回显如下。

```
-rw-------. 1 testuser testuser 3 Jul 23 21:39 test.file
```

（3）系统预置的可执行文件 capability。

FusionOS 预置的/usr/bin 和/usr/sbin 下的二进制文件具备 capability 能力的罗列如下。

```
arping = cap_net_raw + p
clockdiff = cap_net_raw + p
newrole = cap_chown, cap_dac_override, cap_dac_read_search, cap_fowner, cap_setpcap, cap_sys_
admin, cap_audit_write + ep
ping = cap_net_admin, cap_net_raw + p
suexec = cap_setgid, cap_setuid + ep
```

11. 检查 SUID 和 SGID 可执行文件

1）说明

SUID(Set User ID)和 SGID(Set Group ID)是两种特殊权限，设置 SUID 权限的文件在执行时，调用者将获得该文件所有者的权限；设置 SGID 权限的文件在执行时，调用者将获得该文件所属组的权限。

文件的所有者可以将文件的权限设置为 SUID 或 SGID 的权限，使用户能够执行需要 root 权限或 root 用户组权限的功能（如修改密码）。

SUID 和 SGID 程序的存在有正当原因，但是要识别和审核此类程序以确保它们是合法的。

2）实现

步骤 1 执行如下命令，列出所有的 SUID 文件。

```
df --local -P | awk '{if (NR!=1) print $6}' | xargs -I '{}' find '{}' -xdev -type f -perm -
4000 | xargs ls -l
```

执行如下命令，列出所有的 SGID 文件。

```
df --local -P | awk '{if (NR!=1) print $6}' | xargs -I '{}' find '{}' -xdev -type f -perm -
2000 | xargs ls -l
```

上面的命令只搜索本地文件系统，可以省略--local 搜索系统上的所有文件系统，包含网络挂载的分区，或者为每个分区手工执行如下命令。

列出指定分区的 SUID 文件。

```
find <partition> -xdev -type f -perm -4000
```

列出指定分区的 SGID 文件。

```
find <partition> -xdev -type f -perm -2000
```

步骤 2 检查返回的文件，确保系统中没有引入任何恶意 SUID 和 SGID 程序。并检查系统二进制文件的 MD5 校验和是否与包中的一致，确认二进制文件没有被替换。

12. 删除隐藏的可执行文件

1）说明

恶意程序、代码和脚本通常以点“. ”开头以隐藏自身。

2）实现

步骤1　执行如下命令，查找出隐藏的可执行文件。

```
find / -type f -executable -name ".*"
```

步骤2　检查结果中的文件，根据需要进行删除处理。

```
rm -f filename
```

说明

filename为步骤1找出的文件名。

3.2.5　内核参数

1. 加固内核参数

1）说明

内核参数决定配置和应用特权的状态。内核提供用户可配置的系统控制，这一系统控制可微调或配置，该功能特性可通过控制各种可配置的内核参数，来提高操作系统的安全特性。例如，通过微调或配置网络选项，可有效提高系统的安全性。

2）实现

步骤1　将表3-11中的加固项写入/etc/sysctl.conf文件中。

说明

写入方式如下。

```
net.ipv4.icmp_echo_ignore_broadcasts = 1
net.ipv4.conf.all.rp_filter = 1
net.ipv4.conf.default.rp_filter = 1
```

表3-11　内核参数加固策略说明

加　固　项	加固项说明	加固建议	FusionOS默认是否已加固为建议值
net.ipv4.icmp_echo_ignore_broadcasts	是否接收ICMP广播报文。加固策略为不接收	1	是
net.ipv4.conf.all.rp_filter	验证数据包使用的实际源地址是否与路由表相关，以及使用该特定源IP地址的数据包是否通过接口获取其响应。加固策略为启用该项	1	是
net.ipv4.conf.default.rp_filter		1	是
net.ipv4.ip_forward	IP Forwarding可阻止未授权的IP数据包渗透至网络。加固策略为禁用该特性	0	是
net.ipv4.conf.all.accept_source_route	accept_source_route指允许数据包的发送者指定数据包的发送路径，以及返回给发送者的数据包所走的路径。加固策略为禁用该特性	0	是
net.ipv4.conf.default.accept_source_route		0	是

续表

加　固　项	加固项说明	加固建议	FusionOS 默认是否已加固为建议值
net. ipv4. conf. all. accept_redirects	是否发送 ICMP 重定向报文。加固策略为禁止发送	0	是
net. ipv4. conf. default. accept_redirects		0	是
net. ipv6. conf. all. accept_redirects		0	是
net. ipv6. conf. default. accept_redirects		0	是
net. ipv4. conf. all. send_redirects	是否将 ICMP 重定向报文发送至其他主机。只有当主机作为路由时，应启用该策略。加固策略为禁用该项	0	是
net. ipv4. conf. default. send_redirects		0	是
net. ipv4. icmp_ignore_bogus_error_responses	忽略伪造的 ICMP 数据包，不会将其记录到日志，将节省大量的硬盘空间。加固策略为启用该项	1	是
net. ipv4. tcp_syncookies	SYN Attack 是一种通过占用系统资源迫使系统重启的 DoS 攻击。加固策略为开启 TCP-SYN cookie 保护	1	是
kernel. dmesg_restrict	加固 dmesg 信息，仅允许管理员查看	1	是
kernel. sched_autogroup_enabled	该选项决定内核是否对线程进行自动分组调度。开启后调度组之间互相竞争时间片，调度组内的线程再竞争调度组分配到的时间片。加固策略为不启用该项	0	是
kernel. sysrq	禁用魔术键。 说明： 建议禁用魔术键，避免由于直接发送命令到内核对系统造成影响，增强内核安全性	0	是
net. ipv4. conf. all. secure_redirects	设置系统是接收来自任何主机的 ICMP 重定向消息还是从默认网关列表中的网关处接收 ICMP 重定向消息。加固策略为采用前者	0	是
net. ipv4. conf. default. secure_redirects		0	是
net. ipv6. conf. all. accept_ra	设置禁用系统接收 IPv6 路由器通告的能力	0	否
net. ipv6. conf. default. accept_ra		0	否

步骤 2　加载 sysctl. conf 文件中设置的内核参数。

```
sysctl -p /etc/sysctl.conf
```

2. 其他安全建议

（1）net. ipv4. icmp_echo_ignore_all：忽略 ICMP 请求。

出于安全考虑，建议开启此项（默认值为 0，开启时设为 1，关闭时设为 0）。

但开启后会忽略所有接收的 icmp echo 请求的包（会导致机器无法 ping 通），建议用户根据实际组网场景决定是否开启此项。

（2）net. ipv4. conf. all. log_martians/net. ipv4. conf. default. log_martians：对于仿冒/

源路由/重定向数据包开启日志记录。

出于安全考虑,建议开启此项(默认值为0,开启时设为1,关闭时设为0)。

但是开启后会记录带有不允许的地址的数据到内核日志中,存在冲日志风险,建议用户根据实际使用场景决定是否开启此项。

(3) net.ipv4.tcp_timestamps:关闭tcp_timestamps。

出于安全考虑,建议关闭tcp_timestamps(默认值为1,开启时设为1,关闭时设为0)。

但是关闭此项会影响TCP超时重发的性能,建议用户根据实际使用场景决定是否关闭此项。

(4) net.ipv4.tcp_max_syn_backlog:决定了SYN_RECV状态队列的数量。

该参数决定了SYN_RECV状态队列的数量,超过这个数量,系统将不再接收新的TCP连接请求,一定程度上可以防止系统资源耗尽。建议由用户根据实际使用场景配置合适的值。

3.2.6 SELinux配置

1. 概述

自主访问控制(Discretionary Access Control,DAC)基于用户、组和其他权限,决定一个资源是否能被访问的因素是某个资源是否拥有对应用户的权限,它不能使系统管理员创建全面和细粒度的安全策略。SELinux(Security-Enhanced Linux)是Linux内核的一个模块,也是Linux的一个安全子系统。SELinux实现了强制访问控制(Mandatory Access Control,MAC),每个进程和系统资源都有一个特殊的安全标签,资源能否被访问除了DAC规定的原则外,还需要判断每一类进程是否拥有对某一类资源的访问权限。

FusionOS默认使用SELinux提升系统安全性。SELinux分为以下三种模式。

(1) permissive:SELinux仅打印告警而不强制执行。

(2) enforcing:SELinux安全策略被强制执行。

(3) disabled:不加载SELinux安全策略。

2. 配置说明

(1) 获取当前SELinux运行状态。

```
# getenforce
Enforcing
```

(2) SELinux开启的前提下,设置运行状态为enforcing模式。

```
# setenforce 1
# getenforce
Enforcing
```

(3) SELinux开启的前提下,设置运行状态为permissive模式。

```
# setenforce 0
# getenforce
Permissive
```

（4）SELinux 开启的前提下，设置当前 SELinux 运行状态为 disabled（关闭 SELinux，需要重启系统）。

① 修改 SELinux 配置文件/etc/selinux/config，设置“SELINUX=disabled”。

```
# cat /etc/selinux/config | grep "SELINUX = "
SELINUX = disabled
```

② 重启系统。

```
# reboot
```

③ 状态切换成功。

```
# getenforce
Disabled
```

（5）SELinux 关闭的前提下，设置 SELinux 运行状态为 permissive。

① 修改 SELinux 配置文件/etc/selinux/config，设置“SELINUX=permissive”。

```
# cat /etc/selinux/config | grep "SELINUX = "
SELINUX = permissive
```

② 在根目录下创建.autorelabel 文件。

```
# touch /.autorelabel
```

③ 重启系统，此时系统会重启两次。

```
# reboot
```

④ 状态切换成功。

```
# getenforce
Permissive
```

（6）SELinux 关闭的前提下，设置 SELinux 运行状态为 enforcing。

① 按照上一步骤所述，设置 SELinux 运行状态为 permissive。

② 修改 SELinux 配置文件/etc/selinux/config，设置“SELINUX=enforcing”。

```
# cat /etc/selinux/config | grep "SELINUX = "
SELINUX = enforcing
```

③ 重启系统。

```
# reboot
```

④ 状态切换成功。

```
# getenforce
Enforcing
```

3. SELinux 相关命令

查询运行 SELinux 的系统状态。SELinux status 表示 SELinux 的状态，enabled 表示启用 SELinux，disabled 表示关闭 SELinux。Current mode 表示 SELinux 当前的安全策略。

```
# sestatus
SELinux status:                 enabled
SELinuxfs mount:                /sys/fs/selinux
SELinux root directory:         /etc/selinux
Loaded policy name:             targeted
Current mode:                   enforcing
Mode from config file:          enforcing
Policy MLS status:              enabled
Policy deny_unknown status:     allowed
Memory protection checking:     actual (secure)
Max kernel policy version:      31
```

4. 注意事项

(1) 如用户需使能 SELinux 功能，建议通过 dnf 升级方式将 selinux-policy 更新为最新版本，否则应用程序有可能无法正常运行。升级命令示例：

```
dnf update selinux - policy - y
```

(2) 如果用户由于 SELinux 配置不当(如误删策略或未配置合理的规则或安全上下文)导致系统无法启动，可以在启动参数中添加 selinux=0，关闭 SELinux 功能，系统即可正常启动。

3.2.7 日志审计

说明

详细的日志信息可以帮助回溯历史操作，提高现网问题定位的效率。

因此虽然 OS 的管理员有权限管理审计记录，但是在删除日志时应做好备份，谨慎操作。

1. rsyslog 配置为将日志发送到远程日志主机

1) 说明

rsyslog 程序支持将其收集的日志发送到运行 syslogd(8)的远程日志主机或从远程主机接收消息，统一管理从而减少管理开销。

如果攻击者获得本地系统的 root 访问权限，可以篡改或删除存储在本地系统上的日志数据。在远程主机上存储日志数据可以在本机被攻击时保护日志完整性。

2) 实现

步骤 1 执行如下命令，编辑/etc/rsyslog.conf 文件。

```
vi /etc/rsyslog.conf
```

并添加以下行(其中,loghost. example. com 为远程日志服务器名称,根据实际情况替换)。

```
*.* @@loghost.example.com
```

步骤 2　重启 rsyslogd 以加载配置。

```
systemctl restart rsyslog
```

2. 设置仅在指定的日志主机上接收远程 rsyslog 消息

1) 说明

默认情况下,rsyslog 不监听来自远程系统的日志消息。rsyslog 可以通过配置 ModLoad 加载 imtcp. so 模块,设定 InputTCPServerRun 参数,使 rsyslogd 监听指定的 TCP 端口。

应确保将远程日志主机配置为仅接收来自指定域内的主机的 rsyslog 数据,非日志主机的系统应不接收任何远程 rsyslog 消息。这样可以确保系统管理员在一个位置查看正确完整的系统日志数据。

2) 实现

步骤 1　执行如下命令,查看当前配置信息。

```
grep '$ModLoad imtcp' /etc/rsyslog.conf
grep '$InputTCPServerRun' /etc/rsyslog.conf
```

步骤 2　对于日志主机,编辑/etc/rsyslog. conf 文件。

```
vi /etc/rsyslog.conf
```

取消注释或添加以下行。

```
$ModLoad imtcp
$InputTCPServerRun 514
```

步骤 3　对于非日志主机,编辑/etc/rsyslog. conf 文件。

```
vi /etc/rsyslog.conf
```

注释或删除以下行。

```
# $ModLoad imtcp
# $InputTCPServerRun 514
```

步骤 4　重启 rsyslogd 以加载配置。

```
systemctl restart rsyslog
```

3. rsyslog 配置 daemon. debug 日志选项

1) 说明

默认情况下,rsyslog 不记录守护进程的 debug 级日志信息。设置 daemon. debug 提供

debug级的日志输出，可以帮助管理员监管和调试守护进程。FusionOS作为通用操作系统一般不进行调试工作环境，所以默认不开启此项设置。

2）实现

步骤1 执行如下命令，查看当前配置信息。

```
grep 'daemon.debug' /etc/rsyslog.conf
```

步骤2 编辑/etc/rsyslog.conf文件。

```
vi /etc/rsyslog.conf
```

取消注释或添加以下行。

```
daemon.debug FILE
```

步骤3 重启rsyslogd以加载配置。

```
systemctl restart rsyslog
```

4. rsyslog配置kern.*日志选项

1）说明

默认情况下，rsyslog不记录kernel日志信息。设置kern.*提供kernel日志输出，可以帮助管理员监管kernel。FusionOS默认不开启此项设置。

2）实现

步骤1 执行如下命令，查看当前配置信息。

```
grep 'kern.*' /etc/rsyslog.conf
```

步骤2 编辑/etc/rsyslog.conf文件。

```
vi /etc/rsyslog.conf
```

取消注释或添加以下行。

```
kern.* FILE
```

步骤3 重启rsyslogd以加载配置。

```
systemctl restart rsyslog
```

3.2.8 防DoS攻击

网络服务可对Linux系统造成很多危险，其中一种是DoS攻击。

拒绝服务攻击(DoS)：通过向服务发出大量请求，拒绝服务攻击可让系统无法使用，因为它会尝试记录并回应每个请求。

分布拒绝服务攻击(DDoS)：一种DoS攻击类型，可使用多台被入侵的机器(经常是几千台或者更多)对某个服务执行联合攻击,向其发送海量请求并使其无法使用。

FusionOS 主要通过防火墙技术(firewalld),SYN cookie 等技术来防止 DoS 攻击。

1. 防火墙

FusionOS 的防火墙基于开源的 firewalld 进行构建,防火墙是抵御网络攻击的第一道防线,它坐落于网络之间的枢纽点,保护某个网络以抵御来自其他网络的攻击。

通过以下命令可以操作防火墙服务。

(1) 查看防火墙状态。

```
systemctl status firewalld
```

(2) 开启防火墙。

```
systemctl start firewalld
```

(3) 关闭防火墙。

```
systemctl stop firewalld
```

2. SYN cookie

SYN Attack 是一种通过占用系统资源迫使系统重启的 DoS 攻击,FusionOS 可以开启 TCP-SYN cookie 保护。通过在内核加固参数配置文件/etc/sysctl. conf 中加入 net. ipv4. tcp_syncookies=1 开启,默认是开启状态。

3.2.9 安全启动

1. 特性描述

1) 背景

安全启动是统一可扩展固件接口(UEFI)规范的启动路径验证组件。

(1) 安全启动第一阶段。

shim. efi、grub. efi 及 kernel 由公司签名平台采用 signcode 方式进行签名,公钥证书由 BIOS 集成到签名数据库 DB 中,启动过程中 BIOS 对 shim 进行验证,shim 和 grub 组件对下一级组件进行验证。

(2) 安全启动第二阶段。

内核模块由公司签名平台采用 ELF 方式进行签名,公钥证书集成在内核中,内核加载 ko 模块时进行验证。

FusionOS 包括对 UEFI 安全启动功能的支持,这意味着 FusionOS 可以在启用了 UEFI 安全启动的系统上安装和运行。在启用了安全启动技术的基于 UEFI 的系统上,加载的所有驱动程序都必须使用有效证书进行签名,否则系统将不接收它们。

2) 定义

安全启动技术确保系统固件检查系统引导加载程序是否使用固件中包含的数据库授权

的加密密钥进行签名。通过在下一阶段的引导加载程序、内核以及可能的用户空间中进行签名验证,可以防止执行未签名的代码。

3）目的和受益

安全启动特性的目的和受益如表 3-12 所示,FusionOS 22.0.1 版本及其后续版本支持该特性。

表 3-12 安全启动特性的目的和受益

目的和受益	详细说明
防止启动非法文件	安全启动经过签名验证的文件,防止启动未验证通过的文件

2. 约束与限制

需要服务器厂商的 BIOS 支持 UEFI 安全启动和 FusionOS 证书。

3. 配置使用

BIOS 下配置。

3.2.10 初始化设置

本节中的建议适用于所有系统,但在系统初始设置后可能比较困难或需要大量准备工作。

1. 为全局使用的目录设置单独分区

1）说明

对于全局使用的目录可以通过将其放在单独的分区来提供进一步的保护。这控制了这些目录资源耗尽的影响,并允许使用适用于目录预期用途的挂载选项。本节中的建议在初始系统安装期间更容易执行。

建议为如表 3-13 所示的全局目录设置单独的分区。

表 3-13 全局目录

目录	说明
/boot	用于存放内核文件与启动所需要的文件
/tmp	目录是一个全局可写目录,用于所有用户和某些应用程序的临时存储
/var	目录被守护进程和其他系统服务用来临时存储动态数据。这些进程创建的一些目录可能是全局可写的
/var/tmp	目录是一个全局可写目录,用于所有用户和某些应用程序的临时存储
/var/log	目录被系统服务用来存储日志数据
/var/log/audit	目录被审计守护进程 auditd 用来存储日志数据
/home	目录用于支持本地用户的磁盘存储需求

2）实现

以/var 为例说明。

（1）执行如下命令，检查/var 是否已设置单独分区。

```
mount | grep -E '\s/var\s'
```

（2）对于新安装，在安装期间创建自定义分区设置并为/var 指定单独的分区。

（3）对于已安装的系统，创建一个新分区并根据需要配置/etc/fstab。修改/var 时，建议将系统置于紧急模式（此时 auditd 不运行），重命名现有目录，挂载新文件系统，迁移数据然后返回多用户模式。

2. 加固分区挂载选项

1）说明

安全相关挂载选项如表 3-14 所示。

表 3-14　安全相关挂载选项

选　　项	说　　明
nodev	挂载选项指定文件系统不能包含特殊设备
nosuid	挂载选项指定文件系统不能包含 setuid 文件
noexec	挂载选项指定文件系统不能包含可执行二进制文件

分区加载项建议采用如表 3-15 所示的方法设置。

表 3-15　分区加载项建议设置

分　　区	建议设置的选项	FusionOS 默认是否已加固为建议值
/tmp	nodev，nosuid，noexec	否
/dev/shm	nodev，nosuid，noexec	否
/home	nodev，nosuid，noexec	否
/var	nodev，nosuid，noexec	否
/var/tmp	nodev，nosuid，noexec	否
/var/log	nodev，nosuid，noexec	否
/var/log/audit	nodev，nosuid，noexec	否

2）实现

以下示例以已挂载单独分区的/var，检查其 nodev 选项。

步骤 1　/var 分区存在时，使用以下命令验证是否设置 nodev，未设置返回分区信息，已设置不返回内容。

```
mount | grep -E '\s/var\s' | grep -v nodev
```

步骤 2　编辑/etc/fstab 文件并将 nodev 添加到/var 分区的第 4 个字段（安装选项）。

```
vi /etc/fstab
```

步骤 3　运行以下命令重新挂载/var。

```
mount -o remount,nodev /var
```

3. 安装 AIDE

1）说明

AIDE 是一款功能强大的开源入侵检测工具，它使用预定义的规则来检查 Linux 操作系统中文件和目录的完整性。AIDE 是 Tripwire 的简单的开源替代。

2）实现

步骤 1 执行如下命令，检查是否安装 AIDE。

```
rpm -qa | grep aide
```

步骤 2 根据需要执行如下命令进行安装。

```
dnf install aide
```

步骤 3 根据环境配置 AIDE。有关选项，请参阅 aide --help。

执行如下命令，初始化 AIDE。

```
aide --init
mv /var/lib/aide/aide.db.new.gz /var/lib/aide/aide.db.gz
```

3.2.11 网络用户认证

须知

FusionOS 默认使用基于用户名密码本地认证机制，并进行了默认加固。若客户配置使用第三方认证机制，需要确认是否存在口令复杂度校验、防暴力破解、防 DoS 攻击等机制，建议进行重复测试验证。

1. 特性描述

1）背景

当网络中的多个系统都要访问公共资源时，所有用户和组身份对于该网络中的所有计算机而言是否相同就显得极其重要。网络应该对用户透明：不管用户实际正在使用哪台计算机，其环境都不应该有变化。可以通过 NIS、LDAP 服务完成此操作。Kerberos 是一个网络身份验证协议，同时还提供加密，可以与 LDAP 集成使用。

2）定义

（1）NIS（Network Information Service）最早被称为 Sun Yellow Pages（简称 YP）。NIS 服务的应用结构分为 NIS 服务器和 NIS 客户机两种角色，NIS 服务器集中维护用户的账号信息（数据库）供 NIS 客户机进行查询，用户登录任何一台 NIS 客户机都会从 NIS 服务器进行登录认证。NIS 服务器也可以使用 master/slave 架构，一方面分散 master NIS 服务器的负载，也可以避免因 master NIS 服务器异常而导致的无法登录的风险。

（2）LDAP（Lightweight Directory Access Protocol）是一种目录访问协议，LDAP 服务器提供目录存储及访问服务。LDAP 目录结构树如图 3-2 所示。

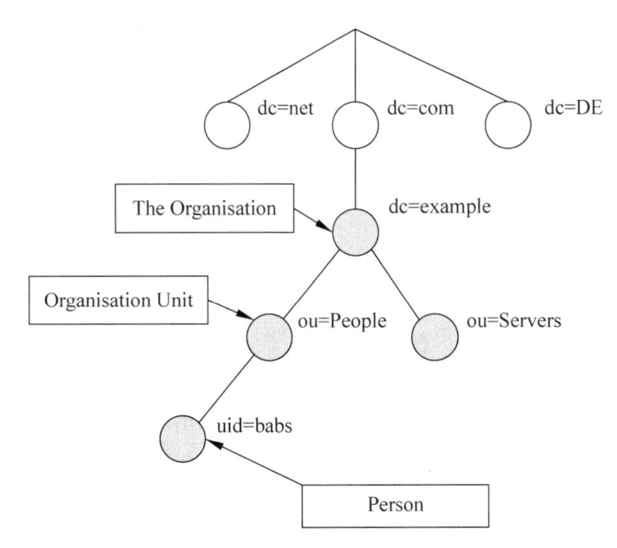

图 3-2　LDAP 目录结构树示意图

dc：domain component。

ou：organization unit。

uid：user id。

cn：common name。

根据需求可以新增和修改相应的节点。每个节点都是一个条目，每个条目通过 DN（Distingguished Name）进行区分。

（3）Kerberos：Kerberos 是一种计算机网络的授权协议，用在非安全网络环境中，对个人通信以安全的手段进行身份认证。用户端和服务器端均可向对方进行身份认证。Kerberos 使用对称加密。在整个 Kerberos 系统中，有一个公认的第三方被称为 KDC（Key Distribution Center），所有的主机（不论是服务提供端还是用户端）都需要加入 Kerberos 服务的域内，所有主机都必须向 KDC 请求一个 ticket，根据这个 ticket 来跟 KDC 验证，验证后给予加密的密钥。KDC 除了发放票据 ticket，还负责身份验证 AS（Authentication Server）。

Kerberos 认证流程如图 3-3 所示。

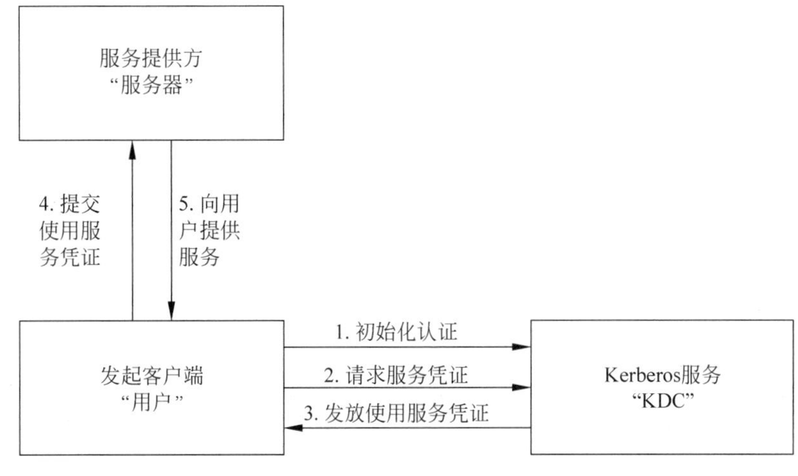

图 3-3　Kerberos 认证流程

📖说明

- principal：参加认证的实体，相当于用户名，用来表示一个 client 或 service server 的唯一的身份。principal 的格式是：name/instance@REALM。
- Kerberos 不做用户信息管理。krb5 网络认证本地用户和 LDAP 用户使用 krb5 认证下的用户端设置将以用户信息管理使用 LDAP，认证使用 Kerberos5 为例讲述搭建过程。

3）目的和受益

网络用户认证特性的目的和受益如表 3-16 所示，FusionOS 22.0.1 版本及其后续版本支持该特性。

表 3-16　网络用户认证特性的目的和受益

目的和受益	详细说明
集中管理网络中的用户	网络用户的信息在集中的服务器上进行管理，用户可在任一用户端上登录

2. NIS 配置使用

1）事先规划及设定

NIS 网域名称：domaintest。

NIS master server：假设 IP 地址为 90.90.112.66，hostname 为 server.domaintest。

NIS slave server：假设 IP 地址为 90.90.113.193，hostname 为 slave.domaintest。

NIS client：假设 IP 地址为 90.90.114.246，hostname 为 client.domaintest。

hostname 设置方法举例：

```
hostnamectl set-hostname server.domaintest
```

2）NIS 服务器搭建

步骤 1　关闭防火墙。

```
systemctl stop firewalld
```

📖说明

如需开启防火墙，请参照上面的服务器端防火墙设置进行配置。

步骤 2　安装 ypserv、rpcbind、ypbind、yp-tools。

```
yum install -y ypserv rpcbind ypbind yp-tools
```

步骤 3　设置 NIS 的网域名称。

（1）执行如下命令，查询 NIS 的网域名称。

```
nisdomainname
```

（2）执行如下命令，设置 NIS 的网域名称。

```
nisdomainname domaintest
vi /etc/sysconfig/network
```

在最下面加入一行：

```
NISDOMAIN = domaintest
```

步骤 4　设置服务器端配置文件。

```
vi /etc/ypserv.conf
```

在最下面设置 NIS 域的查询权限，其他设置为拒绝，如下所示。

```
90.90.112.66      : *      : *              : none
90.90.113.193     : *      : *              : none
90.90.114.246     : *      : *              : none
 *                : *      : *              : deny
```

步骤 5　设置 hostname 和 IP 对应。

```
vi /etc/hosts
新增 NIS 域中 IP 和 hostname 对应关系：
90.90.112.66   server server.domaintest
90.90.114.246 client client.domaintest
90.90.113.193 slave   slave.domaintest
```

步骤 6　启动 rpcbind、ypserv、yppasswdd 服务。

```
systemctl start rpcbind ypserv yppasswdd
systemctl enable rpcbind ypserv yppasswdd
```

步骤 7　添加账户及创建 NIS 数据库。

```
useradd nisuser1  -d /home/rhome/nisuser1
passwd nisuser1
```

输入 nisuser1 的密码如 123。

```
touch /etc/netgroup
touch /etc/publickey
/usr/lib64/yp/ypinit  -m
```

依次输入 NIS server hosts：server、slave（根据实际是否存在决定是否输入）；Ctrl+D；y。设置 NIS 域的查询权限示意图如图 3-4 所示。

📖 **说明**

- 账户及密码等信息变更后，需要重新创建数据库，并重启服务。
- 数据库执行命令 ypinit -m 创建，无法修改名称。
- Ctrl+D：在交互界面输入 NIS server 的列表后，结束输入。
- y：再次确认输入的列表是否正确。

3）NIS 主从服务器搭建

（1）主服务器端开启推送及 ypxfrd 服务。

先按 NIS 服务器搭建设置好主服务器，再进行如下操作。

```
[root@server ~]# /usr/lib64/yp/ypinit -m

At this point, we have to construct a list of the hosts which will run NIS
servers.  server is in the list of NIS server hosts.  Please continue to add
the names for the other hosts, one per line.  When you are done with the
list, type a <control D>.
        next host to add:  server
        next host to add:  s:lv
[root@server ~]#
[root@server ~]#
[root@server ~]#
[root@server ~]# /usr/lib64/yp/ypinit -m

At this point, we have to construct a list of the hosts which will run NIS
servers.  server is in the list of NIS server hosts.  Please continue to add
the names for the other hosts, one per line.  When you are done with the
list, type a <control D>.
        next host to add:  server
        next host to add:  slave
        next host to add:              如果没有其他NIS服务器添加则这里输入Ctl+D
The current list of NIS servers looks like this:

server
slave

Is this correct?  [y/n: y]  y
We need a few minutes to build the databases...
Building /var/yp/domaintest/ypservers...
Running /var/yp/Makefile...
gmake[1]: Entering directory '/var/yp/domaintest'
Updating passwd.byname...
Updating passwd.byuid...
Updating group.byname...
Updating group.bygid...
Updating hosts.byname...
Updating hosts.byaddr...
Updating rpc.byname...
Updating rpc.bynumber...
Updating services.byname...
Updating services.byservicename...
Updating netid.byname...
Updating protocols.bynumber...
Updating protocols.byname...
Updating netgroup...
Updating netgroup.byhost...
Updating netgroup.byuser...
Updating mail.aliases...
Updating shadow.byname... Ignored -> merged with passwd
gmake[1]: Leaving directory '/var/yp/domaintest'

server has been set up as a NIS master server.

Now you can run ypinit -s server on all slave server.
```

图 3-4　设置 NIS 域的查询权限示意图

步骤 1　开启推送。

```
vi /var/yp/Makefile
```

设置如下内容。

```
NOPUSH = false
```

步骤 2　指定 slave 主机。

```
vi /var/yp/ypservers
```

添加 slave。

步骤 3　创建数据库同时向从服务器推送数据库。

```
cd /var/yp
make
```

须知

从服务器端需关闭防火墙或者按下一步设置。

主服务器端在/var/yp/Makefile中设置YPPUSH_ARGS为固定端口，从服务器端设置防火墙放行该端口。

ypinit时不启用推送功能。

步骤4 启动ypxfrd服务，允许从服务器主动同步数据库。

```
systemctl start ypxfrd
systemctl enable ypxfrd
```

(2) 从服务器端搭建。

步骤1 关闭防火墙。

```
systemctl stop firewalld
```

步骤2 安装ypserv、rpcbind、ypbind、yp-tools。

```
yum install - y ypserv rpcbind ypbind yp - tools
```

步骤3 设置NIS的网域名称。

① 执行如下命令，查询NIS的网域名称。

```
nisdomainname
```

② 执行如下命令，设置NIS的网域名称。

```
nisdomainname domaintest
vi /etc/sysconfig/network
```

在最下面加入一行：

```
NISDOMAIN = domaintest
```

步骤4 设置服务器端配置文件。

```
vi /etc/ypserv.conf
```

在最下面设置NIS域的查询权限，其他设置为拒绝，如下所示。

```
90.90.112.66      : *     : *              : none
90.90.113.193     : *     : *              : none
90.90.114.246     : *     : *              : none
 *                : *     : *              : deny
```

步骤5 设置hostname和IP对应。

```
vi /etc/hosts
```

新增NIS域中IP和hostname对应关系。

```
90.90.112.66 server server.domaintest
90.90.114.246 client client.domaintest
90.90.113.193 slave slave.domaintest
```

步骤 6　设置 NIS server。

```
vi /etc/yp.conf
```

添加如下内容。

```
domain domaintest server 90.90.112.66
```

步骤 7　启动 rpcbind、ypserv、yppasswdd 服务。

```
systemctl start rpcbind ypserv yppasswdd
systemctl enable rpcbind ypserv yppasswdd
```

步骤 8　从主服务器获取数据库。

```
/usr/lib64/yp/ypinit -s server.domaintest
```

查看是否获取数据。

```
ypcat -h slave.domaintest passwd.byname
```

步骤 9　设置定时跟主服务器同步数据库。

① 设置 1 小时更新一次。

```
vi /usr/lib64/yp/ypxfr_1perhour
```

将 $YPBINDIR/ypxfr $map 修改成 $YPBINDIR/ypxfr $map -h server.domaintest。

MAPS_TO_GET=修改为实际要同步的文件。

```
vi /etc/crontab
```

添加如下内容。

```
@hourly root /usr/lib64/yp/ypxfr_1perhour > /dev/null 2 > &1
```

② 设置 5 分钟同步一次。

```
vi /etc/crontab
```

添加如下内容。

```
*/5 * * * *   /usr/lib64/yp/ypinit -s server.domaintest
```

说明

- 执行如下命令，可以查看从服务器上文件是否有同步。

```
ll /var/yp/domaintest/
```

- 通过 ypxfr 更新数据库文件，需要主从服务器上的文件不一致，如果一致主服务器上没有更新，则不会启动同步。

4）NIS 用户端搭建

步骤 1　安装 rpcbind、ypbind、yp-tools、authselect。

```
yum install  - y rpcbind ypbind yp - tools authselect
```

步骤 2　设置 NIS 的网域名称。

（1）执行如下命令，查询 NIS 的网域名称。

```
nisdomainname
```

（2）执行如下命令，设置 NIS 的网域名称。

```
nisdomainname domaintest
vi /etc/sysconfig/network
```

在最下面加入一行。

```
NISDOMAIN = domaintest
```

步骤 3　设置 hostname 和 IP 对应。

```
vi /etc/hosts
```

新增 NIS 域中 IP 和 hostname 对应关系。

```
90.90.112.66 server server.domaintest
90.90.114.246 client client.domaintest
90.90.113.193 slave slave.domaintest
```

步骤 4　设置 NIS server。

```
vi /etc/yp.conf
```

添加 domain domaintest server 90.90.112.66。

如果设置了从服务器，则把从服务器也添加进去：domain domaintest server 90.90.113.193。

步骤 5　启动 rpcbind、ypbind 服务。

（1）启动 rpcbind、ypbind 服务，并设置为开机启动。

```
systemctl start rpcbind ypbind
systemctl enable rpcbind ypbind
```

（2）执行如下命令，测试是否能连接 NIS 服务器。

```
yptest
```

（3）执行如下命令，测试连接哪台 NIS 服务器。

```
ypwhich
```

步骤 6　选择使用 NIS 进行用户认证。

```
mkdir -p /etc/authselect
authselect select nis --force
```

📖**说明**

NIS client 会先去本机/etc/passwd、/etc/shadow 进行查询，查询不到才会到 NIS server 上进行查询。

步骤 7　测试。

（1）本地登录。

使用用户名 nisuser1，输入密码 123 可以登录。

（2）ssh 登录。

执行如下命令，使用 ssh 可以登录。

```
ssh nisuser1@90.90.114.246
```

5）家目录设置

家目录服务器需用户根据实际进行规划，下面以主服务器作为家目录服务器进行设置。

假设网络用户 nisuser1 的家目录为/home/rhome/nisuser1。

（1）主服务器端设置。

步骤 1　执行如下命令，创建共享目录和用户的家目录。

```
mkdir -p /home/nfs-server/
mkdir -p /home/nfs-server/nisuser1
```

并设置/home/nfs-server/nisuser1 目录的属主为 nisuser1。

步骤 2　设置服务器端共享目录。

```
vi /etc/exports
```

增加/home/nfs-server 90.90.114.246(rw,sync)。

共享服务器端的/home/nfs-server 目录可被用户端 90.90.114.246 访问。

步骤 3　执行如下命令，启动 NFS。

```
systemctl start nfs
systemctl enable nfs
```

（2）用户端设置。

手动挂载 NFS 服务器分享的资源。

步骤 1　查询 NFS 服务器提供哪些资源。

```
showmount -e 90.90.112.66
```

其中，90.90.112.66 为 NFS 服务器端 IP。

步骤 2 建立挂载点，并挂载。

```
mkdir -p /home/rhome/
```

该挂载点须与网络用户的家目录保持一致。

```
mount -t nfs 90.90.112.66:/home/nfs-server /home/rhome/
```

步骤 3 查询是否挂载成功，使用 df 或者 mount 命令。

```
df
```

步骤 4 网络用户登录，查看家目录是否正确，是否能访问。

```
ssh nisuser1@90.90.114.246
```

执行如下命令，显示当前目录的绝对路径。

```
pwd
```

当前用户家目录为"/home/rhome/nisuser1"。

使用 autofs 自动挂载：持续侦测某个指定的目录，并预先设定当使用到该目录下的某个次目录时，将会取得来自服务器端的 NFS 文件系统资源，并进行自动挂载的动作。

步骤 1 执行如下命令，安装 autofs。

```
yum install -y autofs
```

步骤 2 建立主配置文件/etc/auto.master，并指定侦测的特定目录。

```
mkdir -p /home/rhome/
```

该侦测目录须与网络用户的家目录保持一致。

```
vi /etc/auto.master
```

增加/home/rhome、/etc/auto.nfs。

步骤 3 建立数据对应文件内(/etc/auto.nfs)的挂载信息与服务器对应资源。

格式为

```
[本地端次目录] [-挂载参数] [服务器所提供的目录]
```

选项与参数如下。

[本地端次目录]：指在/etc/auto.master 内指定的目录之次目录。

[-挂载参数]：rw、bg、soft 等的参数，可选。

[服务器所提供的目录]：例如 192.168.100.254:/home/public。

```
vi /etc/auto.nfs
```

打开配置文件：

```
vi /etc/auto.nfs
```

配置文件中增加如下配置：

```
*  -fstype=nfs,rw,local_lock=all,vers=3 10.90.112.66:/home/nfs-server/&
```

步骤 4 执行如下命令，启动 autofs 服务。

```
systemctl start autofs
systemctl enable autofs
```

步骤 5 网络用户登录，查看家目录是否正确，是否能访问。

```
ssh nisuser1@90.90.114.246
```

执行如下命令，显示当前目录的绝对路径。

```
pwd
```

当前用户家目录为"/home/rhome/nisuser1"。

说明

创建用户时的家目录路径跟用户端 mount 的路径要一致，否则用户登录时也会报无法找到对应的家目录路径。

6）服务器端防火墙设置

（1）设置 NIS 相关服务为固定端口。

步骤 1 设置 ypserv 为固定端口。

① 配置 network 文件。

```
vi /etc/sysconfig/network
```

添加 YPSERV_ARGS="-p 1011"。

② 执行如下命令，重启 ypserv 服务。

```
systemctl restart ypserv
```

步骤 2 设置 yppasswdd 为固定端口。

① 配置 yppasswdd 文件。

```
vi /etc/sysconfig/yppasswdd
```

修改 YPPASSWDD_ARGS="--port 1013"。

② 执行如下命令，重启 yppasswdd 服务。

```
systemctl restart yppasswdd
```

步骤 3　设置 ypxrfd 为固定端口。

① 配置 network 文件。

```
vi /etc/sysconfig/network
```

添加 YPXFRD_ARGS="-p 1015"。

须知

/etc/ypserv.conf 中 xfr_check_port 为 yes 则只允许 xfr 请求端口小于 1024。

② 执行如下命令，重启 ypxfrd 服务。

```
systemctl restart ypxfrd
```

步骤 4　执行如下命令，查询 NIS 服务相关端口。

```
rpcinfo -p localhost
```

（2）防火墙增加对 NIS 相关端口的放行。

```
firewall-cmd --permanent --add-service=rpc-bind
firewall-cmd --permanent --add-port=1011/tcp
firewall-cmd --permanent --add-port=1011/udp
firewall-cmd --permanent --add-port=1013/tcp
firewall-cmd --permanent --add-port=1013/udp
firewall-cmd --permanent --add-port=1015/tcp
firewall-cmd --permanent --add-port=1015/udp
```

执行如下命令，重启 firewalld 服务。

```
systemctl restart firewalld
```

该部分仅需要在家目录服务器上设置。

```
firewall-cmd --permanent --add-port=20048/tcp
firewall-cmd --permanent --add-port=20048/udp
firewall-cmd --permanent --add-port=2049/tcp
firewall-cmd --permanent --add-port=2049/udp
```

执行如下命令，重启 firewalld 服务。

```
systemctl restart firewalld
```

3. LDAP 配置使用

1）事先规划及设定

（1）LDAP 域名 baseDN(Suffix)：test.com。

（2）LDAP 管理员账户 RootDN：Manager.test.com。

（3）LDAP master server：假设 IP 地址为 90.90.112.64，hostname 为 ldapserver.test.com。

（4）LDAP slave server：假设 IP 地址为 90.90.114.165，hostname 为 ldapconsumerserver.test.com。

（5）LDAP client：假设 IP 地址为 90.90.112.65，hostname 为 ldapclient.test.com。

（6）hostname 设置。

```
hostnamectl set-hostname ldapserver.test.com
```

（7）设置 hostname 与 IP 的对应关系，域内的每个机器上/etc/hosts 都需要设置。

```
vi /etc/hosts
```

每行添加 IP 地址及对应的 hostname，需要将域内的服务器、用户端都加上。

2）LDAP 服务器搭建

步骤 1 关闭防火墙。

```
systemctl stop firewalld
```

步骤 2 安装 openldap、openldap-servers、openldap-clients。

```
yum install -y openldap openldap-servers openldap-clients
```

步骤 3 开启 slapd 服务。

```
systemctl start slapd
systemctl enable slapd
```

步骤 4 设置域名、管理员账户和密码。

```
mkdir ldap
cd ldap
slappasswd
```

输入管理员密码如 123，slappasswd 会生成加密后的密码{SSHA}IbjjYQw+bZxaCsBGaLuWsONiwWQPvurs。

说明

LDAP 支持多种密码存储方式，如{CRYPT}，{MD5}，{SMD5}，{SSHA}，and{SHA}，slappasswd 可通过-h 来指定生成密码的方式，默认使用{SSHA}。

建立一个 basedn.ldif 文件。

```
vi basedn.ldif
```

basedn.ldif 文件内容如下，basedn.ldif 文件配置项说明如表 3-17 所示。

```
dn: olcDatabase={2}mdb,cn=config
changetype: modify
replace: olcSuffix
olcSuffix: dc=test,dc=com

dn: olcDatabase={2}mdb,cn=config
changetype: modify
```

```
replace: olcRootDN
olcRootDN: cn = Manager,dc = test,dc = com

dn: olcDatabase = {2}mdb,cn = config
changetype: modify
replace: olcRootPW
olcRootPW: {SSHA}IbjjYQw + bZxaCsBGaLuWsONiwWQPvurs

dn: olcDatabase = {1}monitor,cn = config
changetype: modify
replace: olcAccess
olcAccess:{0}to * by dn.base = "gidNumber = 0 + uidNumber = 0,cn = peercred,cn = external,cn =
auth" read by dn.base = "cn = Manager,dc = test,dc = com" read by * none
```

表 3-17　basedn.ldif 文件配置项说明

配置项	说明
olcSuffix	LDAP 数据库的后缀。 示例中后缀设置为"dc=test,dc=com",意味着所有以"dc=test,dc=com"结尾的条目都将存储在这个数据库中
olcRootDN	LDAP 数据库的根 DN(Distinguished Name,区分名)。 示例中根 DN 设置为"cn=Manager,dc=test,dc=com"
olcRootPW	LDAP 数据库的根密码。 示例中根密码为"IbjjYQw+bZxaCsBGaLuWsONiwWQPvurs"
olcAccess	定义了谁可以访问 OpenLDAP 数据库中的条目。 示例中允许"gidNumber=0+uidNumber=0,cn=peercred,cn=external,cn=auth"和"cn=Manager,dc=test,dc=com"访问所有条目,其他用户不能访问

说明

如果原数据库无管理员密码即无 olcRootPW 则 replace: olcRootPW 修改为 add: olcRootPW。

内容跟第一部分事先规划及设定中保持一致。

执行如下命令,将修改内容更新到数据库中。

```
ldapmodify -Y EXTERNAL  -H ldapi:/// -f basedn.ldif
```

说明

- slapd 的配置文件在/etc/openldap/slapd.d/下,cn=config 是根节点,包含全局性的设置,下面可以有 cn=Module(dynamically loaded modules)、cn=Schema(schema definitions)、olcBackend = xxx(backend-specific settings)、olcDatabase = xxx(database-specific settings)4 类子节点。
- 配置文件的修改通过 ldif 文件及相关命令完成,修改后不需要重启 slapd 服务。
- ldif 文件中每个条目之间用一个空行分隔。

步骤 5　添加一些必需的模式库,依次添加 cosine、nis、inetorgperson。

```
ldapadd -Y EXTERNAL -H ldapi:/// -f /etc/openldap/schema/cosine.ldif
ldapadd -Y EXTERNAL -H ldapi:/// -f /etc/openldap/schema/nis.ldif
ldapadd -Y EXTERNAL -H ldapi:/// -f /etc/openldap/schema/inetorgperson.ldif
```

步骤 6　设置 Linux 账户所需要的节点：账户和群组。

账户的 dn 为 ou=People,dc=test,dc=com。

群组的 dn 为 ou=Group,dc=test,dc=com。

执行如下命令,建立一个 base.ldif 文件。

```
vi base.ldif
```

base.ldif 文件内容如下。

```
dn: dc = test,dc = com
objectClass: top
objectClass: dcObject
objectClass: organization
o: test com
dc: test

dn: cn = Manager,dc = test,dc = com
objectClass: organizationalRole
cn: Manager
description: Directory Manager

dn: ou = People,dc = test,dc = com
objectClass: organizationalUnit
ou: People

dn: ou = Group,dc = test,dc = com
objectClass: organizationalUnit
ou: Group
```

执行如下命令,将修改内容更新到数据库中。

```
ldapadd -x -W -D "cn = Manager,dc = test,dc = com" -f base.ldif
```

输入上面设定的管理员密码 123。

步骤 7　添加账户和群组。

新建一个用户 ldapuser1,密码为 mypassword123。

执行如下命令,建立一个 user.ldif 文件。

```
vi user.ldif
```

user.ldif 文件内容如下。

```
dn: uid = ldapuser1,ou = People,dc = test,dc = com
uid:ldapuser1
cn: ldapuser1
sn: ldapuser1
mail: ldapuser1@test.com
objectClass: person
objectClass: organizationalPerson
objectClass: inetOrgPerson
objectClass: posixAccount
```

```
objectClass: top
objectClass: shadowAccount
userPassword: {SSHA}qvpw8W7IOdCDMQaGQf9BczBjwMFD5n3n
shadowLastChange: 18585
shadowMin: 0
shadowMax: 99999
shadowWarning: 7
loginShell: /bin/bash
uidNumber: 60001
gidNumber: 60001
homeDirectory: /home/rhome/ldapuser1
```

执行如下命令，将修改内容更新到数据库中。

```
ldapadd -x -W -D "cn=Manager,dc=test,dc=com" -f user.ldif
```

输入上面设定的管理员密码 123。

新建一个群组 ldapuser1。

执行如下命令，建立一个 group.ldif 文件。

```
vi group.ldif
```

group.ldif 文件内容如下。

```
dn: cn=ldapuser1,ou=Group,dc=test,dc=com
objectClass: posixGroup
objectClass: top
cn: ldapuser1
userPassword: {crypt}x
gidNumber: 6001
```

执行如下命令，将修改内容更新到数据库中。

```
ldapadd -x -W -D "cn=Manager,dc=test,dc=com" -f group.ldif
```

输入上面设定的管理员密码 123。

步骤 8 查询测试。

```
ldapsearch -x -H ldap://ldapserver.test.com -b "dc=test,dc=com"
ldapsearch -x -H ldap://ldapserver.test.com -b "dc=test,dc=com" uid=ldapuser1
```

说明

LDAP 服务器是否运行匿名连接(无用户名和无密码，即任何人可以去查询 LDAP 数据库，但是要访问数据库中的 entry 需要输入对应的凭证)；匿名连接是通过 access control 控制的，就是数据库中的 olcAccess 属性。

如果不允许匿名连接则需要提供 bind DN 和 bind password，在/etc/openldap/ldap.conf 中指定 bindDN 或在命令行中-D 指定。

3）LDAP 复制目录搭建

复制目录存在提供者/多提供者和消费者：提供者可以接受外部写入操作，并使它们可供消费者检索；消费者向提供者请求复制更新。下面介绍使用 Sync Replication engine（简称 Syncrepl）来复制目录的方法。

（1）提供者服务器端配置。

在 LDAP 服务器搭建完成之后增加如下步骤。

步骤 1 导出提供者服务器上数据，并传到消费者服务器上。

执行如下命令，导出提供者服务器上数据。

```
slapcat -n 0 -l ldap-config.ldif
slapcat -n 2 -l ldap-data.ldif
```

执行如下命令，传到消费者服务器上。

```
scp ldap-config.ldif root@90.90.114.165:/root/
scp ldap-data.ldif root@90.90.114.165:/root/
```

步骤 2 使能索引。

执行如下命令，新建 enable_indexing.ldif 文件。

```
vi enable_indexing.ldif
```

enable_indexing.ldif 文件内容如下。

```
dn: olcDatabase={2}mdb,cn=config
changetype: modify
add: olcDbIndex
olcDbIndex: entryCSN eq

add: olcDbIndex
olcDbIndex: entryUUID eq
```

执行如下命令，添加到数据库中。

```
ldapadd -Y EXTERNAL -H ldapi:/// -f enable_indexing.ldif
```

步骤 3 添加 syncprov 模块。

执行如下命令，新建 addmod_syncprov.ldif 文件。

```
vi addmod_syncprov.ldif
```

addmod_syncprov.ldif 文件内容如下。

```
dn: cn=module,cn=config
objectClass: olcModuleList
cn: module
olcModulePath: /usr/lib64/openldap
olcModuleLoad: syncprov.la
```

执行如下命令，添加到数据库中。

```
ldapadd -Y EXTERNAL -H ldapi:/// -f addmod_syncprov.ldif
```

步骤 4 配置 syncprov 模块。
执行如下命令，新建 syncprov.ldif 文件。

```
vi syncprov.ldif
```

syncprov.ldif 文件内容如下。

```
dn: olcOverlay=syncprov,olcDatabase={2}mdb,cn=config
objectClass: olcOverlayConfig
objectClass: olcSyncProvConfig
olcOverlay: syncprov
olcSpCheckpoint: 100 10
olcSpSessionLog: 100
```

执行如下命令，添加到数据库中。

```
ldapadd -Y EXTERNAL -H ldapi:/// -f syncprov.ldif
```

(2) 消费者服务器端搭建。
步骤 1 关闭防火墙。

```
systemctl stop firewalld
```

步骤 2 安装 openldap、openldap-servers、openldap-clients。

```
yum install -y openldap openldap-servers openldap-clients
```

步骤 3 使用提供者服务器上的数据配置消费者服务器。
执行如下命令，清除消费者服务器上的数据。

```
rm -rf /etc/openldap/slapd.d/*
rm -rf /var/lib/ldap/*
```

执行如下命令，配置消费者服务器。

```
slapadd -n 0 -l ldap-config.ldif -F /etc/openldap/slapd.d/
slapadd -n 2 -l ldap-data.ldif -F /etc/openldap/slapd.d/
```

执行如下命令，修改属主。

```
chown -R ldap:ldap /etc/openldap/slapd.d/ /var/lib/ldap/
```

步骤 4 开启 slapd 服务。

```
systemctl start slapd
systemctl enable slapd
```

步骤 5　增加一个 syncrepl。

执行如下命令，新建一个 syncrepl. ldif 文件。

```
vi syncrepl.ldif
```

syncrepl. ldif 文件内容如下。

```
dn: olcDatabase = {2}mdb,cn = config
changetype: modify
add: olcSyncRepl
olcSyncRepl: rid = 001
  provider = ldap://ldapserver.test.com
  bindmethod = simple
  binddn = "cn = Manager,dc = test,dc = com"
  credentials = 123
  searchbase = "dc = test,dc = com"
  scope = sub
  schemachecking = on
  type = refreshAndPersist
  attrs = " * , + "
  retry = "30 5 300 3"
  interval = 00:00:05:00
```

说明

- rid 表示 syncrepl 的编号，有多个时编号不能重复。
- provider 开始的内容每行空两个空格。
- credentials：binddn 的密码。
- retry：格式为[retry interval] [retry times] [interval of re-retry] [re-retry times]。
- type：同步类型，支持 pull-base 和 push-base 方式，type＝refreshOnly 表示使用 pull-base 方式，消费者定期轮询提供者以获取更新。type＝refreshAndPersist 表示使用 push-base 方式，消费者监听提供者实时发送的更新。

执行如下命令，将修改内容更新到数据库中。

```
ldapadd -Y EXTERNAL -H ldapi:/// -f syncrepl.ldif
```

(3) 提供者和消费者同步测试。

步骤 1　在提供者服务器上新增一个账户。

执行如下命令，新建一个 ldaprptest. ldif 文件。

```
vi ldaprptest.ldif
```

ldaprptest. ldif 文件内容如下。

```
dn: uid = ldaprptest,ou = People,dc = test,dc = com
objectClass: top
objectClass: account
objectClass: posixAccount
objectClass: shadowAccount
cn: ldaprptest
```

```
uid: ldaprptest
uidNumber: 9988
gidNumber: 100
homeDirectory: /home/rhome/ldaprptest
loginShell: /bin/bash
gecos: LDAP Replication Test User
userPassword: {crypt}x
shadowLastChange: 17058
shadowMin: 0
shadowMax: 99999
shadowWarning: 7
```

执行如下命令,将修改内容更新到数据库中。

```
ldapadd -x -w 123 -D "cn=Manager,dc=test,dc=com" -f ldaprptest.ldif
```

步骤 2 在消费者服务器上搜索新增的账户。

```
ldapsearch -x cn=ldaprptest -b dc=test,dc=com
```

能查询到主服务上新增的 ldaprptest 信息,说明提供者和消费者数据库同步成功。

(4) 用户端配置。

① LDAP 配置文件增加消费者服务器。

```
vi /etc/openldap/ldap.conf
```

在 URI 那一行后面增加空格 ldap://ldapconsumerserver.test.com。

② 如果用户端使用 nss-pam-ldapd 搭建,按如下步骤增加消费者服务器。

```
vi /etc/nslcd.conf
```

在 URI 那一行后面增加空格 ldap://ldapconsumerserver.test.com。

执行如下命令,重启 nslcd 服务。

```
systemctl restart nslcd
```

③ 如果用户端使用 sssd 搭建,按如下步骤增加消费者服务器。

```
vi /etc/sssd/sssd.conf
```

在 ldap_uri 那一行后面增加,ldap://ldapconsumerserver.test.com。

执行如下命令,重启 sssd 服务。

```
systemctl restart sssd
```

4) LDAP 用户端搭建

用户端有两种方案可选择,一种是使用 nss-pam-ldapd,另一种是使用 sssd。两者的区别是 nss-pam-ldapd 没有本地缓存功能,而 sssd 有。

(1) 使用 nss-pam-ldapd 搭建流程。

步骤 1 安装 nss-pam-ldapd、openldap-clients。

```
yum install -y nss-pam-ldapd openldap-clients
```

步骤 2 设置 LDAP 服务器地址及 basedn。

```
vi /etc/openldap/ldap.conf
```

设置 URI 为 ldap://ldapserver.test.com。

设置 BASE 为 dc=test,dc=com。

```
vi /etc/nslcd.conf
```

设置 URI 为 ldap://ldapserver.test.com。

设置 BASE 为 dc=test,dc=com。

步骤 3 修改账户查询顺序。

```
vi  /etc/nsswitch.conf
```

将所有 sss 修改为 ldap。

步骤 4 修改账户认证方式。

```
vi  /etc/pam.d/system-auth
```

将所有 pam_sss.so 所在行的最前面的-去掉,并将 sss 修改为 ldap。

```
vi/etc/pam.d/password-auth
```

将所有 pam_sss.so 所在行的最前面的-去掉,并将 sss 修改为 ldap。

说明

如果 password-auth 不修改,ssh 登录会出现 Permission denied。原因是/etc/pam.d/sshd 中包含 password-auth。

步骤 5 启动 nslcd 服务。

```
systemctl start nslcd
systemctl enable nslcd
```

步骤 6 验证登录。

执行如下命令,显示用户信息。

```
id ldapuser1
```

① 本地登录。

输入用户名 ldapuser1,输入密码 mypassword123,可以登录。

② ssh 登录。

执行如下命令,使用 ssh 可以登录。

```
ssh ldapuser1@90.90.112.65
```

（2）使用sssd搭建流程。

步骤1 安装authselect、sssd、openldap、openldap-clients。

```
yum install -y authselect sssd openldap openldap-clients
```

步骤2 配置。

① 配置ldap.conf文件，设置LDAP服务器地址及basedn。

```
vi /etc/openldap/ldap.conf
```

设置URI为ldap://ldapserver.test.com。

设置BASE为dc=test,dc=com。

② 配置sssd.conf文件。

```
vi /etc/sssd/sssd.conf
```

设置使用的domains为LDAP。

```
[sssd]
domains = LDAP
```

设置[domain/LDAP]为如下内容。

```
[domain/LDAP]
id_provider = ldap
auth_provider = ldap
chpass_provider = ldap
access_provider = permit
ldap_uri = ldap://ldapserver.test.com
ldap_search_base = dc=test,dc=com
ldap_default_authtok_type = password
ldap_tls_cacert = /etc/openldap/certs/cacert.pem
ldap_tls_reqcert = hard
```

步骤3 选择使用sssd。

```
mkdir -p /etc/authselect
authselect select sssd --force
```

步骤4 启动sssd服务。

```
systemctl start sssd
systemctl enable sssd
```

步骤5 验证登录。

执行如下命令，显示用户信息。

```
id ldapuser1
```

① 本地登录。

输入用户名 ldapuser1，输入密码 mypassword123，可以登录。

② ssh 登录。

执行如下命令，使用 ssh 可以登录。

```
ssh ldapuser1@90.90.112.65
```

说明

- 如果要通过用户端的 sssd 进行 LDAP 认证，必须设置 TLS 加密，sssd 不支持不加密的认证通道。
- 在/etc/sssd/sssd.conf 配置文件中对应 section 下添加 debug_level = 6 然后重启 sssd 服务，可以在/var/log/sssd/文件夹下看到对应的日志信息。

5）用户家目录设置

（1）使用 NFS。

详细步骤请参见前面的目录设置。

说明

服务器和用户端均需要开启 rpcbind 服务。

（2）使用 oddjob。

只需要在用户端执行，目前仅支持用户端使用 sssd 的方式下使用。

① 安装 oddjob。

```
yum install -y oddjob
```

② 启动 oddjobd 服务。

```
systemctl start oddjobd
systemctl enable oddjobd
```

③ 选择 sssd 时使用 with-mkhomedir 功能。

```
mkdir -p /etc/authselect
authselect select sssd with-mkhomedir --force
```

依赖 oddjob 提供的/usr/lib64/security/pam_oddjob_mkhomedir.so。

④ 测试。

使用用户名 ldapuser，输入密码 mypassword123 登录。

```
pwd
```

显示 ldapuser1 的家目录为/home/rhome/ldapuser1。

6）LDAP 服务器端防火墙设置

（1）防火墙增加对 LDAP 相关端口的放行。

```
firewall-cmd --permanent --add-service={ldap,ldaps}
```

执行如下命令,重启 firewalld 服务。

```
systemctl restart firewalld
```

(2) 防火墙增加对 NFS 相关端口的放行。

说明

该部分仅在使用 NFS 设置家目录时需要设置,并且仅需要在家目录服务器上设置。

```
firewall-cmd --permanent --add-port=20048/tcp
firewall-cmd --permanent --add-port=20048/udp
firewall-cmd --permanent --add-port=2049/tcp
firewall-cmd --permanent --add-port=2049/udp
```

执行如下命令,重启 firewalld 服务。

```
systemctl restart firewalld
```

7) 其他设置

(1) 设置 SSL/TLS。

OpenLDAP 用户端和服务器能够使用 Transport Layer Security(TLS)框架来提供完整性和机密性保护,并支持使用 SASL EXTERNAL 机制的 LDAP 身份验证。TLS 是 Secure Socket Layer(SSL)的标准名称。

① 自建 CA 中心。

- 执行如下命令,CA 中心生成自身私钥。

```
cd /etc/pki/CA
(umask 077; openssl genrsa -out private/cakey.pem 2048)
```

- 执行如下命令,CA 签发自身公钥。

```
openssl req -new -x509 -key private/cakey.pem -out cacert.pem -days 365
```

- 输入相关信息后,生成证书。

```
[root@lfbn-idf1-1-1427-165 CA]# openssl req -new -x509 -key private/cakey.pem -out
cacert.pem -days 365
You are about to be asked to enter information that will be incorporated
into your certificate request.
What you are about to enter is what is called a Distinguished Name or a DN.
There are quite a few fields but you can leave some blank
For some fields there will be a default value, If you enter '.', the field will be left blank.
-----
Country Name (2 letter code) [AU]:CN
State or Province Name (full name) [Some-State]:ZheJiang
Locality Name (eg, city) []:Hangzhou Organization Name (eg, company) [Internet Widgits Pty
Ltd]:test.com
Organizational Unit Name (eg, section) []:ca
Common Name (e.g. server FQDN or YOUR name) []:caroot
Email Address []:ca@test.com
```

• 执行如下命令,查询根证书信息。

```
openssl x509 -noout -text -in /etc/pki/CA/cacert.pem
```

② 生成 LDAP 服务器证书。

• 执行如下命令,openLDAP 服务器端生成私钥。

```
cd /etc/openldap/certs
(umask 077; openssl genrsa -out ldapkey.pem 1024)
```

• 执行如下命令,openLDAP 服务器向 CA 申请证书签署请求。

```
openssl req -new -key ldapkey.pem -out ldap.csr -days 3650
```

• 输入相关信息后,生成证书。

```
[root@lfbn-idf1-1-1427-165 certs]# openssl req -new -key ldapkey.pem -out ldap.csr
-days 3650
Ignoring -days; not generating a certificate
You are about to be asked to enter information that will be incorporated
into your certificate request.
What you are about to enter is what is called a Distinguished Name or a DN.
There are quite a few fields but you can leave some blank
For some fields there will be a default value, If you enter '.', the field will be left blank.
-----
Country Name (2 letter code) [AU]:CN
State or Province Name (full name) [Some-State]:ZheJiang
Locality Name (eg, city) []:Hangzhou Organization Name (eg, company) [Internet Widgits Pty
Ltd]:test.com
Organizational Unit Name (eg, section) []:ca
Common Name (e.g. server FQDN or YOUR name) []:ldapserver.test.com
Email Address []:ldapserver@test.com

Please enter the following 'extra' attributes
to be sent with your certificate request
A challenge password []:.
An optional company name []:.
```

说明

除 Common Name 和 Email Address 外,其他信息必须和 CA 中心的证书所填信息保持一致,否则无法得到验证。

• 执行如下命令,CA 核实并签发证书。

```
openssl x509 -req -in ldap.csr -out ldapcert.pem -days 3650 -CA /etc/pki/CA/cacert.pem
-CAkey /etc/pki/CA/private/cakey.pem -CAcreateserial
```

须知

如果 CA 中心为独立的服务器,则需要将证书颁发请求文件 ldap.csr 传至 CA 中心服务器上,当 CA 中心服务器完成签发后,将 ldapcert.pem 传回 LDAP 服务器,且需要将 CA 证书 cacert.pem 文件从 CA 服务器复制到 LDAP 服务器的/etc/openldap/certs/目录下。

• 执行如下命令，修改证书权限。

```
cp /etc/pki/CA/cacert.pem ./
chown ldap:ldap cacert.pem ldapkey.pem ldapcert.pem
```

• 执行如下命令，进行查询。

```
ll /etc/openldap/certs
```

③ 服务器端设置证书信息。

• 执行如下命令，新建 certs.ldif。

```
vi certs.ldif
```

certs.ldif 内容如下。

```
dn: cn=config
add: olcTLSCACertificateFile
olcTLSCACertificateFile: /etc/openldap/certs/cacert.pem

dn: cn=config
add: olcTLSCertificateKeyFile
olcTLSCertificateKeyFile: /etc/openldap/certs/ldapkey.pem

dn: cn=config
add: olcTLSCertificateFile
olcTLSCertificateFile: /etc/openldap/certs/ldapcert.pem
```

• 执行如下命令，修改数据库中证书信息。

```
ldapmodify -Y EXTERNAL -H ldapi:/// -f certs.ldif
```

• 执行如下命令，确认 slapd 服务已开启加密端口。

```
cat /usr/lib/systemd/system/slapd.service
```

ExecStart=/usr/sbin/slapd -u ldap -h "ldap:/// ldaps:/// ldapi:///" 中包含 ldaps:///即为开启成功。

• 执行如下命令，重启 slapd 服务。

```
systemctl restart slapd
```

④ 使用加密通道进行信息查询。

• 执行如下命令，设置 CA 证书信息。

```
vi /etc/openldap/ldap.conf
```

配置项 TLS_CACERT /etc/openldap/certs/cacert.pem 指定了用于验证 LDAP 服务器证书的 CA(Certificate Authority)证书文件的路径。配置项 TLS_REQCERT hard 指示客户端在使用 TLS 连接时，要求对服务器证书进行严格的验证。

📖说明

如果是在用户端，需要先将CA证书复制到用户端/etc/openldap/certs/目录下。

```
scp root@90.90.112.64:/etc/openldap/certs/cacert.pem /etc/openldap/certs
```

- 执行如下命令，使用加密通道进行信息查询，能正常输出信息。

```
ldapsearch -x -H ldaps://ldapserver.test.com -b "dc=test,dc=com" uid=ldapuser1
```

⑤ 用户端设置证书信息并要求服务器端提供证书。

如果用户端没有CA证书，执行如下命令，先从服务器端将证书复制到用户端。

```
scp root@90.90.112.64:/etc/openldap/certs/cacert.pem /etc/openldap/certs
```

- 如果用户端使用nss-pam-ldapd搭建，则执行以下流程。

执行如下命令，在/etc/nslcd.conf中添加CA证书信息。

```
vi /etc/nslcd.conf
```

增加如下内容。

```
#uri 修改为使用 ldaps
uri = ldaps://ldapserver.test.com

tls_cacertfile /etc/openldap/certs/cacert.pem
tls_reqcert hard
```

执行如下命令，重启nslcd服务。

```
systemctl restart nslcd
```

- 如果用户端使用sssd搭建，则执行以下流程。

执行如下命令，在/etc/sssd/sssd.conf中添加证书信息。

```
vi /etc/sssd/sssd.conf
```

设置如下内容，如果已添加则忽略该步骤。

```
#ldap_uri 修改为使用 ldaps
ldap_uri = ldaps://ldapserver.test.com

ldap_tls_cacert = /etc/openldap/certs/cacert.pem
ldap_tls_reqcert = hard
```

执行如下命令，重启sssd服务。

```
systemctl restart sssd
```

(2) 使用Kerberos5认证。

详细请参见LDAP用户使用krb5认证下的服务器端设置和LDAP用户使用krb5认

证下的用户端设置。

（3）开启日志功能。

① 执行如下命令，创建日志文件，调整日志文件权限，修改 rsyslog.conf。

```
mkdir -p /var/log/slapd
chown ldap:ldap /var/log/slapd
touch /var/log/slapd/slapd.log
chown ldap. /var/log/slapd/slapd.log
echo "local4.* /var/log/slapd/slapd.log" >> /etc/rsyslog.conf
```

② 执行如下命令，重启 rsyslog。

```
systemctl restart rsyslog
```

③ 执行如下命令，新建 log.ldif，修改数据库配置文件。

```
vi log.ldif
```

log.ldif 内容如下。

```
dn: cn=config
changetype: modify
add: olcLogLevel
olcLogLevel: 256
```

日志级别是可相加的，可用级别如下。

1(0x1 跟踪)：跟踪函数调用。

2(0x2 数据包)：调试数据包处理。

4(0x4 args)：重跟踪调试(函数参数)。

8(0x8 conns)：连接管理。

16(0x10 BER)：打印发送的数据包和已收到的数据包。

32(0x20 filter)：搜索过滤处理。

64(0x40 config)：配置文件处理。

128(0x80 ACL)：访问控制列表处理。

256(0x100 stats)：状态日志：连接/操作/结果。

512(0x200 stats2)：stats2 日志条目已发送。

1024(0x400 shell)：打印与 Shell 的通信后端。

2048(0x800 解析)：入口解析。

16384(0x4000 同步)：LDAPSync 复制。

32768(0x8000 无)：无论何种日志等级，仅记录 messages。

④ 执行如下命令，使数据库配置文件生效。

```
ldapmodify -Y EXTERNAL -H ldapi:/// -f log.ldif
```

4. Kerberos5 配置使用

1）事先规划及设定

（1）Kerberos 域 realm 为：TEST.COM。

（2）主 KDC：IP 为 90.90.114.169，hostname 为 kdc.test.com。
（3）从 KDC：IP 为 90.90.113.82，hostname 为 kdcslave.test.com。
（4）krbclient：IP 为 90.90.115.201，hostname 为 client.test.com。
（5）LDAP 用户端：IP 为 90.90.112.65，hostname 为 ldapclient.test.com。
（6）LDAP 服务器：假设 IP 地址为 90.90.112.64，hostname 为 ldapserver.test.com。
（7）所有主机开启 NTP 服务，假设当前使用的是 chrony。
根据实际配置 NTP 服务器：

```
vi /etc/chrony.conf
```

启动 chrony 服务：

```
systemctl start chronyd
systemctl enable chronyd
```

（8）hostname 设置。

```
hostnamectl set-hostname kdc.test.com
```

（9）设置 hostname 与 IP 地址的对应关系。

```
vi /etc/hosts
```

每行添加 IP 地址及对应的 hostname。
2）KDC 服务器搭建
步骤 1　关闭防火墙。

```
systemctl stop firewalld
```

说明
如需开启防火墙，请参见 KDC 服务器端防火墙设置。
步骤 2　安装 krb5、krb5-libs、krb5-server、krb5-client。

```
yum install -y krb5 krb5-libs krb5-server krb5-client
```

步骤 3　设置 Kerberos 域。
执行如下命令，配置 krb5.conf 文件。

```
vi /etc/krb5.conf
```

修改 default_realm = TEST.COM。
修改[realms]中域名和其中的 kdc 与 admin_server 为 KDC 实际的 hostname。

```
[realms]
TEST.COM = {
kdc = kdc.test.com
admin_server = kdc.test.com
}
```

修改[domain_realm]中的.域名小写=域名,域名小写=域名。

```
[domain_realm]
.test.com = TEST.COM
test.com = TEST.COM
```

步骤 4　创建 KDC 数据库。

执行如下命令,查看数据库目录。

```
ll /var/kerberos/krb5kdc/
```

执行如下命令,创建数据库及设置数据库 Master password。

```
kdb5_util create -s
```

输入密码如 manager@123,再输入一次确认。

执行如下命令,查看数据库目录。

```
ll /var/kerberos/krb5kdc/
```

多了 principal、principal.kadm5、principal.kadm5.lock、principal.ok 等文件。

步骤 5　放行所有管理员权限。

```
vi /var/kerberos/krb5kdc/kadm5.acl
```

修改为 */admin@TEST.COM　　*。

步骤 6　注释掉使用 KCM 作为凭据缓存。

```
vi /etc/krb5.conf.d/kcm_default_ccache
```

注释掉最后两行,如下所示。

```
#[libdefaults]
#     default_ccache_name = KCM:
```

步骤 7　新建管理员 root/admin。

```
kadmin.local
```

输入 addprinc root/admin:新建管理员 root/admin,允许用户端使用 kadmin 使用 root/admin 账户密码登录。

输入 root/admin 的密码如 root@123,并再次输入确认。

输入 listprincs:查看是否存在新建的管理员信息。

输入 exit:退出。

步骤 8　执行如下命令,启动 kadmin、krb5kdc 服务。

```
systemctl start kadmin krb5kdc
systemctl enable kadmin krb5kdc
```

步骤 9 管理员登录测试。

```
kadmin
```

输入 root/admin 密码。

输入 listprincs。

输入 exit 退出。

步骤 10 新增 host 和用户 principal。

```
kadmin.local
```

输入 addprinc -randkey host/kdc.test.com：添加 host/kdc.test.com，密码为随机。

输入 addprinc krbuser1：添加一个普通账户 krbuser1。

输入 krbuser1 在 Kerberos 上的密码如 123，再次输入确认。

输入 exit 退出。

📖**说明**

想要管理 KDC 的数据库有两种方式，一种是直接在 KDC 上面直接执行，可以不需要密码就可以管理数据库；另一种则是需要输入密码才能管理。这两种方式分别如下。

- kadmin.local：需要在 KDC server 上面运行，不需要密码即可管理数据库。
- kadmin：可以在任何一台 KDC 领域的系统上面运行，但是需要输入管理员密码。

3）KDC 主从服务器搭建

（1）主 KDC 端设置。

步骤 1 Kerberos 域中增加从 KDC 主机内容。

```
vi /etc/krb5.conf
```

在[realms]中添加从 KDC 的 hostname，见加粗部分。

```
[realms]
TEST.COM = {
kdc = kdc.test.com
admin_server = kdc.test.com
kdc = kdcslave.test.com
}
```

📖**说明**

- admin_server 只有一个，一般是主 KDC。
- 这一步需要在 KDC 端步骤 1～步骤 4 完成后再从此步骤开始往下操作。

步骤 2 添加从 KDC 服务器 principal。

```
kadmin.local
```

输入"addprinc -randkey host/kdcslave.test.com"。

输入"exit"退出。

步骤 3　将主 KDC 的配置文件复制到从 KDC 上。

```
scp /etc/krb5.conf root@90.90.113.82:/etc
scp /var/kerberos/krb5kdc/kdc.conf root@90.90.113.82:/var/kerberos/krb5kdc/
scp /var/kerberos/krb5kdc/kadm5.acl root@90.90.113.82:/var/kerberos/krb5kdc/
scp /var/kerberos/krb5kdc/.k5.TEST.COM root@90.90.113.82:/var/kerberos/krb5kdc/.k5.
TEST.COM
```

步骤 4　创建本机的票据资料。

```
kadmin.local
```

输入“ktadd host/kdc.test.com@TEST.COM:”添加票据到文件/etc/krb5.keytab 中。

输入“exit”退出。

步骤 5　同步数据库到从 KDC 上。

说明

这一步需要从 KDC 端完成步骤 7。

```
kdb5_util dump /var/kerberos/krb5kdc/kdc.dump
kprop -f /var/kerberos/krb5kdc/kdc.dump kdcslave.test.com
```

(2) 从 KDC 端设置。

步骤 1　关闭防火墙。

```
systemctl stop firewalld
```

说明

如需开启防火墙，请参见 KDC 服务器端防火墙设置进行配置。

步骤 2　安装 krb5、krb5-libs、krb5-server、krb5-client。

```
yum install -y krb5 krb5-libs krb5-server krb5-client
```

步骤 3　创建 KDC 数据库。

执行如下命令，查看数据库目录。

```
ll /var/kerberos/krb5kdc/
```

创建数据库及设置数据库 Master password。

```
kdb5_util create -s
```

输入密码如 manager@123，再输入一次确认。

执行如下命令，查看数据库目录。

```
ll /var/kerberos/krb5kdc/
```

多了 principal、principal.kadm5、principal.kadm5.lock、principal.ok 等文件。

步骤 4 注释掉使用 KCM 作为凭据缓存。

```
vi /etc/krb5.conf.d/kcm_default_ccache
```

注释掉最后两行，如下所示。

```
#[libdefaults]
#     default_ccache_name = KCM:
```

步骤 5 创建本机的票据资料。

📖**说明**

这一步需要在主 KDC 端步骤 1～步骤 4 完成后再从此步骤开始往下操作。

```
kadmin
```

输入 root/admin 的密码。

输入"ktadd host/kdcslave.test.com@TEST.COM"，添加票据到文件/etc/krb5.keytab 中。

输入"exit"退出。

步骤 6 设置 kpropd 权限。

```
vi /var/kerberos/krb5kdc/kpropd.acl
```

添加如下内容。

```
host/kdc.test.com@TEST.COM
host/kdcslave.test.com@TEST.COM
```

步骤 7 执行如下命令，启动 kprop 服务。

```
systemctl start kprop
systemctl enable kprop
```

步骤 8 等主 KDC 完成步骤 5 同步数据库到从 KDC 上，执行如下命令，查看从 KDC 上数据库文件是否更新。

```
ll /var/kerberos/krb5kdc/
```

步骤 9 执行如下命令，启动 krb5kdc 服务。

```
systemctl start krb5kdc
systemctl enable krb5kdc
```

4）krb5 用户端搭建

步骤 1 安装 krb5、krb5-libs、krb5-client。

```
yum install -y krb5 krb5-libs krb5-client
```

步骤 2　设置 Kerberos 域，同 KDC 服务器端设置，也可以直接从 KDC 服务器端复制。

```
vi /etc/krb5.conf
```

修改 default_realm = TEST.COM。

修改[realms]中域名和其中的 kdc 和 admin_server 为 KDC 实际的 hostname。

```
[realms]
TEST.COM = {
kdc = kdc.test.com
admin_server = kdc.test.com
kdc = kdcslave.test.com
}
```

修改[domain_realm]中的.域名小写 = 域名，域名小写 = 域名。

```
[domain_realm]
.test.com = TEST.COM
test.com = TEST.COM
```

步骤 3　注释掉使用 KCM 作为凭据缓存。

```
vi /etc/krb5.conf.d/kcm_default_ccache
```

注释掉最后两行，如下所示。

```
#[libdefaults]
#     default_ccache_name = KCM:
```

步骤 4　创建本机的票据资料。

```
kadmin
```

输入 root/admin 的密码。

输入“addprinc -randkey host/client.test.com”，添加“host/client.test.com”，密码为随机。

输入“ktadd host/client.test.com@TEST.COM”，添加票据到文件/etc/krb5.keytab 中。

输入“exit”退出。

步骤 5　执行如下命令，查看票据信息。

```
klist -t -k
```

说明

service server 和 client 都是 KDC 服务器的用户端，都需要按上述步骤完成 KDC 服务器和票据资料的设置。

5. krb5 网络认证本地用户

使用 krb5 认证本地用户的步骤如下。

步骤 1　参见 krb5 用户端搭建，搭建一台 krb5 用户端。

步骤 2 执行如下命令，安装 pam_krb5。

```
yum install -y pam_krb5
```

步骤 3 修改账户认证方式。

```
vi /etc/pam.d/system-auth
```

将所有 pam_sss.so 所在行最前面的“-”去掉，并将 pam_sss.so 修改为 pam_krb5.so。

```
vi/etc/pam.d/password-auth
```

将所有 pam_sss.so 所在行最前面的“-”去掉，并将 pam_sss.so 修改为 pam_krb5.so。

📖**说明**

如果 password-auth 不修改，ssh 登录会出现 Permission denied，原因是/etc/pam.d/sshd 中包含 password-auth。

步骤 4 本地创建一个用户 krbuser2。

```
useradd krbuser2 -d /home/krbuser2
```

步骤 5 在 krb 数据库中添加用户 krbuser2 及其密码。

```
kadmin
```

输入 root/admin 的密码“root@123”。

输入“addprinc krbuser2”。

输入密码如 123，再次输入确认。

输入“exit”。

步骤 6 登录测试。

输入用户名“krbuser2”，输入密码“123”可以登录。

```
ssh krbuser2@90.90.115.201
```

ssh 登录成功。

6. LDAP 用户使用 krb5 认证下的服务器端设置

步骤 1 参见 LDAP 服务器搭建，完成 LDAP 服务器端搭建。

步骤 2 参见 krb5 用户端搭建，完成在 LDAP 服务器上的 krb5 用户端搭建。

步骤 3 为 LDAP 服务创建 principal 和 keytab。

```
kadmin
```

如果默认管理员不是 root/admin，则使用如下命令。

```
kadmin -p root/admin@TEST.COM
```

输入 root/admin 的密码“123”。

输入“addprinc -randkey ldap/ldapserver. test. com”。

输入“ktadd ldap/ldapserver. test. com@TEST. COM”，添加密钥到文件/etc/krb5. keytab 中。

输入“exit”退出。

执行如下命令，修改/etc/krb5. keytab 文件的权限，使 LDAP 可以访问。

```
chown ldap:ldap /etc/krb5.keytab
```

步骤 4　执行如下命令，查看密钥信息。

```
klist -t -k
```

步骤 5　执行如下命令，重启 slapd 服务。

```
systemctl restart slapd
```

7. LDAP 用户使用 krb5 认证下的用户端设置

步骤 1　参见使用 sssd 搭建流程，完成配置。

需修改认证方式为 krb5。

```
vi /etc/sssd/sssd.conf
```

设置[sssd]下使用的 domains 为 test. com。

```
domains = test.com
```

设置[domain/test. com]为如下内容。

```
[domain/test.com]
id_provider = ldap
auth_provider = krb5
chpass_provider = krb5

ldap_uri = ldap://ldapserver.test.com
ldap_search_base = dc=test,dc=com
ldap_sasl_mech = GSSAPI

krb5_server = kdc.test.com
krb5_realm = TEST.COM

timeout = 300
krb5_auth_timeout = 300
```

如需要设置目录，使用 oddjob 完成设置。

执行如下命令，重启 sssd 服务。

```
systemctl restart sssd
```

步骤 2　参见 krb5 用户端搭建，完成配置。

步骤 3 设置 LDAP 用户的密码到 krb5 中，进行登录测试。

```
kadmin
```

输入 root/admin 的密码“root@123”。

输入“addprinc ldapuser1”，添加 ldapuser1 普通用户。

输入 ldapuser1 的密码如“123”。

再次输入密码。

输入“exit”退出。

(1) 本地登录测试。

输入用户名“ldapuser1”。

输入密码“123”。

登录成功。

(2) ssh 登录测试。

```
ssh ldapuser1@90.90.112.65
```

输入密码“123”。

登录成功。

说明

如果登录失败，可尝试修改/etc/sssd/sssd.conf 文件，将参数 krb5_server 修改为 KDC 服务器的 IP 地址，重启 sssd 服务。

8. KDC 服务器端防火墙设置

(1) 主 KDC 服务器端防火墙设置。

① 执行如下命令，防火墙增加对 Kerberos 相关端口的放行。

```
firewall-cmd --permanent --add-service=kerberos
```

② 执行如下命令，重启 firewalld 服务。

```
systemctl restart firewalld
```

(2) 从 KDC 服务器端防火墙设置。

① 防火墙增加对 Kerberos 相关端口的放行，需要额外放行 kprop 服务的端口 754/tcp。

```
firewall-cmd --permanent --add-service=kerberos
firewall-cmd --permanent --add-port=754/tcp
```

② 执行如下命令，重启 firewalld 服务。

```
systemctl restart firewalld
```

9. 常用操作

（1）增加条目。

```
ldapadd -x -w 123 -D "cn=Manager,dc=test,dc=com" -f ldaprptest.ldif
```

说明

- -x 为进行简单认证。
- -w 123 -D "cn=Manager,dc=test,dc=com"为连接 slapd 的密码和 binddn。
- 也可以不通过命令行指定密码(即去掉-w 123),通过-w 选项来根据提示输入密码。

（2）修改条目。

```
ldapmodify -x -w 123 -D "cn=Manager,dc=test,dc=com" -f ldaprptest.ldif
```

说明

此外,ldapmodify -a 选项表示新增条目,功能同上一条操作：ldapadd。

（3）删除条目。

```
ldapdelete -x -w 123 -D "cn=Manager,dc=test,dc=com"
"uid=ldapuser2,ou=People,dc=test,dc=com"
```

说明

要删除的条目信息由"uid=ldapuser2,ou=People,dc=test,dc=com"指定。

（4）查询条目。

```
ldapsearch -x cn=ldapuser2 -b dc=test,dc=com
```

说明

- -b 指定要查询的根节点。
- cn=ldapuser2 为要查询的内容。

（5）修改密码。

执行如下命令,修改 uid=ldapuser2,ou=People,dc=test,dc=com 的密码为 456。

```
ldappasswd -x  -D "cn=Manager,dc=test,dc=com" -w 123
"uid=ldapuser2,ou=People,dc=test,dc=com" -s 456
```

说明

也可以通过 ldapmodify 结合 ldif 文件进行修改。

（6）导出数据库内容。

```
slapcat -l export.ldif
```

说明

将数据导出到 export.ldif 文件中,服务器端命令。

（7）调试模式启动 slapd。

```
slapd -d 256
```

10. 常见问题处理

1）NIS

（1）The local host's domain name hasn't been set. Please set it.

使用 nisdomainname 查询和设置。

（2）failed to send 'clear' to local ypserv：RPC：Program not registered.

rpcbind、ypserv 服务没有开启。

（3）gmake[1]：*** No rule to make target '/etc/netgroup'，needed by 'netgroup'. Stop.

/etc/netgroup 不存在，新建该文件即可。

（4）yptest 报 ypbind failed 及 Internal NIS error。

检查 ypbind 服务是否开启。

2）LDAP

（1）ldap_add：Invalid syntax (21)。

additional info：objectClass：value #0 invalid per syntax

问题原因：ldif 文件格式存在问题，行尾不能有空格等。

（2）ldap_modify：Other (e. g. , implementation specific) error (80)。

使用 ldapmodify -Y EXTERNAL -H ldapi:/// -f certs. ldif 来修改证书信息时报错，检查证书文件的所属是否是 LDAP。

（3）ldap_bind：Invalid credentials (49)。

管理员 DN 或者用户 DN 或者管理员密码错误。

（4）Result：No such object (32)。

条目不存在，检查 DN。

（5）Result：Strong(er) authentication required (8)。

需要使用管理员及管理员密码才能操作。常见于 ldapdelete、ldappasswd 等操作。

（6）ldap_sasl_interactive_bind_s：Can't contact LDAP server (−1)。

检查 slapd 服务是否开启。

命令行中可通过增加-d 1 打开调试信息来查看具体问题。

（7）用户登录时报 Permission denied。

设置/etc/sssd/sssd. conf 中 access_provider=permit。

（8）id ldapuser1 报错 no such user。

检查 sssd. conf 文件中 ldap_uri 和 ldap_search_base 配置是否正确，域名是否能解析。

（9）ldap_modify：Other (e. g. , implementation specific) error (80)。

常见于在修改 cn=config 中的证书文件时出现，与证书文件的顺序有关，可将多个修改分割为多个 ldif 文件进行修改，单独执行每个 ldif 文件进行修改。

3）Lerberos5

（1）kadmin：No KCM server found while opening default credentials cache vi /etc/krb5.conf.d/kcm_default_ccache.

注释掉最后两行。

说明

开源 Kerberos 实现不含有 KCM server。

(2) kadmin: Cannot contact any KDC for realm 'TEST.COM' while initializing kadmin interface.

① 检查/etc/krb5.conf 中 Kerberos 域及 kdc 和 admin_server 是否配置正确。

② 检查/etc/hosts 中 hostname 和主机配置是否正确。

③ 检查服务器端 kadmin、krb5kdc 服务是否开启。

(3) kadmin: Communication failure with server while initializing kadmin interface.

① etc/krb5.conf 中 admin_server 只能有一个。

② 检查 admin_server 设置的域名是否正确,是否能解析,防火墙设置。

(4) get_principals: Operation requires "list" privilege while retrieving list.

检查/var/kerberos/krb5kdc/kadm5.acl 中的权限设置。

(5) SASL [conn=1028] Failure: GSSAPI Error: Unspecified GSS failure. Minor code may provide more information (Permission denied).

如果 LDAP 用户端使用 id 命令查询不到账户信息,而 LDAP 服务器端 slapd 的状态又出现 SASL [conn=1028] Failure: GSSAPI Error: Unspecified GSS failure. Minor code may provide more information (Permission denied)信息,则检查 LDAP 服务器端的 keytab 文件的权限是否允许 LDAP 访问,keytab 文件是否存在 LDAP 服务的票据。

3.2.12 FusionOS 鉴权 ESN 信息获取

1. 特性描述

1) 背景

鉴权 ESN 服务生成唯一性 ID,是获取 FusionOS 技术支持的重要凭据。

2) 定义

FusionOS 的商用版本需收集 ESN(Equipment Serial Number,设备序列号),用于支撑技术支持服务鉴权。FusionOS 使用过程中,如需要通过 400 电话或电子邮箱联系超聚变技术支持,请提供收集到的序列号。

第一次部署后,请将收集到的 ESN 信息反馈给超聚变接口人,作为商业技术支持鉴权依据。

3) 约束与限制

安装环境在选择环境语言时,须选择英文,否则会影响后续数据的收集。

2. 安装

FusionOS 系统安装时自动安装,或通过 rpm 包手动安装。

3. 配置使用

1）使用场景一：通过执行脚本逐台主机生成 License 文件

说明

- 适用少量节点，环境变量 p 和 f 无冲突场景。
- 如果使用 ARM 镜像，则只须执行步骤 2 获取 License 文件即可。

步骤 1 每台主机独立执行脚本创建 License 文件。使用 root 登录，并执行如下脚本。

须知

脚本是整体命令行，请先将下方脚本复制到文本编辑器中，确认没有换行，再复制到 Shell 中执行。

```
p = "/etc/FusionOS_Verify/";f = "/etc/FusionOS_Verify/FusionOS - license";mkdir $ p;chattr -
ia $ f;echo "type is `dmidecode - s system - manufacturer`"> $ f;echo "Socket_num is `lscpu |
grep - i "socket(s)" | awk - F " " '{print $ NF}'`">> $ f;system_uuid = `dmidecode - s system -
uuid`;system_uuid_trimmed = $ {system_uuid// - /};rootfs_uuid = `lsblk - o uuid,mountpoint -
x mountpoint|grep '/ $ '`;uuid = " $ {system_uuid_trimmed:12:6} $ {rootfs_uuid:0:4} $ {system_
uuid_trimmed:0:6}";echo "UUID is $ uuid">> $ f
```

步骤 2 获取 License 文件内容，并复制进行反馈。文件路径为"/etc/FusionOS_Verify/FusionOS-license"。文件内容如下。

```
[root@FusionOS ~]# cat /etc/FusionOS_Verify/FusionOS - license
Type is QEMU
Socket_num is 1
UUID is cce613ce20c94a14
```

2）使用场景二：安装 FusionOS_Verify 软件包，通过服务逐台主机生成 License 文件

说明

- 适用少量节点，可能存在环境变量冲突场景。
- 如果使用任意版本的 ARM 镜像或 22.0.4 版本的 x86 镜像，则无须安装 FusionOS_Verify 软件包，只须执行步骤 3 获取 License 文件即可。

步骤 1 手动安装 FusionOS_Verify 软件包。详细的安装步骤参见安装 FusionOS_Verify 软件包。

步骤 2 使用 root 账号登录，执行 systemctl start fusionos-verify. service 命令，生成 /etc/FusionOS_Verify/FusionOS-license 文件。

步骤 3 获取 License 文件内容，并复制进行反馈。文件路径为"/etc/FusionOS_Verify/FusionOS-license"。文件内容如下。

```
[root@FusionOS ~]# cat /etc/FusionOS_Verify/FusionOS - license
Type is QEMU
Socket_num is 1
UUID is cce613ce20c94a14
```

3）使用场景三：安装 FusionOS_Verify 软件包，生成 License 文件，并批量收集。

说明

- 适用节点数较多场景。
- 如果使用任意版本的 ARM 镜像或 22.0.4 版本的 x86 镜像，则无须安装 FusionOS_Verify 软件包，从步骤 2 开始执行即可。

步骤 1　手动逐台主机安装 FusionOS_Verify 软件包。详细的安装步骤参见安装 FusionOS_Verify 软件包。

步骤 2　选择一台主机作为收集机，安装 expect、dos2unix、sqlite 软件包。详细的安装步骤参见安装 expect、dos2unix、sqlite。可通过如下命令查看是否已经安装这三个包，如果包已安装则此步忽略。

```
rpm - qa | grep expect
rpm - qa | grep dos2unix
rpm - qa | grep sqlite
```

步骤 3　在收集机上创建配置文件，记录其他被收集主机的登录信息，用于批量登录收集。文件名称及路径"/root/log"。详细格式如下。

```
[root@localhost ~]# vim /root/log
node_ip         ssh_user   ssh_pass
90.90.114.247   root       fusion@123   #节点的 IP 信息,连接节点的用户,连接节点用户的密码
90.90.115.197   root       fusion@123
```

说明

操作完成后，请删除此配置文件，避免信息安全问题。

步骤 4　在收集机上执行命令 **fusionos_idcollect.sh --collect /root/log**，命令执行成功，其他 N 台机器的 ESN 信息被保存在/root/all_license_info.csv 文件中。/root/all_license_info.csv 文件内容如下。

```
[root@FusionOS ~]# cat /root/all_license_info.csv
date,Node_ip,UUID,Env_type,Socket_num
"2022 - 06 - 07 10:16:28
",,,,
,90.90.114.247,2fd75724 - 990f - 4d05 - 92a6 - a810ce641fbe,QEMU,4
,90.90.113.2,f5c5278e - f7ff - 4663 - 93bb - 705b09922fc1,QEMU,1
```

步骤 5　复制 all_license_info.csv 文件，并反馈给超聚变接口人。

4. 常用操作

1）安装 FusionOS_Verify 软件包

说明

任意版本的 ARM 镜像、FusionOS 22.0.4 版本的 x86 镜像已集成 FusionOS_Verify 软件包，可忽略安装 FusionOS_Verify 软件包。

步骤 1　x86 下载 FusionOS 发布的 FusionOS-22_22.0.1.SPC1_everything_x86-64.tar.gz 交付件，并将交付件上传到 Linux 环境的/root/目录下。

步骤 2　解压压缩包。

```
cd /root/
tar -xof /root/FusionOS-22_22.0.1.SPC1_everything_x86-64.tar.gz
```

步骤 3　创建本地 repo 源。

```
cd /root/
createrepo_c FusionOS-22_22.0.1.SPC1_everything_x86-64/
```

步骤 4　编辑/etc/yum.repos.d/FusionOS.repo 文件并添加以下内容。

```
vim /etc/yum.repos.d/FusionOS.repo
[new]
name = new
baseurl = file:///root/FusionOS-22_22.0.1.SPC1_everything_x86-64
enabled = 1
gpgcheck = 0
```

步骤 5　安装 FusionOS_Verify。

```
yum install FusionOS_Verify -y
```

2）安装 expect、dos2unix、sqlite

步骤 1　把 FusionOS 22 22.0.1 的 everything iso 上传到 Linux 环境的/root/目录下。

步骤 2　创建挂载点/root/iso 并挂载 ISO，示例如下。

```
mkdir /root/iso
mount /root/FusionOS-22_22.0.1_everything_x86-64.iso /root/iso
```

步骤 3　编辑/etc/yum.repos.d/FusionOS.repo 文件并添加以下内容。

```
vim /etc/yum.repos.d/FusionOS.repo
[all]
name = all
baseurl = file:///root/iso
enabled = 1
gpgcheck = 0
```

步骤 4　安装 expect、dos2unix、sqlite(FusionOS 默认已安装 sqlite)。

```
yum install expect dos2unix sqlite -y
```

步骤 5　安装完成之后请执行下方命令卸载挂载点。

```
umount /root/iso
```

3.3　安全加固工具

3.3.1　加固操作

1. 概述

安全加固工具会根据 usr-security. conf 设置加固策略，使用加固工具设置加固策略需要用户修改 usr-security. conf。本节介绍 usr-security. conf 的修改规则。用户可配置的加固项请参见 3.2 节对应内容。

2. 注意事项

（1）修改配置后，需要重启安全加固服务使配置生效。重启方法请参见 3.3.2 节对应内容。

（2）用户修改加固配置时，仅修改/etc/openEuler_security/usr-security. conf 文件，不建议修改/etc/openEuler_security/security. conf。security. conf 中为基本加固项，仅运行一次。

（3）当重启安全加固服务使配置生效后，在 usr-security. conf 中删除对应加固项并重启安全加固服务并不能清除之前的配置。

（4）安全加固操作记录在日志文件/var/log/openEuler-security. log 中。

3. 配置格式

usr-security. conf 中的每一行代表一项配置，根据配置内容的不同有不同配置格式，这里给出各类配置的格式说明。

说明

- 所有配置项以执行 ID 开头，执行 ID 仅为了方便用户识别配置内容，取值为正整数，由用户自行定义。
- 配置项的各内容之间使用@作为分隔符。
- 若实际配置内容中包含@，需要使用@@表示以和分隔符区分，例如，实际内容为 xxx@yyy，则配置为 xxx@@yyy。目前不支持@位于配置内容的开头和结尾。

1）d：注释

格式：执行 ID@d@对象文件@匹配项

功能：将对象文件中以匹配项开头（行首可以有空格）的行注释（在行首添加#）。

示例：执行 ID 为 401，注释/etc/sudoers 文件中以%wheel 开头的行。

```
401@d@/etc/sudoers@ % wheel
```

2）m：替换

格式：执行 ID@m@对象文件@匹配项@替换目标值

功能：将对象文件中以匹配项开头(行首可以有空格)的行替换为“匹配项加替换目标值”。若匹配行开头有空格,替换后将删除这些空格。

示例：执行 ID 为 101,将/etc/ssh/sshd_config 文件中以 Protocol 开头的行替换为 Protocol 2。匹配和替换时也会考虑 Protocol 后的空格。

```
101@m@/etc/ssh/sshd_config@Protocol @2
```

3) sm：精确修改

格式：执行 ID@sm@对象文件@匹配项@替换目标值

功能：将对象文件中以匹配项开头(行首可以有空格)的行替换为“匹配项加替换目标值”。若匹配行开头有空格,替换后将保留这些空格,这是 sm 和 m 的区别。

示例：执行 ID 为 201,将/etc/audit/hzqtest 文件中以 size 开头的行替换为 size 2048。

```
201@sm@/etc/audit/hzqtest@size@ 2048
```

4) M：修改子项

格式：执行 ID@M@对象文件@匹配项@匹配子项[@匹配子项的值]

功能：匹配对象文件中以匹配项开头(行首可以有空格)的行,并将该行中以匹配子项开始的内容替换为“匹配子项和匹配子项的值”,其中,匹配子项的值可选。

示例：执行 ID 为 101,找到 file 文件中以 key 开头的行,并将这些行中以 key2 开始的内容替换为 key2value2。

```
101@M@file@key@key2@value2
```

5) systemctl：管理服务

格式：执行 ID@systemctl@对象服务@具体操作

功能：使用 systemctl 管理对象服务,具体操作可取值为 start、stop、restart、disable 等 systemctl 所有可用的命令。

示例：执行 ID 为 218,停止 cups. service 服务,等同于 systemctl stop cups. service 的配置行。

```
218@systemctl@cups.service@stop
```

6) 其他命令

格式：执行 ID@命令@对象文件

功能：执行对应命令,即执行命令行“命令 对象文件”。

示例一：执行 ID 为 402,使用 rm-f 命令删除文件/etc/pki/ca-trust/extracted/pem/email-ca-bundle. pem。

```
402@rm -f @/etc/pki/ca-trust/extracted/pem/email-ca-bundle.pem
```

示例二：执行 ID 为 215,使用 touch 命令创建文件/etc/cron. allow。

```
215@touch @/etc/cron.allow
```

示例三：执行 ID 为 214，使用 chown 命令将文件/etc/at.allow 的属主改为 root:root。

```
214@chown root:root @/etc/at.allow
```

示例四：执行 ID 为 214，使用 chmod 命令去除文件/etc/at.allow 属主所在群组及其他非属主用户的 rwx 权限。

```
214@chmod og-rwx @/etc/at.allow
```

3.3.2 加固生效

完成修改 usr-security.conf 文件后，请运行如下命令使新添加的配置生效。

```
systemctl restart openEuler-security.service
```

小结

本章深入探讨了操作系统的加固概述。通过介绍加固方案以及加固影响，读者可以更好地理解在 FusionOS 中如何实施安全加固措施，以保障系统的安全性和可靠性。同时，本章提供了加固指导，详细说明了各项安全加固的内容、实现方法和影响，为用户提供了实际操作的指引。最后，介绍了 FusionOS 中的安全加固工具，这些工具可以帮助用户根据配置对系统进行加固，以提升系统的安全性。通过本章的内容，用户可以了解如何使用安全加固工具进行系统加固，并在加固配置后使其生效，从而提高系统的整体安全性。

习题

1. 为什么需要对操作系统进行安全加固？加固的目的是什么？
2. FusionOS 的安全加固方案包括哪些方面？
3. FusionOS 的安全加固工具是如何运行的？用户可以如何通过工具进行加固？
4. FusionOS 的安全加固内容分为哪 5 部分？
5. 安全加固对文件权限和账号口令的修改可能会造成什么影响？
6. FusionOS 默认是否设置了口令复杂度限制？如何限制登录失败时的尝试次数以及账户锁定时间？如何设置口令的加密算法？如何设置口令的有效期？
7. 什么是 FusionOS 中加固 su 命令的目的和实现方法？
8. 如何设置密码到期时禁用账户，并在 FusionOS 中将默认设置从 35 天修改为 30 天？
9. 如何修改 TMOUT 配置以在用户输入空闲一段时间后自动断开连接，防止无人看管的终端被攻击？
10. 如何设置网络远程登录的警告信息，以及隐藏系统架构和其他系统信息，避免目标性攻击？
11. 如何禁止通过 Ctrl+Alt+Del 组合键重启系统？

12. 如何设置 GRUB2 的加密口令以增强系统启动的安全性？

13. 如何进入安全的单用户模式？

14. 如何禁止交互式引导，以增强系统的安全性？

15. 如何加固 SSH 服务以提高系统安全性？

16. 如何设置时间同步并使用 chrony 来同步系统时钟？

17. Linux 中文件和目录的安全性主要通过什么来保证？请以/bin 目录为例，说明如何修改文件的权限。请以/bin 目录为例，说明如何修改文件的属主。

18. 如何查找用户 ID 不存在的文件并删除？如何查找群组 ID 不存在的文件并删除？

19. 为什么建议删除无指向的空链接文件？如何查找系统中的空链接文件并进行处理？

20. 什么是 umask 值？为什么建议为守护进程设置 umask 值？如何设置守护进程的 umask 值为 0027？

21. 什么是粘滞位属性？为什么要为全局可写目录添加粘滞位属性？

22. 什么是 Capability 权能机制的主要思想？Capability 权能机制如何实现权限检查？

23. 进程的 Capabilities 分为哪 4 个属性集？它们分别是什么？文件的 Capabilities 分为哪三组能力集？分别是什么？

24. 什么是 SUID 和 SGID 权限？它们如何影响文件和进程的执行？如何检查系统中的 SUID 和 SGID 可执行文件？

25. 为什么要删除隐藏的可执行文件？如何找到隐藏的可执行文件并删除？

26. 什么是内核参数？如何通过内核参数提高操作系统的安全特性？

27. 如何加固内核参数以提高系统安全性？

28. 什么是 SELinux？它是如何实现强制访问控制的？SELinux 有哪些运行模式？它们分别是什么意义？如何查看当前系统的 SELinux 运行状态？

29. 如何将 SELinux 设置为 enforcing 模式？如何将其设置为 permissive 模式？如果要关闭 SELinux，应该如何操作？如何查询系统的 SELinux 状态和当前模式？

30. 如何通过 dnf 升级方式更新 selinux-policy 为最新版本？

31. 在 SELinux 关闭的情况下，如果系统无法启动，应该如何解决？

32. 什么是 TCP SYN Attack？为了防止这种攻击，应该采取什么加固策略？

33. 什么是 kernel.dmesg_restrict 参数？它的作用是什么？

34. 什么是魔术键(Magic SysRq Key)？为什么建议禁用它？

35. 什么是 SELinux 的强制访问控制(MAC)？它与 DAC(Discretionary Access Control)有何不同？

36. 在关闭 SELinux 的前提下，如果要将 SELinux 运行状态切换为 permissive 模式，应该执行哪些步骤？

37. 为什么详细的日志信息对于回溯历史操作和问题定位很重要？

38. 如何将 rsyslog 配置为将日志发送到远程日志主机？

39. 如何设置仅在指定的日志主机上接收远程 rsyslog 消息？

40. 默认情况下，rsyslog 是否记录守护进程的 debug 级日志信息？为什么要配置 daemon.debug 选项？

41. 如何配置 rsyslog 以记录 kern. * 日志信息?

42. 在防 DoS 攻击中,什么是拒绝服务攻击(DoS)? 什么是分布的拒绝服务攻击(DDoS)?

43. FusionOS 如何防止 DoS 攻击?

44. FusionOS 的防火墙是基于什么构建的? 防火墙在网络中的作用是什么?

45. 如何查看防火墙的状态? 如何启动和关闭防火墙?

46. 什么是 TCP-SYN cookie 保护? 它对什么类型的攻击有帮助?

47. 如何在 FusionOS 中加固全局使用的目录?

48. 如何为分区设置安全相关的挂载选项?

49. 如何安装 AIDE(开源入侵检测工具)?

50. 什么是 NIS 和 LDAP? 它们在网络中的作用是什么?

51. Kerberos 是什么? 它如何在网络环境中进行身份认证?

52. 在 NIS 服务器搭建过程中,需要进行哪些步骤?

53. 如何在服务器端设置家目录,并使用 NFS 和 autofs 进行自动挂载?

54. 如何安装和配置 OpenLDAP 服务器? 如何设置 SSL/TLS 来保护 OpenLDAP 用户端和服务器之间的通信?

55. 如何配置 LDAP 服务器的访问控制以及防火墙设置?

56. 什么是 LDAP 复制目录? 如何在提供者和消费者之间配置同步?

57. 如何在 Linux 客户端配置访问 LDAP 服务器?

58. 请解释 nss-pam-ldapd 和 sssd 之间的区别是什么。请描述使用 nss-pam-ldapd 搭建 LDAP 用户端的步骤。

59. 请描述使用 sssd 搭建 LDAP 用户端的步骤。

60. 请描述 KDC 服务器的搭建步骤。

61. 请解释 kadmin. local 和 kadmin 之间的区别。

62. 如何为 Kerberos Realm 选择合适的命名方案?

63. 请描述 LDAP 用户使用 krb5 认证下的服务器端设置的步骤。

64. 请描述如何将 LDAP 用户的密码设置到 krb5 中并进行登录测试。

65. 如何在 KDC 服务器端设置防火墙?

66. 请解释常用操作中的 LDAP 增加、修改、删除、查询条目和修改密码的命令是什么。

67. 如何以调试模式启动 slapd 服务?

68. 安全启动是什么? 它的第一阶段和第二阶段分别涵盖了哪些组件的验证和验证方式?

69. 安全启动技术的目的和受益是什么?

70. FusionOS 鉴权 ESN 信息是什么? 它的主要作用是什么?

71. FusionOS 鉴权 ESN 信息获取可以通过哪些不同的场景进行?

72. 安装 FusionOS_Verify 软件包的步骤是什么?

73. 安装 expect、dos2unix、sqlite 的步骤是什么?

74. FusionOS 鉴权 ESN 信息收集的结果保存在哪个文件中? 请提供该文件的示例内容。

75. FusionOS 鉴权 ESN 信息收集的脚本 fusionos_idcollect.sh 如何使用？

76. 安全加固工具是如何根据 usr-security.conf 设置加固策略的？何时需要重启安全加固服务？

77. usr-security.conf 的配置格式有哪些？当修改了 usr-security.conf 配置后，为什么需要重启安全加固服务？usr-security.conf 中的配置项的执行 ID 起什么作用？如何使用执行 ID？

第4章

操作系统迁移方案指南

CHAPTER 4

FusionOS迁移不是简单的系统重装，它向下涉及硬件板卡的兼容性适配，向上涉及其上搭载的基础软件、应用软件及业务系统的替换、适配甚至重构，它是一个复杂的系统工程，需要在专业技术力量的指导下开展。本章将从迁移概述、迁移准备、迁移实施、验收上线等方面对FusionOS的迁移进行介绍。

4.1　迁移概述

本节将从迁移目标、关键问题、迁移流程、迁移模式、主要工作和角色分工及 Safe2FusionOS 迁移工具等几方面，对 FusionOS 系统迁移涉及的相关内容进行阐述。

4.1.1　迁移目标

操作系统迁移的本质是为业务服务的，而业务依赖于操作系统和底层硬件，为了实现超聚变 FusionOS 成功替换掉 CentOS，需要达成以下三个目标。

（1）系统层面实现替换。

CentOS 成功替换成 FusionOS，包括硬件、内核、基础软件、应用软件等各个层面都可以在新的操作系统上兼容部署和运行。

（2）业务平滑迁移，中断影响最小。

平滑迁移的本质包括：与现有运维或监管系统兼容适配；在功能、性能、稳定性、可靠性及安全性等多方面持平或超越迁移前的系统状态。

（3）形成可复制并推广的迁移案例。

针对各个业务场景的迁移，积累固化迁移流程，为其他 CentOS 迁移提供工作模板。

4.1.2　关键问题

如图 4-1 所示，在操作系统迁移模型中，业务系统处于最顶层，操作系统位于业务系统和硬件之间，起承上启下的作用，业务依赖底层的操作系统和硬件。为了实现业务从旧系统到新系统的平滑迁移，需要解决三个关键问题：兼容性、业务连续性和组织保障。

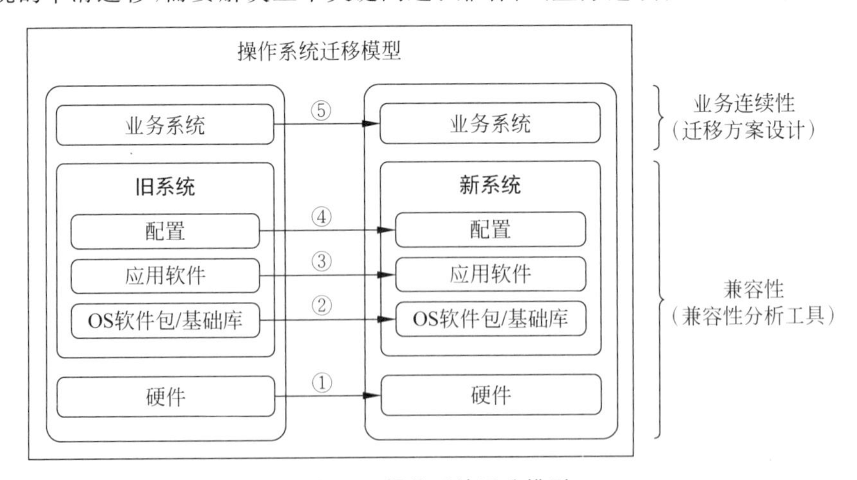

图 4-1　操作系统迁移模型

1. 兼容性

兼容性问题包括硬件、OS 软件包/基础库、应用软件、配置 4 方面，如图 4-1 中①～④所示，一旦出现不兼容问题，都会影响业务系统的正常迁移。如何全面并准确地进行兼容性评估是迁移工程中的关键问题，因为兼容性项目数量庞大，因此通常需要通过兼容性评估工具做自动化分析，以提高迁移效率。

下面是 4 种兼容性问题的具体描述。

1）硬件

操作系统与底层整机和各类板卡等交互，新的操作系统和硬件必须兼容。如果存在不兼容的情况，新的操作系统需要安装适配后的硬件驱动程序。

2）OS 软件包/基础库

操作系统提供了上层业务依赖的软件包和基础库，不同操作系统提供的软件包和基础库是不一样的，必须确保迁移后上层业务依赖的接口在新的操作系统中存在。可能的不兼容情况有：软件包提供库函数的参数个数、参数类型、返回值发生变化；软件包名称、打包策略发生变化。这些情况都需要重新适配。

3）应用软件

业务系统的应用软件是否在新的操作系统上正常运行。OS 软件包和基础库的版本变化可能引起接口不兼容，从而导致应用软件无法运行。

4）配置

为保障应用软件在新的操作系统中保持和旧系统的一致行为，需要考虑将源操作系统中的系统配置、软件包和应用软件的配置适配或同步到新的操作系统中，如启动参数、核心服务配置、网络/存储配置、内核特性等。

2. 业务连续性

迁移过程中不可避免需要进行节点重启，进而导致业务中断，因此设计合理的迁移方案，最大程度降低对业务的影响，是业务系统要特别关注的问题。

涉及以下两项工作。

（1）业务系统信息收集。

迁移方案的设计依赖业务系统的整体情况，例如，业务系统的部署形态和组网方式，业务系统节点的应用软件、硬件和配置信息。全面准确地收集业务系统信息，能为下一步迁移方案设计提供有效输入。

（2）迁移方案设计。

根据操作系统在节点上的部署方式，分为单机、主备和分布式集群等，不同的部署方式对应不同的迁移方案。

3. 组织保障

业务系统的成功迁移和兼容运行是操作系统迁移的目标和衡量标准，这里的核心是业务应用系统，但是其依赖的软/硬件环境错综复杂，涉及众多利益方，例如，迁移项目主管、运维部门、业务使用方、操作系统厂商（OSV）、硬件厂商、应用软件提供商（ISV）等。

因此，迁移过程中不仅涉及技术问题，也需要考虑各利益方的因素，是一个复杂的系统工程，必须以迁移项目主管牵头成立迁移工作组来统一协调各个利益方，为迁移工作顺利实施提供组织和资源保障。

4.1.3 迁移流程

超聚变根据大量的业务实践经验，将整个操作系统迁移过程划分为三大阶段和六个步骤，即：迁移准备、迁移实施、验收上线三个阶段，建组织、调研评估、规划设计、适配验证、迁移实施、验收上线六个关键步骤。每个关键步骤中包含一些主要工作，整个过程需要各个角色的协调配合，在不同步骤中发挥不同的作用。如图 4-2 所示，其中，带图标的表示该主要工作可以借助迁移工具完成。

下文将针对迁移流程中的三大阶段和六个步骤的实施细节、主要工作和相关角色展开详细描述。

4.1.4 迁移模式

在业务迁移时除了需要考虑如何安全平滑地迁移外，还需要尽可能复用原有的软/硬件资源，以减小迁移成本。根据软硬件资源的复用情况，超聚变提供了两种迁移模式：原地迁移和部署迁移。

1. 原地迁移

原地迁移是指在不变更底层硬件和上层业务应用的情况下，在原有系统上通过迁移工具替换内核和软件包的方式升级到新的操作系统，最大程度地保留原有业务系统数据和配置不变，使迁移成本达到最小。

如图 4-3 所示，它的主要步骤如下。

步骤 1 迁移前下线 CentOS 节点，检查环境中的前置条件是否满足，如软件包依赖、磁盘空间大小等。

步骤 2 对指定目录进行备份，以便升级异常时进行回退。

步骤 3 下载升级所需的软件包，构建最小升级系统进行升级。

步骤 4 升级失败或业务异常的情况下选择回退，升级成功视情况选择清理数据并上线 FusionOS 节点。

2. 部署迁移

部署迁移是指兼容性评估不通过、新建/扩容等场景下，在现有环境中新安装目标操作系统，通过迁移工具、脚本等方式在新的操作系统中安装适配后的硬件驱动、软件包/基础库、业务软件等，并同步数据和配置的方式完成业务迁移。

如图 4-4 所示，它的主要步骤如下。

步骤 1 CentOS 节点下线并做兼容性评估。

步骤 2 根据兼容性评估结果进行软硬件适配。其中，硬件厂商主导硬件驱动程序适配；OSV 主导自研和开源软件的适配；ISV 主导商业闭源软件的适配。

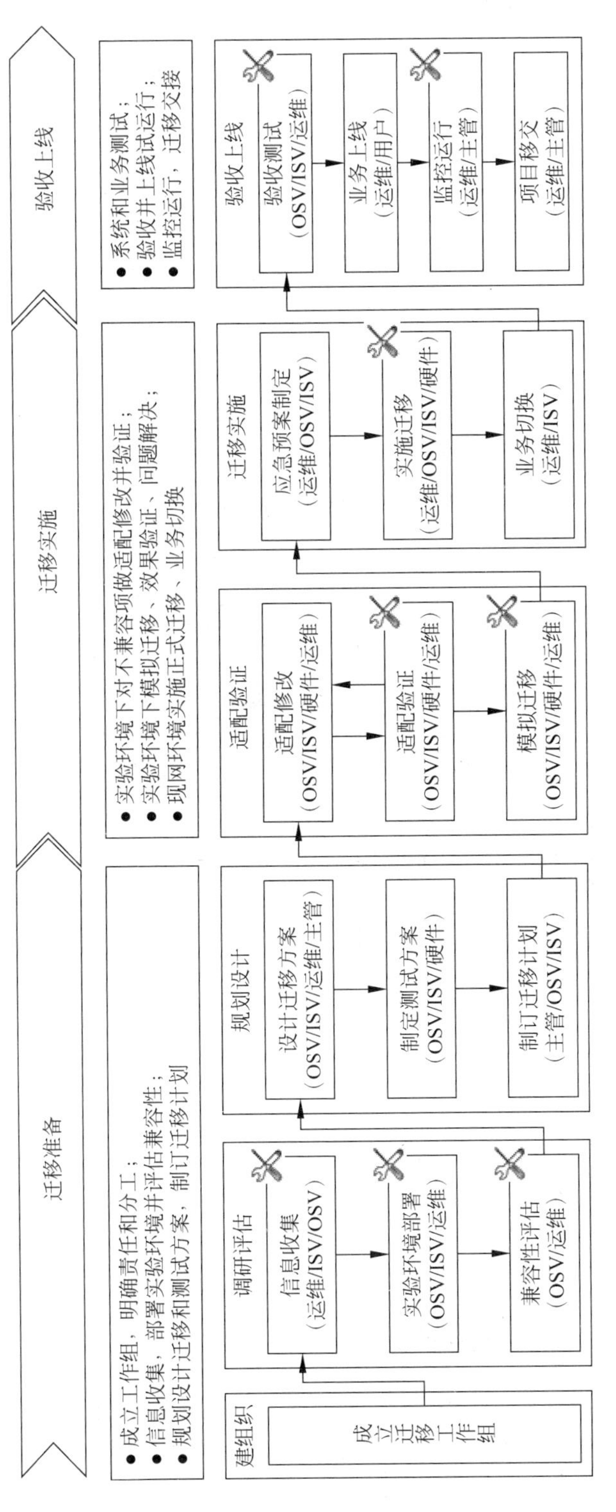

图 4-2 迁移流程的三大阶段和六个步骤

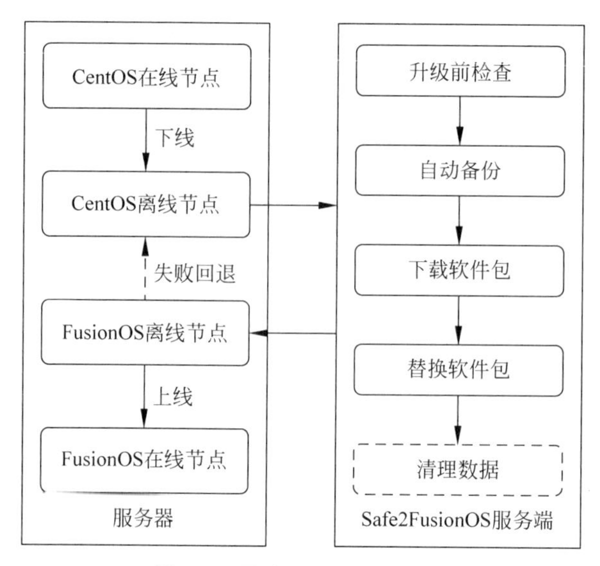

图 4-3 原地迁移流程示意图

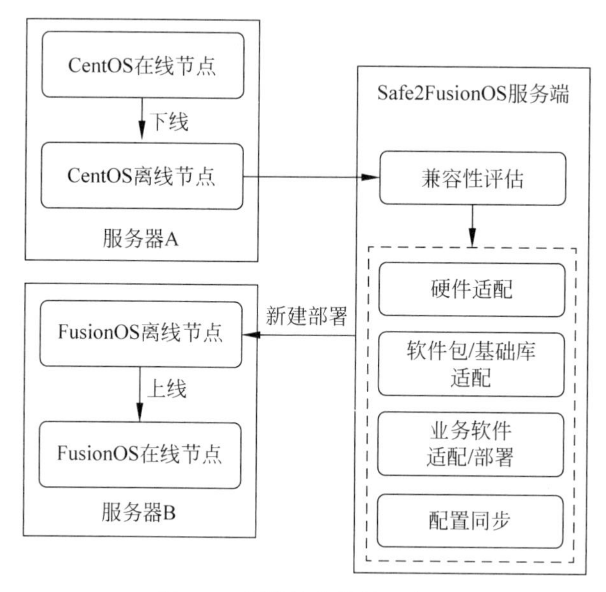

图 4-4 部署迁移流程示意图

步骤 3 在新的服务器中安装 FusionOS，部署适配后的硬件驱动程序、软件包/基础库和业务软件，并同步配置和数据。

步骤 4 上线 FusionOS 节点。

4.1.5 主要工作和角色分工

在迁移流程的六个关键步骤中，主要的参与方包括迁移项目主管、运维部门、业务使用方、超聚变(OSV)、ISV 和硬件厂商，他们在不同步骤中的主要工作和分工不同，如表 4-1 所示。

表 4-1　主要工作和角色分工

阶段	关键步骤	主 要 工 作	主要角色和分工
迁移准备	成立项目组	成立迁移项目组：包括客户迁移项目主管、运维部门、业务使用方、硬件厂商、OSV、ISV 等，明确沟通矩阵和责任分工	• 迁移项目主管：组织、协调、资源保障。 • 其他参与方：配合主管工作
	调研评估	• 信息收集：明确待迁移的业务系统，调研相关软硬件环境、运行状态和关联业务信息，输出《xx 项目信息收集表》。 • 实验环境部署：模拟业务系统，部署验证环境。 • 兼容性评估：使用工具进行兼容性评估，输出《xx 项目兼容性评估报告》	• 运维部门：调研并输出信息收集表。 • OSV：提供调研表格模板和兼容性评估工具，负责验证环境部署，输出兼容性评估报告。 • ISV：提供业务系统信息
	规划设计	• 设计迁移方案：根据业务系统信息和兼容性评估，设计详细的迁移方案，包括迁移批次、迁移策略、迁移模式、适配方案、风险识别、数据迁移和备份等，输出《xx 项目迁移方案》。 • 制定测试方案：确定测试对象、测试环境、测试用例、测试方法、测试工具、验收标准等，输出《xx 项目迁移测试方案》。 • 制订迁移计划：明确各阶段的工作内容和时间点、资源需求、相关责任人和输出内容，输出《xx 项目迁移计划》	• OSV：主导制定迁移和测试方案，协助完成迁移计划。 • 迁移项目主管：主导制订迁移计划。审核迁移方案。 • ISV：提供业务测试方案，协助完成迁移方案和迁移计划。 • 硬件厂商：提供硬件测试方案，协助完成迁移方案和迁移计划。 • 运维部门：协助提供迁移方案设计的必要信息
迁移实施	适配验证	• 适配修改：根据兼容性评估报告逐项适配修改，包括硬件适配、OS 软件包/基础库的适配、配置适配、应用软件适配等，输出《xx 项目迁移适配测试报告》。 • 适配验证：每个兼容性项适配后在业务模拟环境下进行验证，根据实际情况调整迁移方案。 • 模拟迁移：兼容性适配完成后在模拟环境做迁移预演和业务验证，解决实际迁移过程中可能遇到的问题，输出到《xx 项目迁移适配测试报告》	• OSV：提供迁移工具，主导 OS 软件包/基础库、配置的适配修改和验证，负责组织迁移预演和解决技术问题。 • 硬件厂商：主导硬件驱动的适配修改和验证。 • ISV：主导应用软件的适配修改和验证。 • 运维部门：跟踪并支撑适配验证和迁移预演
	迁移实施	• 应急预案制定：针对迁移过程中可能存在的风险提前规划应对措施。 • 实施迁移：对待迁节点做业务割接，再根据数据备份说明，使用工具对待迁节点的系统/业务数据或配置进行备份。依据迁移计划、迁移方案和适配测试报告执行 OS 迁移。 • 业务切换：依据迁移计划，执行业务切换，完成迁移实施。根据迁移实施过程输出《xx 项目迁移实施报告》	• 运维部门：主导应急预案制定、迁移实施和业务切换。 • OSV：提供迁移工具和技术指导

续表

阶段	关键步骤	主 要 工 作	主要角色和分工
验收上线	验收上线	• 验收测试：OSV 和 ISV 使用工具分别对迁移后的系统和业务进行功能、性能、长稳等测试，确保系统和业务的功能和运行指标正常。输出《xx 项目系统测试报告》和《xx 项目 xx 业务测试报告》。 • 业务上线：系统测试和业务拨测后，使用方确认验收完毕，所有业务割接上线试运行。 • 监控运行：使用工具定期健康巡检，监控运行实时告警，解决可能遗留的迁移问题。期间输出《xx 项目运行监控报告》。 • 项目移交：试运行期结束后整体移交客户运维部门，输出《xx 项目迁移交接报告》	• OSV：主导系统测试。 • ISV：主导业务拨测和使用培训。 • 业务使用方：参与业务验收，接受培训。 • 运维部门：主导业务上线、监控运行和迁移交接，输出监控报告和交接报告。 • 迁移项目主管：审核监控报告和迁移交接报告

4.1.6 Safe2FusionOS 迁移工具

Safe2FusionOS 是超聚变自主研发的一站式操作系统迁移平台，它渗透到整个迁移过程的各个关键步骤中，如调研评估、适配验证、迁移实施、验收上线等，支撑客户的业务系统安全高效地从 CentOS 系统迁移到 FusionOS，具有可视化、自动化和流程化三大特色。

1. 可视化

(1) 所有操作集成到 Web 端，过程可见。

(2) 操作结果在界面上直观呈现，可查看实时进度。

(3) 集成轻量级运维功能，实时查看系统运行情况，为业务健康提供持续保障。

2. 自动化

(1) 一键完成系统软件/硬件/配置信息收集分析评估。

(2) 一键批量自动迁移安装 FusionOS，支持并发迁移 100 台。

(3) 一键完成验证/兼容性测试用例部署运行，结果分析。

(4) 一键完成紧急回退，确保业务 100%无损。

3. 流程化

(1) 迁移流程向导 Step by Step 引导操作，确保流程无偏差。

(2) 全流程日志系统，实现过程和结果 100%可审计。

4.2 迁移准备

本阶段的主要目标是为下一阶段的迁移实施做好组织、实验环境、方案等方面的准备，包括成立迁移工作组，为整体迁移项目做好组织保障；收集业务系统的环境信息，部署实验环境，兼容性初步评估；结合兼容性报告制定详细的迁移方案、测试方案和迁移计划。

4.2.1　成立项目组

业务系统的迁移是一个复杂的系统工程。它依赖的软硬件环境往往错综复杂，涉及不同的硬件和软件提供商，不同的利益方，例如，迁移项目主管、运维部门、业务使用方、操作系统厂商（OSV）、硬件厂商、应用软件提供商（ISV）等，整个迁移过程中不仅有技术的问题，也有人的问题，除了专业技术团队的支撑外，也需要同时考虑各利益方的因素。因此在迁移工作开展前必须建立一个工作组，为迁移工作的顺利进行提供组织和资源保障。

迁移工作组一般由客户的迁移项目主管牵头，拉通本单位的运维部门、业务使用部门以及 OSV、ISV 和硬件厂商一起，阐述本单位的迁移任务，明确各个参与角色的责任和分工，建立沟通矩阵。

4.2.2　调研评估

1. 业务系统选择

在进行操作系统迁移之前，客户需全面盘点评估系统信息化建设情况，梳理业务运行情况。根据业务整体规划，在成本投入、应用程序满足度、能否满足业务需求等方面，综合分析对系统中 CentOS 及其他软硬件迁移替换的可行性。根据业务迁移的难易度和业务的重要程度制定整体迁移计划。

在选择拟迁移的业务系统时，主要考虑以下 5 方面，如图 4-5 所示。

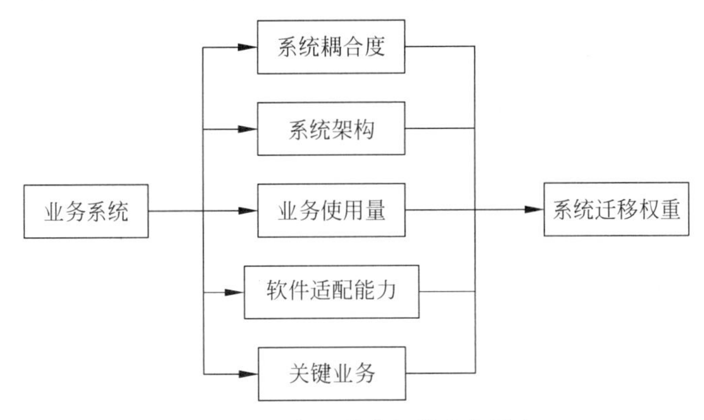

图 4-5　业务系统选择的考虑因素

1）系统耦合度

检查应用系统是否是独立系统，以及和其他系统是否存在耦合。系统和其他系统的耦合关系越小，迁移过程中与其他系统的联调工作就越少，有助于缩短迁移周期。

2）系统架构

有客户端的系统需要考虑客户端/服务器的交互关系，注意迁移时客户端是否需要同步升级替换。无客户端的 Web 应用只需要考虑服务器的迁移，较客户端/服务器同步更新所需的周期更少。

3）业务使用量

如果业务系统的使用量较大，用户量较多，业务在迁移后更容易触发潜在的问题，对业务迁移结果的论证有正面推进意义。对使用量较小的业务，则需要更长时间的试运行验证。

4）软件适配能力

查看业务系统上的软件系统，是否是客户IT部门自行研发或ISV有较好的配合能力。自行开发的系统在适配改造过程中有更好的改造能力，可以更快地推动改造适配和测试验证，缩短迁移周期。如果系统使用的各个组件，包括应用系统开发商提供的软件已经和FusionOS适配，则不需要中间的软件适配过程，只需要在测试环境通过测试验证工作即可进行迁移实施。

5）关键业务

业务系统如果为典型关键业务系统，通过迁移能解决客户IT系统的实际业务问题。选择典型关键业务在迁移后对迁移结果的论证有更好的促进作用，也可以更好地将典型业务场景的迁移经验复制到其他业务系统中。

综上，在选择拟迁移的业务系统时，可以考虑以下几个原则。

（1）优先选择耦合度低的系统。

（2）优先选择无客户端的系统。

（3）在迁移初期优先选择使用量小的业务，降低风险。

（4）优先选择自行研发或ISV适配能力强的系统。

（5）优先选择典型业务场景进行迁移验证。

2. 信息收集

迁移的目标业务系统确定后，就需要客户和超聚变/ISV一起对系统的信息进行收集。需收集的主要信息包括硬件、OS及配置、运维管理软件、业务软件等。

（1）硬件信息：硬件整机型号、CPU类型及型号、板卡（网卡、RAID卡、GPU卡）型号、内存、硬盘组RAID方式及硬盘容量。

（2）OS及配置信息：OS名称及版本、系统盘分区及文件系统类型、数据盘文件系统类型、网络配置方式（bond、team）及IP、定制化驱动。

（3）运维管理软件（业务方）：软件名称、版本及部署形式、用途。

（4）业务软件（ISV）：业务软件名称、提供方、软件开发语言、部署形态、系统功能介绍等。如果涉及对数据库和中间件的依赖，也需要一并给出。

FusionOS提供一键信息收集工具，在现有业务系统上执行，可以直接收集系统环境的硬件信息、OS及配置信息和业务软件的相关信息。软件部署形态和组网方式由于不能自动采集，还需要客户通过系统信息收集表反馈，如图4-6所示。收集完成的信息，待客户/ISV/超聚变/硬件提供商四方共同确认无误后，正式归档，作为后续迁移准备工作的重要输入。

3. 实验环境部署

拟迁移的业务系统信息收集完成后，在正式实施迁移前，超聚变需要部署一个和现网环境相对应的实验环境，为后续兼容性评估、适配验证等工作提供验证环境。

应用软件信息			
开发集成商名			
应用软件列表&版本			
该系统描述		关联系统（集成）	独立系统□　集成系统□
系统开发语言	Java□ C/C++□ Python□ C#□ 其他	关键业务	关键业务□　非关键业务□
用户分析		系统开发类型	自主开发□　非自主，但掌握完整代码□ 非自主开发□
系统主要功能			
系统信息			
CentOS版本	（提示：用cat /etc/redhat-release命令查看）	内核版本	（提示：使用uname -r查看）
安装rpm列表	（提示：使用rpm -qa获取）	加载的驱动列表	（提示：使用lsmod获取）
内核启动参数	（提示：cat /proc/cmline）		
硬件信息			
整机	x86□　ARM□	具体型号	
CPU			
网卡具体型号			
RAID卡及型号			
硬盘			
其他说明			
系统部署信息			
系统状态	筹建□　在建□　试用□　正在运行□　其他____		
部署位置	托管云□　公有云□　自有机房□　其他	系统架构	C/S□　B/S□
集群模式	单机□　集群□		
部署形态	裸机□ 虚拟机□ 容器□		
组网架构图			

图 4-6　系统信息收集表

实验环境由客户运维部门提供，ISV 和超聚变（OSV）根据系统实际情况进行部署。实验环境部署主要涉及以下几方面。

1）环境组网

实验室网络部署，交换机配置，防火墙配置等。

2）系统安装

（1）利用 kickstart、pxe 等方式批量安装系统，配置磁盘、IP 等，请参考《FusionOS 22 安装指南》。

（2）驱动安装，由硬件厂商提供。

3）应用部署

根据 ISV 的指导文档进行业务应用部署。

4. 兼容性评估

实验环境部署完成后，可以在实验环境中安装运行超聚变提供的 Safe2FusionOS 迁移工具，进行兼容性评估，结果需要 ISV/超聚变/硬件厂商三方共同确认，为后续方案设计、适配修改提供信息输入。

兼容性评估包括三部分，即软件兼容性、硬件兼容性和配置兼容性。

1）软件兼容性评估

超聚变提供 Safe2FusionOS 迁移工具，可针对已经编译好的二进制程序，进行依赖软件包、接口评估。它能识别二进制软件的兼容性，明确应用软件是否需要移植适配，是否有依赖的软件包待引入；同时评估软件调用的接口原型在两个系统中是否有差异，指导下一步如何适配。

须知

已经编译好的二进制程序，难以保障全部兼容新OS，严重时会导致踩内存，该类问题很难通过验证的方式识别出来，因此迁移前请针对软件兼容性进行评估。

2）硬件兼容性评估

超聚变提供Safe2FusionOS迁移工具，通过自动检查整机和板卡是否在FusionOS的兼容性列表中，来评估硬件兼容性。

针对未包含在兼容性列表内的整机及板卡，超聚变提供了兼容性工具来完成包括CPU、内存、硬盘、RAID卡、网卡、USB等在内的兼容认证测试。

3）配置兼容性评估

超聚变提供Safe2FusionOS迁移工具，评估迁移前系统的配置与迁移后的系统是否兼容。当前Safe2FusionOS迁移工具可分析识别CentOS到FusionOS的系统配置差异。用户可以根据业务实际情况确认配置项的迁移方式。

如表4-2所示，给出了一个系统配置的分析样例。

表4-2 系统配置的分析样例

类　　别	CentOS特有项	CentOS和FusionOS差异项	配置项迁移方式
内核启动项参数	0	5	• 客户不涉及修改原CentOS系统的配置信息。 • 两个系统共有配置项(值差异)，对业务系统功能无影响。是两个系统发行商各自的修改(如图形设置、内核名称、默认文件系统等)。 结论：维持各自系统的配置值不变
系统命令	6	8	
系统路径	7	5	
系统配置项	30	126	
系统服务	71	18	
内核配置	432	63	

4.2.3 规划设计

兼容性评估完成后，需要根据评估结果做详细的迁移方案和测试方案，并制定整体的迁移计划。这部分工作主要由OSV、ISV、硬件厂商和客户协同完成，为下一步迁移实施提供有效的指导。

迁移方案至少包含以下内容：迁移批次、迁移路径、迁移策略、适配方案、风险识别、数据备份说明等。

测试方案至少包括以下内容：测试对象、测试环境、测试用例、测试方法、测试工具、验收标准等。

迁移计划需要明确各个阶段的工作内容、时间点、资源需求、相关责任人和输出内容等。

1. 迁移批次确定

迁移批次设计的主要目的是安排业务的迁移优先级，抓重点，按批有序进行，避免混乱。特别是对于大批量业务迁移的场景，必须做好批次管理，业务迁移量小的也可以跳过此步骤。

迁移批次的确定可以从业务依赖、先试点后推广、迁移工作量、迁移优先级等维度综合考虑。

1）业务依赖

确定迁移批次时需要考虑将彼此有依赖的业务系统放到同一批次，互相独立的业务可以放到不同批次迁移。

2）先试点后推广

以业务系统为单元，遵循复杂度从易到难，从小范围试点到适度验证再到大范围推广的原则，根据存量业务规模划分搬迁批次次序，明确总体和各批次的关键里程碑和时间节点。

3）迁移工作量

迁移工作量主要由业务组件个数、业务组件是否开源、业务组件是否需要适配、业务的部署规模、节点是否有状态相关。

4）迁移优先级

迁移业务的优先级除了参考 4.2.2 节的 5 个原则外，还可以根据系统分类、开发语言、部署方式、业务状态等，多维度设定业务搬迁优先级策略。

（1）系统分类：CentOS/Red Hat 系统优先搬迁，其他系统适配工作较大，优先级放低。

（2）开发语言：Java/Python 等解释型语言业务优先搬迁；C/C++等编译型语言业务，根据兼容性评估结果，在兼容的情况下高优先级搬迁，对于少数需移植适配部分，优先级放低。

（3）部署方式：优先搬迁主备和集群部署的业务系统，单节点型业务系统可能涉及业务中断，优先级靠后。

（4）业务状态：无状态业务不涉及本地存储、配置数据，有状态业务涉及本地数据，优先搬迁无状态业务，有状态业务需先进行数据搬迁，再将业务搬迁，优先级放低。

（5）其他：第三方商用软件提前安排兼容性适配，需 ISV 厂商介入搬迁。近期需要 EOS 的业务系统，建议先不做搬迁。

2. 迁移策略选择

业务系统的迁移策略主要考虑两个维度，即是否利旧、业务部署架构。

1）是否利旧

是否利旧指的是客户根据现有资源环境考虑是否利用旧系统来进行迁移，可分为新建搬迁、扩容搬迁和原地迁移三类。实际迁移过程中，可以根据各自特点进行选择，如表 4-3 所示。

表 4-3　迁移方式是否利旧的特征和适用场景

迁移方式	迁 移 特 征	适 用 场 景
新建搬迁	• 业务中断时间少，只包含新老系统切换的时间点。 • 对资源要求比较大	适合于完全新建全栈软硬件的情况，例如，迁移前后的硬件架构不一致
扩容搬迁	不需要中断业务，用户不感知业务的切换	业务系统性能不满足当前业务需求，或现有服务器达到使用年限需进行更换
原地迁移	• 不使用额外资源节点，迁移成本最小。 • 系统业务中断的时间较前两种长	对业务中断不敏感，短期内不做软件架构改造，且当前性能满足业务要求，服务器未到使用年限

(1) 新建搬迁。

在新的资源环境中新建全新的业务系统,业务应用全新部署。新系统部署完成后将业务直接切换到新系统上,然后下线老系统。

(2) 扩容搬迁。

在系统中增量式添加新节点,将业务流量逐步切换到新节点中。原有老节点在流量切换的过程中逐步下线,最终通过滚动替换的方式将系统中的所有节点替换为新系统。

(3) 原地迁移。

停止原节点的服务,重新就地部署替换。

2) 业务部署架构

业务软件的部署方式一般会由其软件架构决定,如大数据 Hadoop 的集群部署方式,部署方式又进一步决定了业务软件搬迁实施的方式。在迁移前应由 ISV 主导基于具体的业务部署方式制定具体的迁移方案。常见的部署方式分为单机场景、主备场景、分布式集群场景三种,不同的部署方式对应不同的应对方案,如表 4-4 所示。

表 4-4　典型业务部署方式下的迁移特征和策略

部署方式	迁移特征	迁移策略
单机	中断业务,借助备用服务器,割接式迁移	• 停止服务,重新部署,业务割接。 • 如涉及状态信息需提前备份,割接前进行状态回迁
主备	不中断业务,先备后主,基于主备状态同步机制,平滑迁移	备用隔离,备用升级、主备倒换、原主搬迁
分布式集群	不中断业务,基于分布式软件伸缩扩容机制,滚动替代,平滑迁移	节点隔离,节点升级,节点加入

3. 迁移模式选择

超聚变有比较丰富的业务实践经验,总结出以下两条迁移模式的选择原则。

(1) 对于新建、扩容的场景,建议直接采用部署迁移。

(2) 非新建、扩容场景首先使用 Safe2FusionOS 迁移工具评估兼容性,然后对照表 4-5 选择对应的迁移模式。

表 4-5　迁移模式对照表

<table>
<tr><th>操作系统</th><th>硬件</th><th>业务系统提供商</th><th>迁移模式</th></tr>
<tr><td rowspan="3">CentOS 7/8 系</td><td rowspan="2">兼容</td><td>开源软件/自研软件</td><td>原地迁移</td></tr>
<tr><td>整机外采/软件外采</td><td>• 完全兼容：原地迁移
• 不兼容：部署迁移</td></tr>
<tr><td>不兼容/非物理机部署</td><td>ALL</td><td>部署迁移</td></tr>
<tr><td>CentOS 6 系</td><td>ALL</td><td>ALL</td><td>部署迁移</td></tr>
<tr><td>CentOS 4/5 系</td><td>ALL</td><td>ALL</td><td>• 部署迁移(业务重构改造)
• 伴随生命周期结束业务下线</td></tr>
</table>

4. 适配方案确定

使用 Safe2FusionOS 迁移工具生成兼容性评估报告,包括软件兼容性、硬件兼容性、配置兼容性三方面，根据不同的兼容性类型采取以下不同的适配方案。

1）硬件不兼容

对于硬件不兼容的情况，需要硬件提供商和OSV配合做兼容性互认证，硬件驱动适配FusionOS，FusionOS集成适配后的硬件驱动程序。

2）软件不兼容

对于软件不兼容的情况，主要分为两种情况：依赖包/基础库缺失和函数接口不兼容。包/基础库缺失的情况下需要先定位出依赖的包名或基础库，然后在迁移过程中安装；函数不兼容的情况下需要定位哪个函数接口，然后针对性地做代码适配修改。

说明

如果是业务应用软件的函数接口不兼容，则需要ISV主导修改；否则由OSV主导适配修改。

3）配置不兼容

配置不兼容时需要根据实际情况进行人工分析，选择采用CentOS原有配置还是FusionOS配置。

说明

如果是业务应用软件的配置不兼容，则可以由ISV主导确定；否则由OSV主导适配修改。

5. 数据迁移和备份

业务系统迁移后，为了保证和源操作系统下的运行状态一致，必须确保数据的准确和完整性。因此在迁移前，必须对系统和业务数据做备份，以免迁移后数据丢失。

系统数据的备份由OSV提供技术支撑，Safe2FusionOS迁移工具在原地迁移模式下提供了自动数据备份能力，默认备份目录包括/usr、/run、/boot、/var和/etc，可以通过实际情况新增备份目录。

业务数据的备份应由ISV主导，需要根据迁移过程数据存放方式的不同，制定适合的数据迁移备份方案。当前主流的数据存储方式如下。

1）分布式多副本

数据并不保存在某个指定节点上，而是分布式地保存在集群内的所有节点上。一般每份数据都会有多个副本，不会由于单节点异常而导致整体数据损坏。常见于大数据或分布式存储场景。此类系统可以利用本身的多副本容灾能力，无须单独对系统数据进行备份。

2）主备存储

包括一主一备和一主多备的场景。迁移数据会有一个在主备节点之间同步的过程。为了防止主备数据同步时出现数据不一致或其他异常情况，建议在备节点替换为新系统后，与主节点同步数据之前，对主节点的数据进行一次备份。系统整体迁移完成，数据同步完成后，再与之前备份的数据进行一次核对，确保迁移数据的完整性和一致性。

3）专用数据存储

系统的数据存放在专用的SAN设备或由专业存储服务提供。此类场景系统迁移过程并不涉及存储设备节点改造，但建议在迁移之前利用专用存储的镜像或备份能力对系统的数据进行备份，迁移完成后再进行数据核对。

4）本地存储场景

数据存储在节点本地。此场景的风险性最高，需要在迁移之前，对节点本地数据统一进行备份。数据需要备份到安全可靠的存储环境或节点之间互相备份，防止本地备份后节点故障导致本地数据全部丢失的场景。

6. 风险识别

在迁移方案的设计中，需要评估迁移中可能遇到的风险。风险评估时可以主要从以下方面来考虑。

1）业务连续性

根据系统本身架构的区别，在迁移过程中可能涉及业务割接，会有影响客户业务连续性的风险。可以考虑从以下两方面来解决业务系统迁移的风险。

（1）利用业务系统本身的容灾或高可用能力，如集群服务能力或主备能力，在迁移过程中逐步替换，对外的业务功能不产生中断。

（2）采用新老业务系统双轨运行模式或使用 HA 热备技术，最小化业务不可用的时间窗口。

2）数据完整性和一致性

系统迁移后，为保证系统的正确运行，数据的准确和完整性必不可少。为了避免系统迁移过程中出现数据不同步、不一致、不完整的问题，在迁移前需要对系统数据进行完整备份，并在数据迁移完成后对数据进行一致性和完整性的校验。新旧系统双轨运行的，必须保证原系统和迁移系统的数据联动，确保双轨环境运行的数据一致性。

3）软硬件兼容性

OS 作为系统软件屏蔽硬件对上层提供统一一致的接口，其硬件兼容是其中很重要的一环。主流的板卡芯片驱动在 OS 自带驱动中一般都可以满足，重点关注非主流的、厂商自研未公开售卖的板卡芯片及其驱动。

对上层软件来说，一般业务软件开发时不使用特定接口，只用公开的接口可以做到在不同的 OS 间兼容。重点关注如下三种情况。

（1）业务软件为了实现特定功能，有自研 KO 时要关注不同 OS 间内核版本的不一致导致的 KO 无法加载使用（内核 API 不承诺版本间兼容），该种情况需要 KO 相关的源码在对应 OS 上重新编译。

（2）业务软件依赖的底层三方软件出现的版本间接口不兼容，如 openSSL，该种方式需要遵循官方的适配建议文档升级适配即可。

（3）业务软件安装校验检查项中列出了 OS 的白名单，该种方式修改相关脚本即可，但要重点关注编译后的二进制运行时是否存在相关的检查。

7. 制定测试方案

迁移方案设计的同时可以制定测试方案，测试方案包括系统测试和业务测试两方面。系统测试由 OSV 提供，业务测试由 ISV 或业务使用方提供。不管是系统测试还是业务测试，都需要明确测试对象、测试环境、测试用例、测试方法、测试工具、验收标准等，覆盖以下三个测试维度。

1）功能测试

根据OSV或ISV提供的用例，测试系统或业务的各项功能是否能正常运行，功能是否和原CentOS环境保持一致。

2）性能测试

测试业务性能表现是否符合目标，同时监控各系统指标是否正常，必要时进行系统调优。

FusionOS有提供完整的系统性能测试工具套，并在数据库、网络等方面有丰富的调优经验。根据客户的业务软件栈，采取不同的性能测试方法。例如，若客户使用Nginx，则采用wrk和原系统进行性能对比测试；若客户使用MySQL，则采用Tpcc和原系统进行性能对比测试。客户也可以自定义其他的性能测试方法。

3）长稳测试

通过压力测试来判断系统的稳定性和可靠性。压力测试是一种破坏性的测试，即系统在非正常的、超负荷的条件下的运行情况，用来评估在超越最大负载的情况下系统将如何运行，是系统在正常情况下对某种负载强度的承受能力的考验。

8. 制订迁移计划

迁移工作是一件烦琐而庞杂的工程，需要结合业务的实际使用情况，制定一个合理的规划。迁移计划主要由迁移项目主管牵头，OSV/ISV/硬件提供商等配合完成。

这里提供“4W1H”的方法来确定整体迁移计划。

1）What：迁移范围

需要迁移的系统所在的虚拟机或服务器列表。迁移操作需要精细到每一台机器的具体操作。

2）Who：迁移责任人

客户、ISV厂商、超聚变等单位的参与人列表，建立沟通群，明确职责，方便协作。

3）When：迁移时间

合理有效的时间设计可以为各个项目阶段添砖加瓦。迁移工作时间包括迁移实施、业务割接、业务验证、业务验收时间。时间节点把握需要抓紧不抓松，紧前不紧后。不仅要选择对业务影响最小的时间窗口，也要考虑迁移出现问题时，能有足够的时间窗口进行应急预案的处理。

4）Where：迁移的服务器位置

软件迁移是从旧系统迁移到新系统，不过考虑到可能遇到网络故障等问题，需要提前确认服务器物理位置，方便解决问题。

5）How：迁移方案

根据前期准备的实施方案，进一步细化迁移方案，制订每个环节的时间计划。

好的计划是成功的一半，但是在执行过程中总会遇到各类问题，在这个过程中就要根据需要对计划进行合理的调整，例如，时间调整、迁移方案的调整等。

4.2.4 主要输出文档

- 《xx项目信息收集表》
- 《xx项目兼容性评估报告》

- 《xx项目迁移方案》
- 《xx项目迁移测试方案》
- 《xx项目迁移计划》

4.3 迁移实施

本阶段的主要目标是在实验环境下根据兼容性报告做适配验证并完成模拟迁移,并由客户的运维部门在现网实施正式迁移,解决迁移测试过程中发现的问题并优化系统,为下一步正式验收商用做好准备。

4.3.1 适配验证

1. 适配修改

兼容性评估完成后,如果存在不兼容的项目时,就需要完成对应项目的兼容适配。其中,应用移植适配主要由ISV负责,OS软件包/基础库适配由超聚变主导,硬件适配由硬件厂家负责,配置适配由超聚变和ISV共同完成。

图4-7为适配修改的主要流程,下面将分别介绍各个类型的适配修改过程。

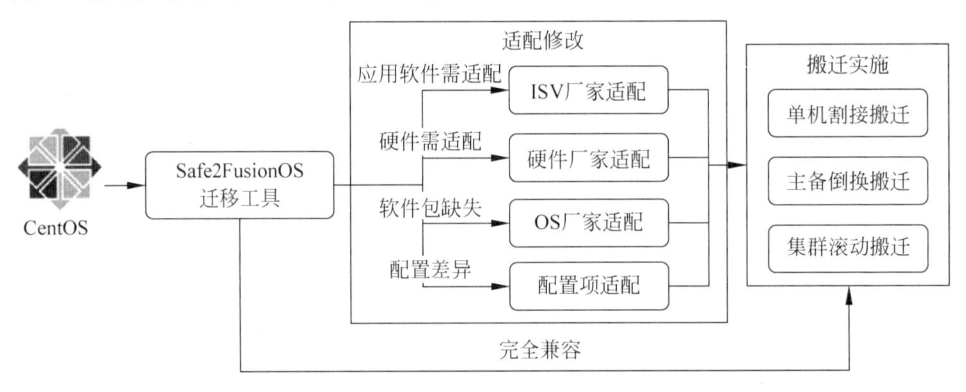

图 4-7 适配修改流程

1) 硬件适配

基于评估报告,对硬件的兼容性进行确认。对不在兼容性清单的硬件优先进行兼容性测试。如果测试发现有硬件不兼容,超聚变和硬件厂家共同开展适配。适配完成后发布对应驱动。

如图4-8所示,可以看到对应的硬件信息不在兼容性清单中,因此超聚变和硬件厂商一起,针对不在兼容性列表中的硬件使用兼容性测试工具进行测试。兼容性测试通过后,可以保证系统迁移后硬件不会存在兼容性问题。

2) 应用软件适配

基于迁移分析工具生成兼容性评估报告,提供应用调用的接口在两个操作系统是否存在原型差异,确定是否需要重新编译及修改适配。在存在差异的情况下,报告会提供接口的全量信息,便于开发人员一次性代码修改及精准化验证,加速移植后验证效率。

图 4-8　硬件评估报告

如图 4-9 所示，通过扫描发现 fputc 的接口发生变更，从具体描述可以看出是对应函数的接口参数从 CentOS 到 FusionOS 发生了变化。进一步对比两者的代码可以发现，两种结构体定义其实是相同的。这种场景下实际接口没有发生变化，不用修改上层应用软件代码。

图 4-9　软件评估报告

3）OS 软件包适配

基于评估报告，对软件包的适配情况进行分析。如果发现有缺失的包，需要 ISV 和超聚变一起对缺失的软件包进行引入和适配。适配完成后，将软件包引入软件仓库。

在进行 OS 软件包适配的过程中，经常会发生 CentOS 和 FusionOS 提供的软件包版本不一致的情况，这时可以遵循以下原则适配解决。

（1）FusionOS 提供高版本软件包的情况下，建议直接使用 FusionOS 的高版本。

（2）FusionOS 没有或者提供了低版本的软件包，建议直接下载 CentOS 对应的高版本，如果不能正确安装使用，则通过编译源码的方式来生成适配 FusionOS 的软件包。

下面举例说明依赖软件包缺失的例子，如图 4-10 所示，客户使用的软件依赖 openSSL

1.0.2，FusionOS 版本提供的 openSSL 版本是 1.1.1，已不再提供 1.0.2 版本。和 ISV 沟通使用匹配 openSSL 1.1.1 版本的程序在 FusionOS 上重新编译，依赖问题解决。

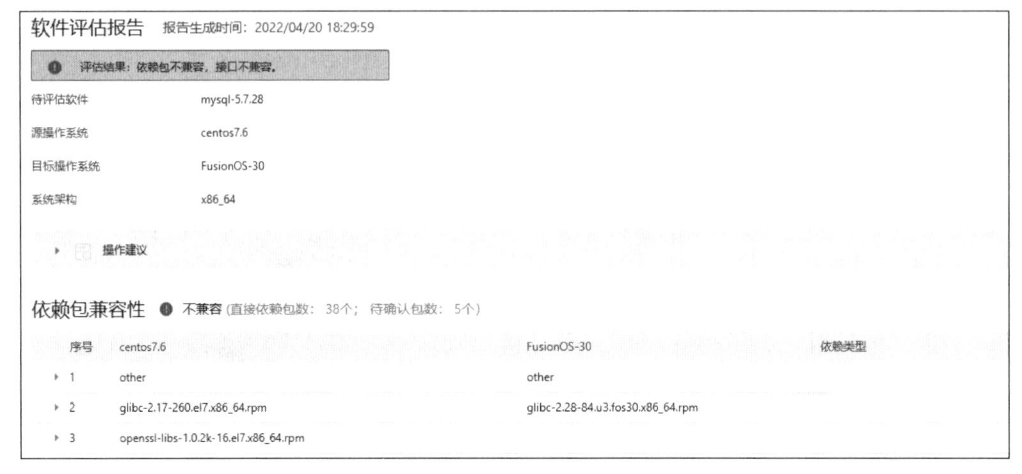

图 4-10 软件评估报告

4）配置适配

基于兼容性评估报告，Safe2FusionOS 迁移工具能够识别原有系统的配置变更，分析与迁移后系统配置的兼容性差异，指导在目标操作系统上进行配置同步。

如图 4-11 所示是一个配置分析的例子。工具扫描发现有多项的配置参数变化，通过对这些配置项的具体比对分析，确认对应的配置项差异是否对业务系统存在影响。对和业务系统相关的配置需统一整理，在迁移过程中进行同步。

图 4-11 配置收集与评估报告

2. 适配验证

适配修改和适配验证联系紧密。每个兼容性项经过适配修改后在业务模拟环境下验证，测试不通过继续适配修改；测试通过的情况下将该兼容性项的适配过程记录到《xx 项目迁移适配测试报告》。

和适配修改相对应，应用适配验证主要由 ISV 负责，OS 软件包/基础库适配由超聚变主导，硬件适配验证由硬件提供商负责，配置适配由超聚变和 ISV 共同完成。

3. 模拟迁移

兼容性适配验证完成后，在模拟环境做迁移预演和业务验证，解决实际迁移过程中可能遇到的问题。

模拟迁移时需保证测试环境尽可能贴近目标环境，对迁移方案中涉及的各个技术过程进行充分测试和验证，明确每个过程的前置条件、耗时、技术关键细节等，以达到查漏补缺的目的。测试过程需要包含以下主要环节。

（1）现有 CentOS 系统和业务应用、业务数据的备份和还原。

（2）目标操作系统的替换，系统配置同步。

（3）业务应用在目标操作系统上重新部署，数据迁移和配置同步。

（4）操作系统核心运行指标收集和测试。

（5）业务系统的基本功能、性能等测试验证。

4.3.2　迁移实施

1. 应急预案制定

由于应用系统迁移可能会根据不同的 IT 架构涉及业务割接和切换，存在影响用户业务连续性的风险，如果出现迁移失败需要恢复系统。针对迁移过程中可能存在的风险需提前规划应对措施。

1）应急类型

应急类型可以分为以下三种。

（1）迁移执行过程中的错误。

迁移方案虽然已经在实验环境验证通过，但在实际现网环境中由于环境的复杂性，仍存在发生问题的可能性。所以在迁移方案中，每一步都需要有确认步骤，以及如果发生问题如何回退处理。

（2）系统本身出现的异常。

系统运行过程中，有可能由于软件 bug 或硬件故障而导致系统异常。在迁移过程中，也要考虑其他节点出现异常可能对系统的影响。如主备环境，在备节点进行迁移重启过程中，如果主节点异常就可能导致主备两个节点当时都无法工作。所以在迁移时需要尽量减少单主节点的场景。

（3）业务压力可能的波动。

迁移过程中为了避免对业务的影响，一般会在业务量较小的时候进行迁移。但是实际业务量不一定是平稳的，需要考虑可能的业务波动对系统的影响，预先留好余量。如集群平均业务负载是 60%，在迁移缩容过程中如果只保留 70%的业务节点，则在业务波动时很容易负载大约 70%导致系统响应不及时。具体余量大小需客户根据业务实际情况和 ISV/超聚变共同分析确定。

2）应急处理方式

针对迁移实施过程中可能出现的问题，在迁移方案中增加对应的应急预案是非常有必要的。比较常见的应急处理方式如下。

(1) 冗余节点。

在迁移过程中尽量使用新的冗余节点来部署业务，保留原节点上的环境做异常恢复使用。如单机场景使用新节点部署业务然后进行业务切换，在新节点出现异常时可以很快切换到老节点；主备场景备节点下线后保留，在新节点上部署使之成为新的备节点，出现异常时可以直接将原备节点上线恢复业务；集群场景采用先增容再减容的方式，可以避免节点数量减少导致业务性能不满足。

(2) 备份恢复。

通过备份或快照的方式对节点进行备份。出现问题时可以较快地通过备份还原的方式恢复节点数据，从而减少系统异常中断的时间。

(3) 容灾能力恢复。

很多系统都有容灾能力，如常见的两地三中心架构。在主系统迁移过程中如果出现异常，可以通过切换灾备系统的方式，保证对外业务的可用性。待主系统问题修复完毕后，再将业务切回。

2. 实施迁移

经过前期的适配验证，整个迁移过程中可能碰到的问题基本都已经解决，迁移实施就是按照迁移方案和适配测试报告进行操作，主要由客户运维部门主导，OSV 和 ISV 提供技术支持。

整个实施迁移过程中需要考虑以下几方面。

1）业务割接

实施节点迁移前首先需要将该节点的业务从现网上割接出来，以免影响现网业务。

须知

单机部署场景会导致业务中断，必须选好时间点，使业务中断影响最小化。

2）数据备份

迁移过程中会修改数据的，需要在迁移前对原系统的数据进行备份，包括热备和冷备，确保在迁移失败时，能够及时恢复数据，维系应用系统的不间断运行。热备是指应用系统迁移采用主备运行模式，采用双机热备架构和在线数据保护方案。冷备是指将数据备份到指定的备份服务器上，使数据体系具备多个副本。

3）切换时间点选择

根据业务运行压力情况，合理选择系统切换上线时间。避免在业务繁忙时迁移，系统有其他异常场景导致整体业务受损。

4）迁移方案实施

按照前期制订的迁移计划、迁移方案和《xx 项目迁移适配测试报告》，执行 OS 迁移操作。

3. 业务切换

迁移实施完毕后，依据迁移计划由运维部门进行业务切换操作，为下一步验收测试做好准备。

4.3.3　典型部署架构的实施案例

1. 单机部署场景

单机软件是业务只在单节点上部署的场景。此类业务迁移时需要借助备用服务器重新部署业务系统，部署完毕后将原业务割接到新节点上，迁移时会中断业务，需要在合适的时间窗口进行操作，使得业务的中断时间最小化，如图 4-12 所示。

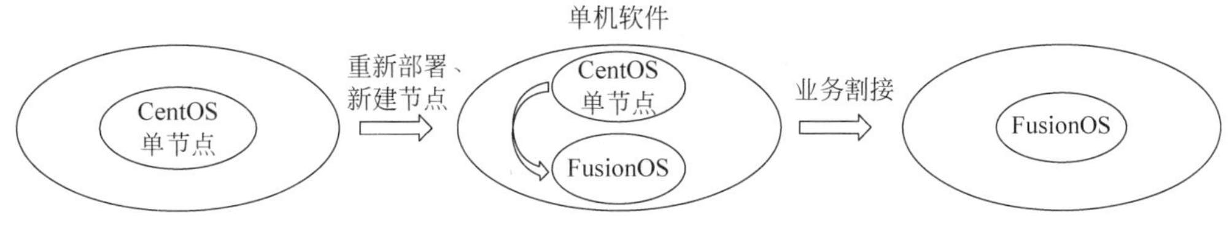

图 4-12　单机软件迁移

下面以常用的 Web 应用举例，介绍单机部署场景的迁移实施流程。

步骤 1　在新的节点上安装 FusionOS，并部署对应的业务。

步骤 2　将对应的配置和数据从原节点同步到新节点。

步骤 3　修改前端 Nginx 的配置，将业务对象的 IP 地址指向新节点。

步骤 4　新节点业务确认正常后，将老节点下线。

2. 主备部署场景

此类场景迁移时不需要中断业务，利用系统的主备倒换能力，先替换备用节点，再通过主备倒换将业务切换到已迁移过的备节点上，最后迁移原主节点的业务，如图 4-13 所示。

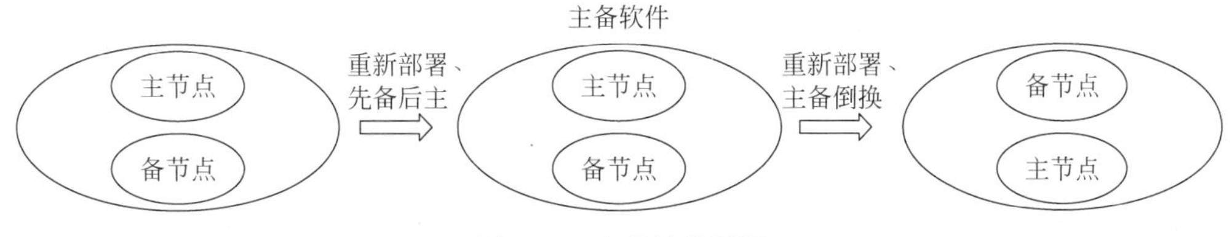

图 4-13　主备软件迁移

下面以常见的 MySQL 数据库举例介绍主备场景的迁移实施流程。

步骤 1　确认原有系统的主备关系，将备节点下线。

步骤 2　将备节点重新部署为 FusionOS 系统。

步骤 3　设置备节点的主备状态，使其从主节点同步数据。

步骤 4　持续监控备节点状态，等待数据库数据完全同步。

步骤 5　执行主备倒换，在主节点上停止 MySQL 服务，新节点升级为主节点。

步骤 6　原主节点重新部署为 FusionOS 系统。

步骤 7　原主节点设置主备状态，使其变成备节点，并从新主节点同步数据。数据同步完成后迁移动作完成。

3. 分布式集群场景

此类业务迁移是可基于分布式软件伸缩扩容机制，先缩容节点，将节点进行操作系统替换后再重新加入集群。通过这种逐步替换的方式对系统中的节点分批完成迁移，不会产生业务中断，如图 4-14 所示。

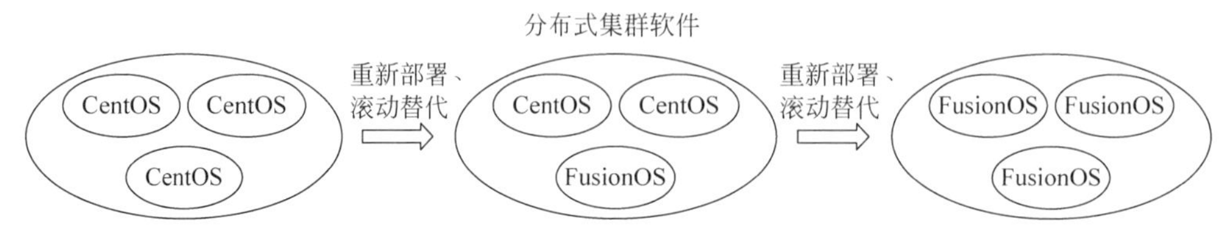

图 4-14　分布式集群软件迁移

下面以大数据计算节点为例介绍分布式集群场景的迁移实施流程。

步骤 1　根据业务的规模和负载情况，确定每次缩容/扩容的节点个数，明确迁移批次。

步骤 2　停止第一批节点上的业务，将节点踢出集群。

步骤 3　节点重新部署为 FusionOS 环境。安装对应的业务软件。

步骤 4　在管理节点上执行扩容动作，将重新部署的节点加回集群。

步骤 5　系统验证测试确保系统业务无影响。

步骤 6　重复上述步骤 2～步骤 5，直到所有节点替换完毕。

4. 组合部署场景

如图 4-15 所示是一个大数据的迁移方案样例，在整体迁移方案中结合了单机、主备和分布式三种场景。

根据业务系统的特点，系统中的节点可以划分为以下三种类型角色。

1）管理节点

主要指 Ambari Server 管理端所在的节点，主要提供操作 portal 的能力。迁移方案可以采用单机节点的方式，在新节点上部署服务，然后进行切换。

2）控制节点

主要指 Name Node/Hmaster/ResourceManager 角色，分布在两个不同的节点上，采用主备的方式对外提供计算控制能力，该角色迁移采用主备模式，因此可以采用主备迁移的方式设计迁移方案。

3）数据节点

主要指提供大数据计算能力的节点，如安装有 HDFS/Hive/Spark 等组件的节点，数据节点一般提供集群功能，在一定规模的集群中，单节点移除、增加可依据大数据副本（一般为 3 个副本）的能力，来保障集群数据不丢失。因此采用分布式集群的迁移方案进行分批迁移。

最终整体的迁移方案，需结合三种不同的业务场景，结合业务面/控制面/管理面的业务特点，组合成为一份完整的迁移方案。

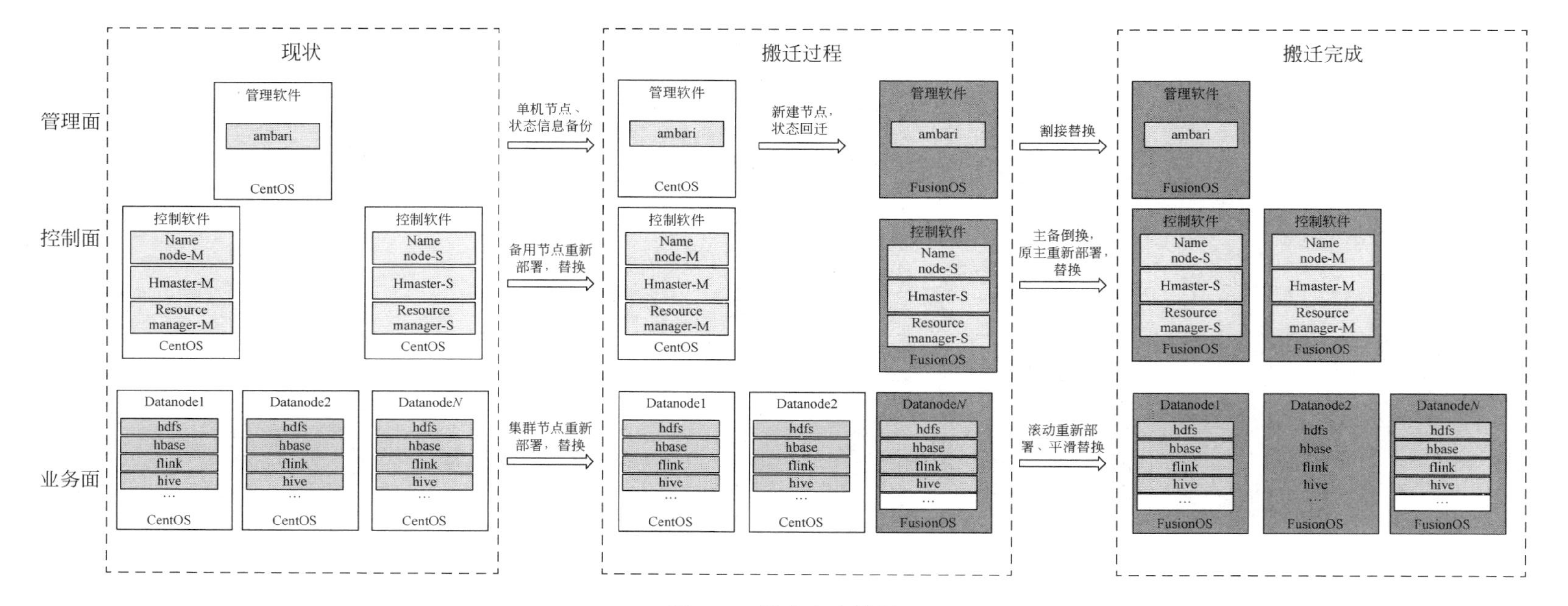

现状
搬迁过程
搬迁完成
管理面
控制面
业务面
管理软件
ambari
CentOS
控制软件
Name node-M
Hmaster-M
Resource manager-M
Name node-S
Hmaster-S
Resource manager-S
Datanode1
Datanode2
DatanodeN
hdfs
hbase
flink
hive
…
FusionOS
单机节点、状态信息备份
备用节点重新部署，替换
集群节点重新部署，替换
新建节点，状态回迁
割接替换
主备倒换，原主重新部署，替换
滚动重新部署、平滑替换

图 4-15　迁移方案样例

4.3.4　主要输出文档

- 《xx 项目迁移适配测试报告》
- 《xx 项目迁移实施报告》

4.4　验收上线

系统在正式环境迁移实施后，就进入验收测试阶段，确认没问题后业务上线试运行，进行常态化监控，及时发现并解决系统中可能存在的问题，确保系统高效稳定运行。

4.4.1　验收上线流程

1. 验收测试

业务切换后，尚未接入现网系统，OSV/ISV 可分别根据迁移准备阶段制定的测试方案介入测试。确保系统和业务在功能、性能、长稳等方面测试通过。

测试过程中如果发现问题，如果属于系统问题，由 OSV 主导定位解决；如果是业务系统的问题，由 ISV 优先定位并解决。

2. 业务上线

迁移后的业务系统经过 OSV/ISV 验收测试和使用方确认，由客户运维部门将所有业务割接上线试运行。

上线后的业务系统已经接入现网系统，可做一些轻度测试，确保在有限的时间窗口内完成最基本的测试，确保业务上线后不存在问题，切记不能执行带破坏性测试或长稳测试。基础测试可以包括以下三种。

1）部署比对测试

测试系统部署后的可执行文件和配置内容和实验室测试的完全一致。确保安装部署过程中不出现错误和遗漏。

2）基本功能测试

按照用户正常的业务流程进行系统功能测试。测试完成后需及时清理数据，确保不在系统中残留测试数据。

3）业务性能指标测试

业务系统的性能指标测试，确保业务切换上线后能达到预设的业务要求。

3. 监控运行

这个阶段主要是对上线后的业务系统进行持续监控，发现并解决迁移过程中可能隐藏的问题。主要涉及以下三方面。

1）监控告警

在试运行期间，需要运维人员对系统的运行状态进行全方位的监控。建议对系统的主要业务指标（如 CPU 状态、内存占用、网络带宽、业务响应时延）设置实时告警监控，出现异常时实时上报；同时对系统业务要定期执行巡检，对系统状态有一个全面的了解。

FusionOS 提供了一键收集日志和智能日志分析工具，可帮助用户快速确定迁移后的业务运行是否异常。一键收集日志工具能对全系统日志进行收集，可以收集系统 messages、审计等多种日志以及当前系统各状态及配置信息，并最终将这些信息打包成一份日志包输出；智能日志分析工具集成了大量系统异常及状态稳定性检测能力，可以对收集到的日志包做自动化分析，以确定当前环境是否存在异常。

2）应急响应

如果在试运行期间，系统出现异常，则超聚变维护服务团队应及时介入处理，同时获取系统的变更记录，以便对试运行期间设备的使用状况、运行状态、策略配置有一个全面的了解，确保问题的及时定位和解决。

3）监控周期

试运行周期可根据具体业务类型和用户实际使用量决定，一般为 1 周到 3 个月。业务简单、用户访问量较充足的系统，试运行周期可较短；业务复杂、上线后用户访问不充分的系统，试运行周期需适当拉长。

4. 项目移交

试运行结束后，将业务系统正式移交给客户运维部门管理，由运维方对系统的功能和性能做最终评估，确认通过后提交《xx 项目迁移交接报告》。

4.4.2　主要输出文档

- 《xx 项目系统测试报告》
- 《xx 项目业务测试报告》
- 《xx 项目运行监控报告》
- 《xx 项目迁移交接报告》

小结

本章对 FusionOS 系统迁移的相关内容进行了详细的介绍，从迁移目标、关键问题、迁移流程、迁移模式以及主要工作和角色分工等多方面，为读者提供了全面的介绍，为操作系统迁移提供了有益的指导。迁移准备阶段为迁移实施做好组织、实验环境、方案等方面的准备。迁移实施在实验环境下根据兼容性报告做适配验证并完成模拟迁移，并由客户的运维部门在现网实施正式迁移，解决迁移测试过程中发现的问题并优化系统。迁移验收测试阶段，确认没问题后业务上线试运行，进行常态化监控，及时发现并解决系统中可能存在的问题，确保系统高效稳定运行。

习题

1. 在操作系统迁移模型中,业务系统位于哪两个要素之间？为什么业务依赖底层操作系统和硬件？

2. 在迁移过程中,需要解决哪三个关键问题？

3. 在兼容性问题中,硬件方面需要考虑什么问题？如何解决不兼容问题？

4. 原地迁移和部署迁移分别是什么？它们的主要区别是什么？

5. Safe2FusionOS 迁移工具具有哪些特点？

6. 什么是业务连续性在操作系统迁移中的意义？涉及哪两项工作？

7. 在迁移流程中,如何将整个过程划分为不同的阶段和步骤？

8. 在迁移模式中,什么是原地迁移和部署迁移？它们的主要区别是什么？

9. 在迁移流程中,哪些角色参与并承担了不同的主要工作？

10. 迁移准备阶段的主要目标是什么？

11. 为什么要成立迁移工作组？

12. 在业务系统选择方面,主要考虑哪些因素？

13. 在迁移工作中需要收集哪些信息？

14. 为什么需要在实验环境中进行兼容性评估？

15. 迁移方案需要包含哪些内容？测试方案需要包含哪些内容？

16. 为什么要制定迁移批次？在迁移批次的确定中,有哪些维度可以考虑？

17. 业务系统的迁移策略主要考虑哪两个维度？

18. 什么是“新建搬迁”迁移方式？适用于什么场景？扩容搬迁是什么迁移方式？适用于什么情况？什么是“原地迁移”方式？适用于什么场景？

19. 业务部署架构如何影响迁移策略的选择？

20. 迁移模式选择的原则有哪些？

21. 迁移计划的核心内容有哪些？

22. 迁移实施的主要目标是什么？

23. 在硬件适配中,如果测试发现硬件不兼容,谁负责进行适配？

24. 什么是应用适配验证？由谁负责主导此过程？

25. 在模拟迁移阶段,为什么要保证测试环境尽可能贴近目标环境？

26. 为什么需要制定应急预案？应急预案可以分为哪三种类型？

27. 在主备部署场景中,如何进行迁移实施,以保证业务不中断？

28. 在分布式集群场景中,迁移是如何逐步完成的？

29. 组合部署场景是什么？在组合部署场景中,需要考虑哪些角色的迁移？

30. 在分布式集群场景中,为什么可以逐步完成迁移,而不会中断业务？

31. 在迁移实施阶段,主要需要考虑哪些方面？

32. 单机部署场景是如何进行迁移的？请简要概述步骤。

33. 主备部署场景是如何进行迁移的？请简要概述步骤。

34. 分布式集群场景是如何进行迁移的？请简要概述步骤。

35. 组合部署场景是什么？如何制定整体迁移方案？

36. 在迁移实施阶段需要制定哪些主要输出文档？

37. 在迁移实施过程中，什么是兼容性项？如何处理兼容性项？

38. 为什么在迁移实施阶段需要制定应急预案？应急预案的类型有哪些？

39. 在实施迁移阶段，什么是业务切换？为什么需要进行业务切换？

40. 在主备部署场景中，为什么需要先将备用节点迁移？

41. 在分布式集群场景中，为什么需要逐步完成迁移？

42. 什么是系统的验收上线阶段？该阶段的主要目标是什么？

43. 在验收测试阶段，哪些方面需要进行测试？如果发现问题，分别由谁负责定位和解决？

44. 业务上线阶段的主要内容是什么？为什么要进行部署比对测试、基本功能测试和业务性能指标测试？

45. 在监控运行阶段，如何对上线后的业务系统进行持续监控？主要涉及哪些方面？

46. 在试运行结束后，系统的移交工作如何进行？谁来对系统的功能和性能做最终评估？

第5章

基于FusionOS进行应用开发指南

CHAPTER 5

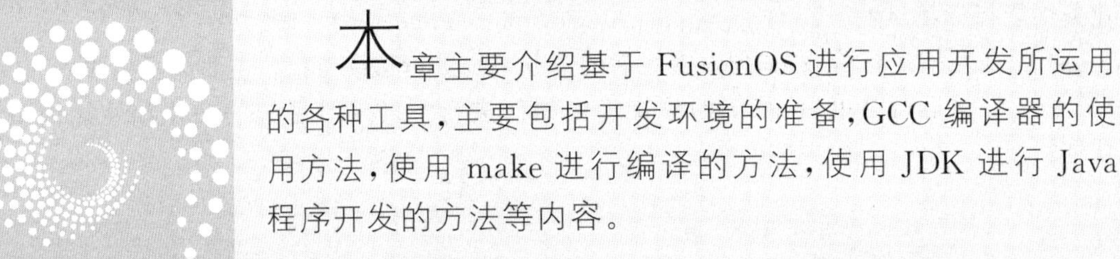

本章主要介绍基于 FusionOS 进行应用开发所运用的各种工具，主要包括开发环境的准备，GCC 编译器的使用方法，使用 make 进行编译的方法，使用 JDK 进行 Java 程序开发的方法等内容。

5.1 开发环境准备

5.1.1 环境要求

（1）若使用的是物理机，则开发环境所需的最小硬件要求如表 5-1 所示。

表 5-1 最小硬件要求

部件名称	最低硬件要求	说明
架构	x86_64 或 aarch64	-
内存	不小于 4GB（为了获得更好的应用体验，建议不小于 8GB）	-
硬盘	为了获得更好的应用体验，建议不小于 120GB	支持 IDE、SATA、SAS 等接口的硬盘

（2）若使用的是虚拟机，则开发环境所需的最小虚拟化空间要求如表 5-2 所示。

表 5-2 最小虚拟化空间要求

部件名称	最小虚拟化空间要求
架构	x86_64 或 aarch64
内存	不小于 4GB（为了获得更好的应用体验，建议不小于 8GB）
硬盘	不小于 32GB（为了获得更好的应用体验，建议不小于 120GB）

操作系统要求为 FusionOS 操作系统。

FusionOS 操作系统具体安装方法请参考《FusionOS 22 安装指南》，勾选"软件选择"→"已选环境的附加选项"页面的"开发工具"。

5.1.2 配置 FusionOS yum 源（软件源）

通过挂载 ISO 创建本地 FusionOS repo 源配置本地 yum 源。

说明

本操作以 FusionOS-22_22.0.3_aarch64.iso 软件包为例，请根据实际需要的 ISO 软件包进行修改。

步骤 1 下载 ISO 软件包。

（1）登录 Support 技术支持网站。

（2）单击"产品文档"，进入产品文档页面。

（3）选择 FusionOS→FusionOS 22，进入 FusionOS 22 产品页面。

（4）导航栏中切换到"软件"选项卡，在下方表格中单击所需版本。

（5）进入版本详情页面，在"版本及补丁软件"栏目中选择所需的软件包下载到本地。

步骤 2 检验软件包的完整性。在软件包下载页面获取数字证书和软件，校验工具和校验方法可在软件数字签名（OpenPGP）验证工具中获取。

步骤 3 把校验通过的软件包上传到 FusionOS 操作系统。

(1) 登录 FusionOS 操作系统,新建用于存放软件包和检验文件的目录,如"/home/iso"。

```
$ mkdir /home/iso
```

(2) 使用跨平台文件传输工具(如 WinSCP)将本地的 FusionOS 软件包和数字签名上传到上述步骤创建的目录。

步骤 4 挂载 ISO 并创建为 repo 源。在 root 权限下使用 mount 命令挂载镜像文件。示例如下。

```
# mount /home/iso/FusionOS-22_22.0.3_aarch64.iso /mnt/
```

挂载好的 mnt 目录如下。

```
.
|— docs
|— EFI
|— images
|— isolinux
|— ks
|— Packages
|— repodata
|— TRANS.TBL
└— RPM-GPG-KEY-FusionOS
```

其中,Packages 为 rpm 包所在的目录,repodata 为 repo 源元数据所在的目录,RPM-GPG-KEY-FusionOS 为 FusionOS 的签名公钥。

步骤 5 进入 yum 源目录并查看目录下的.repo 配置文件。

```
$ cd /etc/yum.repos.d
$ ls
FusionOS.repo
```

步骤 6 在 root 权限下编辑 FusionOS.repo 文件,将步骤 4 中创建的 repo 源配置为本地 yum 源。

```
# vi FusionOS.repo
```

编辑 FusionOS.repo 文件的内容如下。

```
[localosrepo]

name=localosrepo

baseurl=file:///mnt

enabled=1

gpgcheck=1
gpgkey=file:///mnt/RPM-GPG-KEY-FusionOS
```

5.1.3 安装软件包

不同的系统开发需要的软件不一样,但安装方法相同。本章介绍几个常用的软件包(JDK、rpm-build)安装方法。有些开发软件FusionOS操作系统已默认自带,如GCC、GNU make。

1. 安装JDK软件包

步骤1 执行dnf list installed | grep jdk查询JDK软件是否已安装。

```
$ dnf list installed | grep jdk
```

查看命令打印信息,若打印信息中包含"jdk",表示该软件已经安装,则不需要再安装。若无任何打印信息,则表示该软件未安装。

步骤2 清除缓存。

```
$ dnf clean all
```

步骤3 创建缓存。

```
$ dnf makecache
```

步骤4 查询可安装的JDK软件包。

```
$ dnf search jdk | grep jdk
```

查看命令打印信息,选择安装Java-x.x.x-openjdk-devel.aarch64软件包。其中,x.x.x为版本号,同时支持OpenJDK 1.8、OpenJDK 11和OpenJDK最新版本。

步骤5 在root权限下安装JDK软件包,以安装Java-1.8.0-openjdk-devel软件包为例。

```
# dnf install Java-1.8.0-openjdk-devel.aarch64
```

步骤6 查询JDK软件版本。

```
$ Java -version
```

查看打印信息,若打印信息中包括"openjdk version '1.8.0_332'"信息,表示已正确安装,其中,1.8.0_332为版本号。

2. 安装rpm-build软件包

步骤1 执行dnf list installed | grep rpm-build查询rpm-build软件是否已安装。

```
$ dnf list installed | grep rpm-build
```

查看命令打印信息,若打印信息中包含"rpm-build",表示该软件已经安装了,则不需要再安装。若无任何打印信息,则表示该软件未安装。

步骤 2 清除缓存。

```
$ dnf clean all
```

步骤 3 创建缓存。

```
$ dnf makecache
```

步骤 4 在 root 权限下安装 rpm-build 软件包。

```
# dnf install rpm - build
```

步骤 5 查询 rpm-build 软件版本。

```
$ rpmbuild -- version
```

5.1.4 使用 IDE 进行 Java 开发

对于小型的 Java 程序,可以直接参考"使用 JDK 编译"章节得到可运行 Java 应用。但是对于大中型 Java 应用,这种方式已经无法满足开发者的需求。因此可以参考如下步骤安装 IDE 并进行使用,以方便在 FusionOS 系统上的 Java 开发工作。

1. 简介

IntelliJ IDEA 是一款非常流行的 Java IDE,其社区版可以免费下载使用。目前 FusionOS 支持使用 IntelliJ IDEA 集成开发环境(IDE)进行 Java 程序的开发,从而可以提升开发人员的工作效率。

2. 使用 MobaXterm 登录服务器

MobaXterm 是一款非常优秀的 SSH 客户端,其自带 X Server,可以轻松解决远程 GUI 显示问题。

需要提前下载安装好 MobaXterm 并启动,然后 SSH 登录服务器并进行以下操作。

3. 设置 JDK 环境

在设置 JAVA_HOME 之前需要先找到 JDK 的安装路径,请参照"安装 JDK 软件包"安装 JDK。

查看 Java 路径,命令如下。

```
$ which Java
/usr/bin/Java
```

查看软链接的实际指向目录,命令如下。

```
$ ls - la /usr/bin/Java
lrwxrwxrwx 1 root root 22 Jun 23 15:57 /usr/bin/Java -> /etc/alternatives/Java
$ ls - la /etc/alternatives/Java
```

```
lrwxrwxrwx 1 root root 77 Jun 23 15:57 /etc/alternatives/Java -> /usr/lib/jvm/Java-1.8.0-openjdk-1.8.0.332.b09-2.u2.fos22.aarch64/jre/bin/Java
```

发现 JDK 的真实路径为/usr/lib/jvm/Java-1.8.0-openjdk-1.8.0.332.b09-2.u2.fos22.aarch64，设置 JAVA_HOME 和 PATH，命令如下。

```
$ export JAVA_HOME=/usr/lib/jvm/Java-1.8.0-openjdk-1.8.0.332.b09-2.u2.fos22.aarch64
$ export PATH=$JAVA_HOME/bin:$PATH
```

4. 下载安装 GTK 库

运行如下命令：

```
$ dnf list installed | grep -E "gtk|libXtst|libXrender|xauth"
```

如果显示 gtk2 或者 gtk3、libXtst、libXrender、xauth，则表示已安装所需的库，可以直接跳过进入下一步，否则在 root 权限下运行如下命令自动下载安装库。

```
# dnf -y install gtk2 libXtst libXrender xauth
```

5. 设置 X11 Forwarding

步骤 1　配置.ssh/config 文件。

(1) 切换到 sshd 配置目录。

```
$ cd ~/.ssh
```

如果该目录不存在，则创建目录后再进行切换，创建目录命令如下。

```
$ mkdir ~/.ssh
```

(2) 然后在.ssh 目录下创建/编辑 config 文件并保存。

使用 vim 创建/打开 config 文件。

```
$ vim config
```

将以下内容添加到文件末尾并保存。

```
Host *
        ForwardAgent yes
        ForwardX11 yes
```

步骤 2　配置/etc/ssh/sshd_config。

查看是否已配置 X11Forwarding 为“yes”。

```
$ cat /etc/ssh/sshd_config | grep X11Forwarding
X11Forwarding yes
```

若没有打印输出或者输出值为“no”，则需要配置 X11Forwarding 的值为“yes”并重启 sshd 服务。

6. 下载并运行 IntelliJ IDEA

在执行如上环境配置后，就可以下载使用 IntelliJ IDEA 了。鉴于最新版的 IntelliJ IDEA 和 FusionOS 系统在部分功能上有兼容性问题，建议下载 2018 版本 Linux 压缩包。下载好后把压缩包移到想要安装该软件的目录，对压缩包进行解压。

```
$ tar xf ideaIC - 2018.3.tar.gz
```

解压后切换到 IntelliJ IDEA 的目录下并运行。

```
$ cd ./idea - IC - 183.4284.148
$ bin/idea.sh &
```

5.2 使用 GCC 编译

本章介绍 GCC 编译的一些基本知识，并通过示例进行实际演示。更多的 GCC 知识请通过 man gcc 命令查询。

5.2.1 GCC 简介

GCC(GNU Compiler Collection)是 GNU 推出的功能强大、性能优越的多平台编译器。GCC 编译器能将 C、C++ 语言源程序、汇编程序和目标程序编译、连接成可执行文件。FusionOS 中已默认安装了 GCC 软件包。

5.2.2 基本规则

1. 文件类型

对于任何给定的输入文件，文件类型决定进行何种编译。GCC 常用的文件类型如表 5-3 所示。

表 5-3 GCC 常用的文件类型

扩展名(后缀)	说明
.c	C 语言源代码文件
.C、.cc 或.cxx	C++源代码文件
.m	Objective-C 源代码文件
.s	汇编语言源代码文件
.i	已经预处理的 C 源代码文件
.ii	已经预处理的 C++源代码文件
.S	已经预处理的汇编语言源代码文件
.h	程序所包含的头文件

续表

扩展名(后缀)	说 明
.o	编译后的目标文件
.so	动态链接库,是一种特殊的目标文件
.a	静态链接库
.out	可执行文件,但可执行文件没有统一的后缀,系统从文件的属性来区分可执行文件和不可执行文件。如果没有给出可执行文件的名字,GCC 将生成一个名为 a.out 的文件

2. 编译流程

使用 GCC 将源代码文件生成可执行文件,需要经过预处理、编译、汇编和连接。

(1) 预处理:将源程序(如.c 文件)预处理,生成.i 文件。

(2) 编译:将预处理后的.i 文件编译成为汇编语言,生成.s 文件。

(3) 汇编:将汇编语言文件经过汇编,生成目标文件.o 文件。

(4) 连接:将各个模块的.o 文件连接起来生成一个可执行程序文件。

其中,.i 文件、.s 文件、.o 文件是中间文件或临时文件,如果使用 GCC 一次性完成 C 语言程序的编译,则这些文件会被删除。

3. 编译选项

GCC 编译的命令格式为:

```
gcc [options] [filenames]
```

说明

- options:编译选项。
- filenames:文件名称。

GCC 是一个功能强大的编译器,其 options 参数取值很多,但有些并不常用,常用的 options 取值如表 5-4 所示。

表 5-4 GCC 常用的 options 取值

options 取值	说 明	示 例
-c	编译、汇编指定的源文件生成目标文件,但不进行连接。通常用于编译不包含主程序的子程序文件	# 使用-c 选项编译 test1.c、test2.c 源文件。 `gcc -c test1.c test2.c`
-S	编译指定的源文件生成以.s 作为后缀的汇编语言文件,但不进行汇编	# 编译器预处理 circle.c,将其翻译成汇编语言,并将结果存储在 circle.s 文件中。 `gcc -S circle.c`
-E	预处理指定的源文件,但不进行编译。默认情况下,预处理器的输出会被导入标准输出流(如显示器),可以利用-o 选项把它导入某个输出文件	# 预处理的结果导出到 circle.i 文件。 `gcc -E circle.c -o circle.i`

续表

options 取值	说　明	示　例
-o file	用在生成可执行文件时，生成指定的输出文件 file。同时该名称不能和源文件同名。如果不给出这个选项，GCC 就给出预设的可执行文件 a. out	＃将源文件作为输入文件，将可执行文件作为输出文件，也即完整地编译整个程序。 `gcc main.c func.c -o app.out`
-g	在可执行程序中包含标准调试信息	-
-L libary_path	在库文件的搜索路径列表中添加 libary_path 路径	-
-llibrary	连接时搜索指定的函数库。 使用 GCC 编译和连接程序时，GCC 默认会连接 libc. a 或者 libc. so，但是对于其他的库（例如非标准库、第三方库等），就需要手动添加	＃使用-l 选项，以连接数学库。 `gcc main.c -o main.out -lm` 说明： 数学库的文件名是 libm. a。前缀 lib 和后缀. a 是标准的，m 是基本名称，GCC 会在-l 选项后紧跟着的基本名称的基础上自动添加这些前缀、后缀，本例中，基本名称为 m
-I head_path	在头文件的搜索路径列表中添加 head_path 路径	-
-static	进行静态编译，连接静态库，禁止连接动态库	-
-shared	默认选项，可省略。 • 可以生成动态库文件。 • 进行动态编译，优先连接动态库，只有没有动态库时才会连接同名的静态库	-
-fPIC（或-fpic）	生成使用相对地址的位置无关的目标代码。通常使用-static 选项从该 PIC 目标文件生成动态库文件	-

4. 多源文件编译

多个源文件的编译方法有以下两种。

（1）多个源文件一起编译。编译时需要所有文件重新编译。

示例：将 test1. c 和 test2. c 分别编译后连接成 test 可执行文件。

```
$ gcc test1.c test2.c -o test
```

（2）分别编译各个源文件，之后对编译后输出的目标文件连接。编译时只重新编译修改的文件，未修改的文件不用重新编译。

示例：分别编译 test1. c、test2. c，再将二者的目标文件 test1. o、test2. o 连接成 test 可执行文件。

```
$ gcc -c test1.c
$ gcc -c test2.c
$ gcc test1.o test2.o -o test
```

5.2.3　库

库是写好的、现有的、成熟的、可以复用的代码。每个程序都要依赖很多基础的底层库。

库文件在命名时约定，以 lib 为前缀，以. so(动态库)或. a(静态库)为后缀，中间为库文件名，如 libfoo. so 或 libfoo. a。由于所有的库文件都遵循了同样的规范，因此当在连接库时，-l 选项指定连接的库文件名时可以省去 lib 前缀，即 GCC 在对-lfoo 进行处理时，会自动去连接名为 libfoo. so 或 libfoo. a 的库文件。而当在创建库时，必须指定完整文件名 libfoo. so 或 libfoo. a。

根据连接时期的不同，库分为静态库和动态库。静态库是在连接阶段，将汇编生成的目标文件. o 与引用到的库一起连接打包到可执行文件中；而动态库是在程序编译时并不会被连接到目标代码中，而是在程序运行时才被载入。二者有如下差异。

(1) 资源利用不一样。

静态库为生成的可执行文件的一部分，而动态库为单独的文件。所以使用静态库和动态库的可执行文件大小和占用的磁盘空间大小不一样，导致资源利用不一样。

(2) 扩展性与兼容性不一样。

静态库中某个函数的实现变了，那么可执行文件必须重新编译，而对于动态连接生成的可执行文件，只需要更新动态库本身即可，不需要重新编译可执行文件。

(3) 依赖不一样。

静态库的可执行文件不需要依赖其他的内容即可运行，而动态库的可执行文件必须依赖动态库的存在。所以静态库更方便移植。

(4) 加载速度不一样。

静态库在连接时就和可执行文件在一块了，而动态库在加载或者运行时才连接，因此，对于同样的程序，静态连接要比动态连接加载更快。

1. 动态连接库

使用-shared 选项和-fPIC 选项，可直接使用源文件、汇编文件或者目标文件创建一个动态库。其中，-fPIC 选项作用于编译阶段，在生成目标文件时就需要使用该选项，以生成位置无关的代码。

示例 1：从源文件生成动态连接库。

```
$ gcc -fPIC -shared test.c -o libtest.so
```

示例 2：从目标文件生成动态连接库。

```
$ gcc -fPIC -c test.c -o test.o
$ gcc -shared test.o -o libtest.so
```

将一个动态库连接到可执行文件，需要在命令行中列出动态库的名称。

示例：将 main. c 和 libtest. so 一起编译成 app. out，当 app. out 运行时，会动态地加载连接库 libtest. so。

```
$ gcc main.c libtest.so -o app.out
```

这种方式是直接指定使用当前目录下的 libtest.so 文件。

若使用下面搜索动态库的方式，则为了确保程序在运行时能够连接到动态库，需要通过如下三种方法中的任意一种实现。

(1) 将动态库保存在标准目录下，如/usr/lib。

(2) 把动态库所在路径 libaryDIR 增加到环境变量 LD_LIBRARY_PATH 中。

```
$ export LD_LIBRARY_PATH=libraryDIR:$LD_LIBRARY_PATH
```

说明

LD_LIBRARY_PATH 为动态库的环境变量。当运行动态库时，若动态库不在默认文件夹(/lib 和/usr/lib)下，则需要指定环境变量 LD_LIBRARY_PATH。

(3) 把动态库所在路径 libaryDIR 增加到/etc/ld.so.conf 中然后执行 ldconfig 或者以动态库所在路径 libaryDIR 为参数执行 ldconfig。

```
$ gcc main.c -L libraryDIR -ltest -o app.out
$ export LD_LIBRARY_PATH=libraryDIR:$LD_LIBRARY_PATH
```

2. 静态连接库

创建一个静态连接库，需要先将源文件编译为目标文件，然后再使用 ar 命令将目标文件打包成静态连接库。

示例：将源文件 test1.c、test2.c、test3.c 编译并打包成静态库。

```
$ gcc -c test1.c test2.c test3.c
$ ar rcs libtest.a test1.o test2.o test3.o
```

其中，ar 是一个备份压缩命令，可以将多个文件打包成一个备份文件(也叫归档文件)，也可以从备份文件中提取成员文件。ar 最常见的用法是将目标文件打包为静态连接库。

ar 将目标文件打包成静态连接库的命令格式为

```
ar rcs Sllfilename Targetfilelist
```

- Sllfilename：静态库文件名。
- Targetfilelist：目标文件列表。
- r：替换库中已有的目标文件，或者加入新的目标文件。
- c：创建一个库，不管库是否存在，都将创建。
- s：创建目标文件索引，在创建较大的库时能提高速度。

示例：创建一个 main.c 文件来使用静态库。

```
$ gcc main.c -L libraryDIR -ltest -o test.out
```

其中，libraryDIR 为 libtest.a 库的路径。

5.2.4　示例

1. 使用 GCC 编译 C 程序示例

步骤 1　cd 到代码目录，此处以用户"～/code"进行举例，如下所示。

```
$ cd ~/code
```

步骤 2　编写 Hello World 程序，保存为 helloworld.c，此处以编译 Hello World 程序进行举例说明。

```
$ vi helloworld.c
```

代码内容示例：

```
#include <stdio.h>
int main()
{
        printf("Hello World!\n");
        return 0;
}
```

步骤 3　在代码目录，执行编译，使用如下命令。

```
$ gcc helloworld.c -o helloworld
```

编译执行未报错，表明执行通过。

步骤 4　编译完成后，会生成 helloworld 文件，查看编译结果，示例如下。

```
$ ./helloworld
Hello World!
```

2. 使用 GCC 创建和使用动态连接库示例

步骤 1　cd 到代码目录，此处以用户"～/code"进行举例。并在该目录下创建 src、lib、include 子目录，分别用于存放源文件、动态库文件和头文件。

```
$ cd ~/code
$ mkdir src lib include
```

步骤 2　cd 到～/code/src 目录，创建两个函数 add.c、sub.c，分别实现加、减。

```
$ cd ~/code/src
$ vi add.c
$ vi sub.c
```

add.c 代码内容示例：

```
#include "math.h"
int add(int a, int b)
```

```
{
        return a + b;
}
```

sub. c 代码内容示例：

```
#include "math.h"
int sub(int a, int b)
{
        return a - b;
}
```

步骤 3 将 add. c、sub. c 源文件创建为动态库 libmath. so，并将该动态库存放在～/code/lib 目录。

```
$ gcc -fPIC -shared add.c sub.c -o ~/code/lib/libmath.so
```

步骤 4 cd 到～/code/include 目录，创建一个头文件 math. h，声明函数的头文件。

```
$ cd ~/code/include
$ vi math.h
```

math. h 代码内容示例：

```
#ifndef __MATH_H_
#define __MATH_H_
int add(int a, int b);
int sub(int a, int b);
#endif
```

步骤 5 cd 到～/code/src 目录，创建一个调用 add()和 sub()的 main. c 函数。

```
$ cd ~/code/src
$ vi main.c
```

main. c 代码内容示例：

```
#include <stdio.h>
#include "math.h"
int main()
{
        int a, b;
        printf("Please input a and b:\n");
        scanf("%d %d",
 &a, &b);
        printf("The add: %d\n",
 add(
a,b)
);
        printf("The sub: %d\n",
 sub(
```

```
a,b));
        return 0;
}
```

步骤 6　将 main.c 和 libmath.so 一起编译成 math.out。

```
$ gcc main.c -I ~/code/include -L ~/code/lib -lmath -o math.out
```

步骤 7　将动态连接库所在的路径加入环境变量中。

```
$ export LD_LIBRARY_PATH=~/code/lib:$LD_LIBRARY_PATH
```

步骤 8　执行 math.out。

```
$ ./math.out
```

执行结果如下。

```
Please input a and b:
9 2
The add: 11
The sub: 7
```

3. 使用 GCC 创建和使用静态连接库示例

步骤 1　cd 到代码目录，此处以用户"~/code"进行举例。并在该目录下创建 src、lib、include 子目录，分别用于存放源文件、静态库文件和头文件。

```
$ cd ~/code
$ mkdir src lib include
```

步骤 2　cd 到~/code/src 目录，创建两个函数 add.c、sub.c，分别实现加、减。

```
$ cd ~/code/src
$ vi add.c
$ vi sub.c
```

add.c 代码内容示例：

```
#include "math.h"
int add(int a, int b)
{
        return a+b;
}
```

sub.c 代码内容示例：

```
#include "math.h"
int sub(int a, int b)
{
        return a-b;
}
```

步骤 3 将 add. c、sub. c 源文件编译为目标文件 add. o、sub. o。

```
$ gcc -c add.c sub.c
```

步骤 4 将 add. o、sub. o 目标文件通过 ar 命令打包成静态库 libmath. a，并将该动态库存放在～/code/lib 目录。

```
$ ar rcs ~/code/lib/libmath.a add.o sub.o
```

步骤 5 cd 到～/code/include 目录，创建一个头文件 math. h，声明函数的头文件。

```
$ cd ~/code/include
$ vi math.h
```

math. h 代码内容示例：

```
#ifndef __MATH_H_
#define __MATH_H_
int add(int a, int b);
int sub(int a, int b);
#endif
```

步骤 6 cd 到～/code/src 目录，创建一个调用 add()和 sub()的 main. c 函数。

```
$ cd ~/code/src
$ vi main.c
```

main. c 代码内容示例：

```
#include <stdio.h>
#include "math.h"
int main()
{
        int a, b;
        printf("Please input a and b:\n");
        scanf("%d %d",
 &a, &b);
        printf("The add: %d\n",
 add(
a,b)
);
        printf("The sub: %d\n",
 sub(
a,b));
        return 0;
}
```

步骤 7 将 main. c 和 libmath. a 一起编译成 math. out。

```
$ gcc main.c -I ~/code/include -L ~/code/lib -lmath -o math.out
```

步骤 8 执行 math. out。

```
$ ./math.out
```

执行结果如下。

```
Please input a and b:
9 2
The add: 11
The sub: 7
```

5.3　使用 make 编译

5.3.1　make 简介

GNU make 实用程序(通常缩写为 make)是一种用于控制从源文件生成可执行文件的工具。make 会自动确定复杂程序的哪些部分已更改并需要重新编译。make 使用称为 Makefiles 的配置文件来控制程序的构建方式。

5.3.2　基本规则

1. 文件类型

Makefile 文件中可能用到的文件类型如表 5-5 所示。

表 5-5　文件类型

扩展名(后缀)	说　明
.c	C 语言源代码文件
.C、.cc 或.cxx	C++源代码文件
.m	Objective-C 源代码文件
.s	汇编语言源代码文件
.i	已经预处理的 C 源代码文件
.ii	已经预处理的 C++源代码文件
.S	已经预处理的汇编语言源代码文件
.h	程序所包含的头文件
.o	编译后的目标文件
.so	动态连接库,它是一种特殊的目标文件
.a	静态连接库
.out	可执行文件,但可执行文件没有统一的后缀,系统从文件的属性来区分可执行文件和不可执行文件。如果没有给出可执行文件的名字,GCC 将生成一个名为 a.out 的文件

2. make 工作流程

使用 make 由源代码文件生成可执行文件,需要经过如下步骤。

步骤 1　make 命令会读入 Makefile 文件,包括当前目录下命名为"GNUmakefile"、"makefile"、"Makefile"的文件、被 include 的 makefile 文件、参数-f、--file、--makefile 指定的

规则文件。

步骤 2 初始化变量。

步骤 3 推导隐含规则,分析依赖关系,并创建依赖关系链。

步骤 4 根据依赖关系链,决定哪些目标需要重新生成。

步骤 5 执行生成命令,最终输出终极文件。

3. make 选项

make 命令格式为:

```
make [option]… [target]…
```

说明

- option:参数选项。
- target:Makefile 中指定的目标。

常用 make 的 option 取值如表 5-6 所示。

表 5-6 常用 make 的 option 取值

option 取值	说 明
-C dir,\-\-directory=dir	指定 make 在开始运行后的工作目录为 dir。 当存在多个-C 选项的时候,make 的最终工作目录是第一个目录的相对路径
-d	make 在执行的过程中打印出所有的调试信息。使用-d 选项可以显示 make 构造依赖关系链、重建目标过程中的所有信息
-e,\-\-enveronment-overrides	使用环境变量定义覆盖 Makefile 中的同名变量定义
-f file,\-\-file=file, \-\-makefile=file	指定 file 文件为 make 执行的 Makefile 文件
-p,\-\-help	打印帮助信息
-i,\-\-ignore-errors	执行过程中忽略规则命令执行的错误
-k,\-\-keep-going	执行命令错误时不终止 make 的执行,make 尽最大可能执行所有的命令,直至出现知名的错误才终止
-n,\-\-just-print,\-\-dry-run	按实际运行时的执行顺序模拟执行命令(包括用@开头的命令),没有实际执行效果,仅用于显示执行过程
-o file,\-\-old-file=file,\-\-assume-old=file	指定 file 文件不需要重建,即使它的依赖已经过期,同时不重建此依赖文件的任何目标
-p,\-\-print-date-base	命令执行之前,打印出 make 读取的 Makefile 的所有数据,同时打印出 make 的版本信息。如果只需要打印这些数据信息,则可以使用"make -qp"命令,查看 make 执行之前预设的规则和变量,则可使用命令"make -p -f /dev/null"
-r,\-\-no-builtin-rules	忽略内嵌的隐含规则的使用,同时忽略所有后缀规则的隐含后缀列表
-R,\-\-no-builtin-variabes	忽略内嵌的隐含变量
-s,\-\-silent,\-\-quiet	取消命令执行过程中的打印

续表

option 取值	说　明
-S,\-\-no-keep-going,\-\-stop	取消"-k"的选项在递归的 make 过程中子 make 通过"MAKEFLAGS"变量继承了上层的命令行选项。可以在子 make 中使用"-S"选项取消上层传递的"-k"选项,或者取消系统环境变量"MAKEFLAGS"中的"-k"选项
-t,\-\-touch	更新所有目标文件的时间戳到当前系统时间。防止 make 对所有过时目标文件的重建
-v,version	查看 make 的版本信息

5.3.3 Makefile

make 是通过 Makefile 文件获取如何编译、连接和安装、清理的方法,从而实现将源代码文件生成可执行文件和其他相关文件的工具。因此,Makefile 中描述了整个工程的编译和连接等规则,其中包含哪些文件需要编译,哪些文件不需要编译,哪些文件需要先编译,哪些文件需要后编译,哪些文件需要重建等。Makefile 文件让工程编译实现了自动化,不需要每次都手动输入一堆源文件和参数。

本节简单介绍 Makefile 文件的结构和主要内容,更多 Makefile 的内容请通过 info make 命令查询。

1. Makefile 文件结构

Makefile 文件结构如下。

```
targets:prereguisites
command
```

或者是:

```
targets:prerequisites;command
command
```

说明

- targets:目标,可以是目标文件、可执行文件或标签。
- prerequisites:依赖文件,生成 targets 需要的文件或者是目标。可以是多个,也可以是没有。
- command:make 需要执行的命令(任意的 Shell 命令)。可以有多条命令,每条命令占一行。
- 目标和依赖文件之间要使用":"分隔,命令的开始一定要按 Tab 键。

Makefile 文件结构表明了输出的目标,输出目标的依赖对象和生成目标需要执行的命令。

2. Makefile 主要内容

一个 Makefile 文件主要由以下内容组成。

1) 显式规则

明确写出来的依赖关系,如要生成的文件、文件的依赖文件、生成的命令。

2）隐含规则

由 make 自动推导的规则，make 命令支持自动推导功能。

3）变量的定义

4）文件指示

文件指示包括以下三部分。

（1）include 其他 Makefile，如 include xx. md。

（2）选择执行，如＃ifdef。

（3）定义多行命令，如 define...endef。

5）注释

以“＃”开头。

5.3.4　示例

步骤 1　cd 到代码目录，此处以用户“～/code”进行举例。

```
$ cd ~/code
```

步骤 2　创建一个头文件 hello. h 和两个函数 hello. c、main. c。

```
$ vi hello.h
$ vi hello.c
$ vi main.c
```

hello. h 代码内容示例：

```
#pragma once
#include <stdio.h>
void hello();
```

hello. c 代码内容示例：

```
#include "hello.h"
void hello()
{
        int i = 1;
        while(i < 5)
        {

                printf("The %dth say hello.\n",
 i);
                i++;
        }
}
```

main. c 代码内容示例：

```
#include "hello.h"
#include <stdio.h>
int main()
```

```
{
        hello();
        return 0;
}
```

步骤 3　创建 Makefile 文件。

```
$ vi Makefile
```

Makefile 文件内容示例：

```
main:main.o hello.o
        gcc -o main main.o hello.o
main.o:main.c
        gcc -c main.c
hello.o:hello.c
        gcc -c hello.c
clean:
        rm -f hello.o main.o main
```

步骤 4　执行 make 命令。

```
$ make
```

命令执行后，会打印 Makefile 中执行的命令。如果不需要打印该信息，则在执行 make 命令时加上参数-s。

```
gcc -c main.c
gcc -c hello.c
gcc -o main main.o hello.o
```

步骤 5　执行./main 目标。

```
$ ./main
```

命令执行后，打印如下信息。

```
The 1th say hello.
The 2th say hello.
The 3th say hello.
The 4th say hello.
```

5.4　使用 JDK 编译

5.4.1　JDK 简介

JDK(Java Development Kit)是 Java 开发者进行 Java 开发所必需的软件包，包含 JRE (Java Runtime Environment)和编译、调测工具。FusionOS 在 OpenJDK 的基础上进行了

GC 优化、并发稳定性增强、安全性增强等修改，提高了 Java 应用程序在 ARM 上的性能和稳定性。

5.4.2 基本规则

1. 文件类型及工具

对于任何给定的输入文件，文件类型决定采用何种工具进行处理。JDK 常用的文件类型如表 5-7 所示，JDK 常用的工具如表 5-8 所示。

表 5-7 JDK 常用的文件类型

扩展名(后缀)	说　　明
.java	Java 语言源代码文件
.class	Java 的字节码文件，是一种和任何具体机器环境及操作系统环境无关的中间代码。它是一种二进制文件，是 Java 源文件由 Java 编译器编译后生成的目标代码文件
.jar	Java 的 jar 压缩文件

表 5-8 JDK 常用的工具

工具名称	说　　明
Java	Java 运行工具，用于运行.class 字节码文件或.jar 文件
Javac	Java 编程语言的编译器，将.java 的源代码文件编译成.class 的字节码文件
Jar	创建和管理 jar 文件

2. Java 程序生成流程

通过 JDK 将 Java 源代码文件生成并运行 Java 程序，需要经过编译和运行。

(1) 编译：是指使用 Java 编译器(Javac)将 Java 源代码文件(.java 文件)编译为.class 的字节码文件。

(2) 运行：是指在 Java 虚拟机上执行字节码文件。

3. JDK 常用工具选项

1) Javac 编译选项

Javac 编译的命令格式为：

```
Javac [options] [sourcefiles] [classes] [@argfiles]
```

说明

- options：命令选项。
- sourcefiles：一个或多个需要编译的源文件。
- classes：一个或多个要为注释处理的类。
- @argfiles：一个或多个列出选项和源文件的文件。这些文件中不允许有-J 选项。

Javac 是 Java 编译器，其 options 参数取值很多，但有些并不常用，常用的 options 取值如表 5-9 所示。

表 5-9　Javac 常用的编译选项

options 取值	说　明	示　例
-d path	指定存放生成的类文件的路径。 默认情况下，编译生成的类文件与源文件在同一路径下。使用-d 选项可以将类文件输出到指定路径	#使用-d 选项将所有类文件输出到 bin 路径下。 `Javac /src/*.Java -d /bin`
-s path	指定存放生成的源文件的路径	-
-cp path 或-class path path	搜索编译所需的 class 文件，指出编译所用到的 class 文件的位置	#在 Demo 中要调用 GetStringDemo 类中的 getLine()方法，而 GetString-Demo 类编译后的文件，即.class 文件在 bin 目录下。 `Javac -cp bin Demo.Java -d bin`
-verbose	输出关于编译器正在执行的操作的消息，如加载的类信息和编译的源文件信息	#输出关于编译器正在执行的操作的消息。 `Javac -verbose -cp bin Demo.Java`
-source sourceversion	指定查找输入源文件的位置	-
-sourcepath path	用于搜索编译所需的源文件(即 Java 文件)，指定要搜索的源文件的位置，如 jar、zip 或其他包含 Java 文件的目录	-
-target targetversion	生成特定 JVM 版本的类文件。取值为 1.1，1.2，1.3，1.4，1.5(或 5)，1.6(或 6)，1.7(或 7)，1.8(或 8)。targetversion 的默认取值与-source 选项的 sourceversion 有关。sourceversion 取值： • 1.2，targetversion 为 1.4。 • 1.3，targetversion 为 1.4。 • 1.5、1.6、1.7、未指定，targetversion 为 1.8。 • 其他值，targetversion 与 sourceversion 取值相同	-

2) Java 运行选项

Java 运行的格式如下。

运行类文件：

```
Java [options] classesname [args]
```

运行 jar 文件：

```
Java [options] -jar filename [args]
```

说明

- options：命令选项，选项之间用空格分隔。
- classname：运行的.class 文件名。
- filename：运行的.jar 文件名。
- args：传递给 main()函数的参数，参数之间用空格分隔。

Java 是运行 Java 应用程序的工具，其 options 参数取值很多，但有些并不常用，常用的 options 取值如表 5-10 所示。

表 5-10 Java 常用的运行选项

options 取值	说 明	示 例
-cp path 或-classpath path	指定要运行的文件所在的位置以及需要用到的类路径，包括 jar、zip 和 class 文件目录。 当路径有多个时，使用“:”分隔	-
-verbose	输出关于编译器正在执行的操作的消息，如加载的类信息和编译的源文件信息	#输出关于编译器正在执行的操作的消息。 `Java -verbose -cp bin Demo.Java`

3) jar 打包选项

jar 的命令格式为：

```
jar {c | t | x | u}[vfm0M] [jarfile] [manifest] [-C dir] file…
```

jar 命令参数说明如表 5-11 所示。

表 5-11 jar 命令参数说明

参数	说 明	示 例
c	创建 jar 文件包	#把当前目录的 hello.class 文件打包到 Hello.jar，且不显示打包的过程。如果 Hello.jar 文件还不存在，就创建它，否则先清空它。 `jar cf Hello.jar hello.class`
t	列出 jar 文件包的内容列表	#列出 Hello.jar 包含的文件清单。 `jar tf Hello.jar`
x	展开 jar 文件包的指定文件或者所有文件	#解压 Hello.jar 到当前目录，不显示任何信息。 `jar xf Hello.jar`
u	更新已存在的 jar 文件包，如添加文件到 jar 文件包中	-
v	生成详细报告并打印到标准输出	#把当前目录的 hello.class 文件打包到 Hello.jar，并显示打包的过程。如果 Hello.jar 文件还不存在，就创建它，否则首先清空它。 `jar cvf Hello.jar hello.class`
f	指定 jar 文件名，通常这个参数是必需的	-
m	指定需要包含的 manifest 清单文件	-
0	只存储，不压缩，这样产生的 jar 文件包会比不用该参数产生的体积大，但速度更快	-

续表

参数	说　　明	示　　例
M	不产生所有项的 manifest 清单文件，此参数会忽略 m 参数	#把当前目录的 hello.class 文件打包到 Hello.jar，并显示打包的过程。如果 Hello.jar 文件还不存在，就创建它，否则首先清空它。但在创建 Hello.jar 时不产生 manifest 文件。 `jar cvfM Hello.jar hello.class`
jarfile	.jar 文件包，它是 f 参数的附属参数	-
manifest	.mf 的 manifest 清单文件，它是 m 参数的附属参数	-
-C dir	转到指定 dir 下执行 jar 命令，只能配合参数 c、t 使用	-
file	指定文件/路径列表，文件或路径下的所有文件（包括递归路径下的）都会被打入 jar 文件包中，或解压 jar 文件到路径下	#把当前目录的所有 class 文件打包到 Hello.jar，并显示打包的过程。如果 Hello.jar 文件还不存在，就创建它，否则首先清空它。 `jar cvf Hello.jar *.class`

5.4.3　类库

Java 类库是以包的形式实现的，包是类和接口的集合。Java 编译器为每个类生成一个字节码文件，且文件名与类名相同，因此同名的类之间就有可能发生冲突。Java 语言中，把一组类和接口封装在一个包内，包可以有效地管理类名空间，位于不同包中的类即使同名也不会冲突，从而解决了同名类之间可能发生的冲突问题，为管理大量的类和接口提供了方便，也有利于类和接口的安全。

除 Java 提供的许多包外，开发者也可以自定义包，把自己编写的类和接口等组成程序包的形式，以便后续使用。

自定义包需要先声明包，然后再使用包。

1. 包的声明

包的声明格式为：

```
package pkg1[.pkg2[.pkg3…]];
```

为了声明一个包，首先必须建立一个相应的目录结构，子目录与包名一致，然后在需要放入该包的类文件开头声明包，表示该文件的全部类都属于这个包。包声明中的“.”指明了目录的层次。如果源程序文件中没有 package 语句，则指定为无名包。无名包没有路径，一般情况下，Java 仍然会把源文件中的类存储在当前工作目录（即存放 Java 源文件的目录）下。

包声明语句必须被加到源程序文件的起始部分，而且前面不能有注释和空格。如果在不同源程序文件中使用相同的包声明语句，就可以将不同源程序文件中的类都包含在相同的包中。

2. 包的引用

在Java中,为了能使用Java提供的包中的公用类,或者使用自定义的包中的类,有以下两种方法。

(1) 在要引用的类名前带上包名。

例如:

```
name.A obj = new name.A ();
```

其中,name为包名,A为类名,obj为对象。表示程序中用name包中的A类定义一个对象obj。

示例:新建一个example包中Test类的test对象。

```
example.Test test = new example.Test();
```

(2) 在文件开头使用import来导入包中的类。

import语句的格式为:

```
import pkg1[.pkg2[.pkg3…]].(classname | *);
```

其中,pkg1[.pkg2[.pkg3…]]表明包的层次,classname为所要导入的类。如果要从一个包中导入多个类,则可以使用通配符"*"来替代。

示例:导入example包中的Test类。

```
import example.Test;
```

示例:将example整个包导入。

```
import example.*;
```

5.4.4 示例

1. 编译不带包的Java程序示例

步骤1 cd到代码目录,此处以用户"~/code"进行举例,如下所示。

```
$ cd ~/code
```

步骤2 编写Hello World程序,保存为HelloWorld.Java,此处以编译Hello World程序进行举例说明。示例如下。

```
$ vi HelloWorld.Java
```

代码内容示例:

```
public class HelloWorld {
    public static void main(String[] args) {

        System.out.println("Hello World");
```

```
        }
}
```

步骤 3　在代码目录，执行编译，使用命令：

```
$ Javac HelloWorld.Java
```

编译执行未报错，表明执行通过。

步骤 4　编译完成后，会生成 HelloWorld.class 文件，通过 Java 命令可执行查看结果，示例如下。

```
$ Java HelloWorld
Hello World
```

2. 编译带包的 Java 程序示例

步骤 1　cd 到代码目录，此处以用户"～/code"进行举例。并在该目录下创建"～/code/Test/my/example""～/code/Hello/world/developers""～/code/Hi/os/fusionos"子目录，分别用于存放源文件。

```
$ cd ~/code
$ mkdir -p Test/my/example
$ mkdir -p Hello/world/developers
$ mkdir -p Hi/os/fusionos
```

步骤 2　cd 到～/code/Test/my/example 目录，创建 Test.Java。

```
$ cd ~/code/Test/my/example
$ vi Test.Java
```

Test.Java 代码内容示例：

```
package my.example;
import world.developers.Hello;
import os.fusionos.Hi;
public class Test {
  public static void main(String[] args) {
    Hello me = new Hello();
    me.hello();
    Hi you = new Hi();
    you.hi();
  }
}
```

步骤 3　cd 到～/code/Hello/world/developers 目录，创建 Hello.Java。

```
$ cd ~/code/Hello/world/developers
$ vi Hello.Java
```

Hello.Java 代码内容示例：

```
package world.developers;
public class Hello {
  public void hello(){

   System.out.println("Hello, FusionOS.");
  }
}
```

步骤 4 ~/code/Hi/os/fusionos 目录，创建 Hi.Java。

```
$ cd ~/code/Hi/os/fusionos
$ vi Hi.Java
```

Hi.Java 代码内容示例：

```
package os.fusionos;
public class Hi {
  public void hi(){

   System.out.println("Hi, the global developers.");
  }
}
```

步骤 5 cd 到~/code，使用 Javac 编译源文件。

```
$ cd ~/code
$ Javac -classpath Hello:Hi Test/my/example/Test.Java
```

执行完命令后，会在"~/code/Test/my/example""~/code/Hello/world/developers""~/code/Hi/os/fusionos"目录下分别生成 Test.class、Hello.class、Hi.class 文件。

步骤 6 cd 到~/code，使用 Java 运行 Test 程序。

```
$ cd ~/code
$ Java -classpath Test:Hello:Hi my/example/Test
```

执行结果如下。

```
Hello, FusionOS.
Hi, the global developers.
```

小结

本章介绍了开发环境的环境要求、配置 FusionOS yum 源（软件源）、安装软件包以及使用 IDE 进行 Java 开发的步骤。其次，介绍了 GCC 编译的一些基本知识，并通过示例进行实际演示。再次，介绍了使用 GNU make 编译程序的相关内容，包括基本概念、工作流程、选项、Makefile 结构以及示例。最后，介绍了如何使用 JDK 编译、运行 Java 程序，以及如何管理包和类库。这些知识对于 Java 开发者来说是基础且重要的。

习题

1. FusionOS 应用开发指南中的开发环境准备有哪些主要内容？

2. 如果使用物理机进行开发？最小的硬件要求是什么？若使用虚拟机，最小的虚拟化空间要求是什么？

3. 如何配置 FusionOS 的本地 yum 源(软件源)？请列出配置步骤。

4. 如何安装 JDK 软件包和 rpm-build 软件包？请列出安装步骤。

5. 如何使用 MobaXterm 登录服务器？为什么要设置 X11 Forwarding？

6. 在开发环境准备中，为什么要配置本地 yum 源(软件源)？如何进行配置？

7. 如何设置 JDK 环境？请列出步骤。

8. 为什么要使用 MobaXterm 登录服务器？X11 Forwarding 的作用是什么？

9. 什么是 GCC？它有什么功能？

10. GCC 中的基本规则有哪些文件类型？

11. GCC 编译的流程是怎样的？

12. GCC 编译的命令格式是什么？常用的编译选项有哪些？

13. 动态连接库和静态连接库有什么区别？

14. 如何创建一个动态连接库，并将其连接到可执行文件中？

15. 如何创建一个静态连接库，并将其连接到可执行文件中？

16. 如何编译和执行一个简单的 C 程序？

17. 如何使用多源文件进行编译？

18. 为什么在编译和连接程序时需要指定库文件的路径和名称？

19. 动态连接库和静态连接库的优缺点分别是什么？

20. 在使用 GCC 编译多源文件时，有哪两种编译方法？分别是如何进行的？

21. 在 GCC 中，什么是头文件？为什么需要使用头文件？

22. 什么是 GNU make？它的作用是什么？

23. Makefile 是什么？它的作用是什么？

24. 简要介绍一下 Makefile 的结构和主要内容。

25. 在 Makefile 中，什么是显式规则？它由什么组成？Makefile 中的隐含规则是什么？为什么使用隐含规则？

26. 简要介绍一下 Makefile 中常用的选项。

27. 请描述使用 make 从源代码文件生成可执行文件的基本步骤。

28. 在 Makefile 中，目标、依赖文件和命令之间如何分隔？命令要求满足什么格式？

29. 请描述一个简单的 Makefile 示例，包括源文件和规则。

30. 使用 make 命令的时候，如何指定工作目录？

31. 在 Makefile 中，如何使用变量？为什么使用变量？

32. 在 Makefile 中，如何包含其他 Makefile 文件？为什么使用文件指示？

33. 在 Makefile 中，如何定义多行命令？

34. 在 Makefile 中，如何使用注释？

35. 什么是 JDK？它包含哪些内容？JDK 中的基本规则是什么？

36. 在 JDK 中，Java 的常用文件类型有哪些？常用工具有哪些？

37. 描述使用 JDK 编译和运行 Java 程序的流程。

38. 在 JDK 中，Javac 编译选项的常用取值及其说明有哪些？在 JDK 中，Java 运行选项的常用取值及其说明有哪些？在 JDK 中，jar 打包选项的常用取值及其说明有哪些？

39. 在 Java 中，如何声明和引用包？

40. 在 Java 中，如果要编译带包的程序，需要哪些步骤？在 Java 中，如何运行带包的程序？

41. 什么是 Java 类库？它如何组织类和接口？

42. 请描述一个编译不带包的 Java 程序的示例步骤。请描述一个编译带包的 Java 程序的示例步骤。

附录A 图 索 引

图 1-1 故障定位思路流程图 …… 5
图 1-2 blkio 分区未挂载 …… 7
图 1-3 分区全部挂载 …… 7
图 1-4 健康检测日志 …… 9
图 1-5 D 状态进程等待的锁/信号量持有者信息 …… 12
图 1-6 监测进程栈信息实例图 …… 15
图 1-7 CPU 调用栈信息示意图 …… 15
图 1-8 监控事件位图 …… 24
图 1-9 Netcheck 启动示例图 …… 72
图 1-10 检查网络配置变化示例图 …… 73
图 1-11 查询网络日志示意图 …… 73
图 1-12 检查 IP 地址示意图 …… 73
图 1-13 查看帮助示意图 …… 73
图 1-14 配置 suricata 示意图 …… 78
图 1-15 向 rules 文件添加规则示意图 …… 79
图 1-16 硬绑定 …… 83
图 1-17 软绑定功能说明 …… 84
图 1-18 配置 rm-rf 1 命令执行情况示意图 …… 89
图 1-19 记录命令信息 …… 90
图 2-1 Makefile 文件约束限制(一) …… 122
图 2-2 Makefile 文件约束限制(二) …… 123
图 2-3 Makefile 文件约束限制(三) …… 123
图 2-4 Makefile 文件约束限制(四) …… 123
图 2-5 某产品公共 Makefile：plat_pub. mak …… 135
图 2-6 某产品模块 Makefile …… 135
图 2-7 补丁制作失败处理示例 …… 136
图 2-8 某产品模块 Makefile …… 137
图 2-9 补丁加载失败处理示例 …… 137
图 3-1 编辑模式 …… 164
图 3-2 LDAP 目录结构树示意图 …… 191
图 3-3 Kerberos 认证流程 …… 191
图 3-4 设置 NIS 域的查询权限示意图 …… 194
图 4-1 操作系统迁移模型 …… 240
图 4-2 迁移流程的三大阶段和六个步骤 …… 243

图 4-3　原地迁移流程示意图 …… 244
图 4-4　部署迁移流程示意图 …… 244
图 4-5　业务系统选择的考虑因素 …… 247
图 4-6　系统信息收集表 …… 249
图 4-7　适配修改流程 …… 256
图 4-8　硬件评估报告 …… 257
图 4-9　软件评估报告 …… 257
图 4-10　软件评估报告 …… 258
图 4-11　配置收集与评估报告 …… 258
图 4-12　单机软件迁移 …… 261
图 4-13　主备软件迁移 …… 261
图 4-14　分布式集群软件迁移 …… 262
图 4-15　迁移方案样例 …… 263

附录B　表　索　引

表 1-1　OS 健康检查工具的目的和受益 …… 2
表 1-2　OS 健康检查工具功能描述 …… 2
表 1-3　执行系统健康检查命令参数说明 …… 3
表 1-4　执行系统健康检查返回值说明 …… 3
表 1-5　hungtask-monitor 特性的目的和受益 …… 10
表 1-6　监控告警特性的目的和受益 …… 16
表 1-7　配置项说明 …… 16
表 1-8　监控项列表 …… 19
表 1-9　配置项说明 …… 21
表 1-10　文件事件位图中的位与事件对应关系表 …… 25
表 1-11　信号监控配置项说明 …… 26
表 1-12　磁盘分区监控配置项说明 …… 27
表 1-13　网卡状态监控配置项说明 …… 28
表 1-14　CPU 监控配置项说明 …… 30
表 1-15　内存监控配置项说明 …… 30
表 1-16　进程/线程数监控配置项说明 …… 32
表 1-17　系统句柄总数监控配置项说明 …… 36
表 1-18　单个进程句柄数监控配置项说明 …… 37
表 1-19　磁盘 inode 监控配置项说明 …… 38
表 1-20　本地磁盘 IO 延时监控配置项说明 …… 39
表 1-21　僵尸进程监控配置项说明 …… 40
表 1-22　统计 IO 使用率配置项说明 …… 40
表 1-23　自定义监控配置项说明 …… 42
表 1-24　警告配置文件配置项说明 …… 44
表 1-25　告警信息 …… 44
表 1-26　告警消息的组成 …… 49
表 1-27　alarm_callback_func …… 52
表 1-28　OS_alarm_Register …… 52
表 1-29　OS_alarm_UnRegister …… 52
表 1-30　alarm_report_func …… 52
表 1-31　OS_HookRegister …… 52
表 1-32　OS_UnHookRegister …… 53
表 1-33　OS_alarm_getid …… 53
表 1-34　OS_alarm_gettype …… 53

表 1-35 OS_alarm_getlevel …… 53
表 1-36 OS_alarm_gettime …… 53
表 1-37 OS_alarm_getdesc …… 54
表 1-38 OS_alarm_getexdesc …… 54
表 1-39 osalarmreg …… 54
表 1-40 osalarmunreg …… 54
表 1-41 getid …… 55
表 1-42 gettype …… 55
表 1-43 getlevel …… 55
表 1-44 gettime …… 55
表 1-45 getdesc …… 55
表 1-46 gctcxdesc …… 56
表 1-47 磁盘分区异常告警属性 …… 59
表 1-48 ext3/ext4 文件系统故障告警属性 …… 59
表 1-49 关键进程异常告警属性 …… 61
表 1-50 文件异常告警属性 …… 61
表 1-51 网卡状态异常告警属性 …… 62
表 1-52 信号异常告警属性 …… 63
表 1-53 CPU 异常告警属性 …… 64
表 1-54 内存异常告警属性 …… 64
表 1-55 进程数异常告警属性 …… 65
表 1-56 线程数异常告警属性 …… 65
表 1-57 系统句柄总数异常告警属性 …… 66
表 1-58 单个进程句柄数告警属性 …… 66
表 1-59 磁盘 inode 异常告警属性 …… 67
表 1-60 存储磁盘 IO 时延过大告警属性 …… 68
表 1-61 IP 冲突告警属性 …… 69
表 1-62 僵尸进程告警属性 …… 70
表 1-63 网络配置检查特性的目的和受益 …… 72
表 1-64 IP 冲突检测特性的目的和受益 …… 74
表 1-65 配置项说明 …… 76
表 1-66 网络回环检测特性的目的和受益 …… 76
表 1-67 端口扫描检测特性的目的和受益 …… 77
表 1-68 代码段大页特性的目的和受益 …… 81
表 1-69 tmpfs 大页特性的目的和受益 …… 82
表 1-70 动态库拼接特性的目的和受益 …… 83
表 1-71 软绑定特性的目的和受益 …… 84
表 1-72 定时器中断聚合特性的目的和受益 …… 85
表 1-73 CPU 隔离增强特性的目的和受益 …… 87

表 1-74 风险命令防呆特性的目的和受益 …… 88
表 1-75 命令行记录增强特性的目的和受益 …… 89
表 1-76 命令相关字段 …… 90
表 2-1 内核黑匣子 NVRAM 特性的目的和受益 …… 95
表 2-2 内存分析工具特性的目的和受益 …… 97
表 2-3 内存分析工具功能说明 …… 97
表 2-4 PAGE 内存跟踪分析配置参数 …… 100
表 2-5 SLAB 内存跟踪分析配置参数 …… 105
表 2-6 LRU 文件信息分析配置参数 …… 111
表 2-7 内存错误降级特性的目的和受益 …… 114
表 2-8 启动参数说明 …… 115
表 2-9 watchdog 增强特性的目的和受益 …… 116
表 2-10 sysctl 接口说明 …… 116
表 2-11 CMCI 风暴抑制参数可配置特性的目的和受益 …… 119
表 2-12 CMCI 风暴抑制参数说明 …… 119
表 2-13 内核热补丁特性的目的和受益 …… 120
表 2-14 make_hotpatch 参数说明 …… 138
表 2-15 livepatch 参数说明 …… 140
表 2-16 日志管理特性的目的和受益 …… 140
表 2-17 日志分割文件列表 …… 142
表 2-18 日志管理配置项说明 …… 142
表 2-19 转储日志 oslogdump. conf 配置文件的参数说明 …… 143
表 2-20 OOM 日志增强特性的目的和受益 …… 148
表 2-21 复位日志增强特性的目的和受益 …… 151
表 3-1 加固影响说明 …… 156
表 3-2 pam_wheel. so 配置项说明 …… 158
表 3-3 pam_pwquality. so 配置项说明 …… 159
表 3-4 pam_pwhistory. so 配置项说明 …… 159
表 3-5 login. defs 加固项说明 …… 159
表 3-6 pam_unix. so 配置项说明 …… 160
表 3-7 pam_faillock. so 配置项说明 …… 161
表 3-8 SSH 服务端加固项说明 …… 165
表 3-9 SSH 客户端加固项说明 …… 167
表 3-10 Capability 权能列表 …… 174
表 3-11 内核参数加固策略说明 …… 180
表 3-12 安全启动特性的目的和受益 …… 188
表 3-13 全局目录 …… 188
表 3-14 安全相关挂载选项 …… 189
表 3-15 分区加载项建议设置 …… 189

表 3-16 网络用户认证特性的目的和受益 …… 192
表 3-17 basedn.ldif 文件配置项说明 …… 203
表 4-1 主要工作和角色分工 …… 245
表 4-2 系统配置的分析样例 …… 250
表 4-3 迁移方式是否利旧的特征和适用场景 …… 251
表 4-4 典型业务部署方式下的迁移特征和策略 …… 252
表 4-5 迁移模式对照表 …… 252
表 5-1 最小硬件要求 …… 269
表 5-2 最小虚拟化空间要求 …… 269
表 5-3 GCC 常用的文件类型 …… 274
表 5-4 GCC 常用的 options 取值 …… 275
表 5-5 文件类型 …… 283
表 5-6 常用 make 的 options 取值 …… 284
表 5-7 JDK 常用的文件类型 …… 288
表 5-8 JDK 常用的工具 …… 288
表 5-9 Javac 常用的编译选项 …… 289
表 5-10 Java 常用的运行选项 …… 290
表 5-11 jar 命令参数说明 …… 290

图书资源支持

感谢您一直以来对清华版图书的支持和爱护。为了配合本书的使用，本书提供配套的资源，有需求的读者请扫描下方的“书圈”微信公众号二维码，在图书专区下载，也可以拨打电话或发送电子邮件咨询。

如果您在使用本书的过程中遇到了什么问题，或者有相关图书出版计划，也请您发邮件告诉我们，以便我们更好地为您服务。

我们的联系方式：

清华大学出版社计算机与信息分社网站：https://www.shuimushuhui.com/

地　　址：北京市海淀区双清路学研大厦 A 座 714

邮　　编：100084

电　　话：010-83470236　010-83470237

客服邮箱：2301891038@qq.com

QQ：2301891038（请写明您的单位和姓名）

资源下载：关注公众号“书圈”下载配套资源。

资源下载、样书申请

书圈

图书案例

清华计算机学堂

观看课程直播